高等学校新工科计算机类专业系列教材

计算机网络技术实践教程
——基于 Cisco Packet Tracer

主编　王秋华

主审　邱洪君　吕秋云

西安电子科技大学出版社

内 容 简 介

  计算机网络是一门理论抽象且实践性很强的课程，大量的理论知识需要通过实验进行验证，才能让读者更深刻地理解各种网络设备和网络协议的实现原理与工作过程，才能让读者更好地掌握计算机网络以及网络设备的配置。本书以 Cisco Packet Tracer 软件为实验平台，紧扣计算机网络的理论知识，设计了 9 部分实验内容(共 33 个实验)，分别为：物理层连接与集线器工作原理实验、交换机工作原理实验、路由器与路由协议配置实验、虚拟局域网 VLAN 配置实验、基本协议分析实验、网络应用协议分析及系统配置实验、网络地址转换实验、无线网络实验和 IPv6 实验。

  本书详细介绍了实验所涉及的相关技术原理、Cisco IOS 配置命令和实验步骤，不仅便于读者利用 Cisco 网络设备完成各种网络的设计、配置与调试，还能使读者进一步深入理解实验所涉及的相关技术原理。本书所有源程序和课件，读者可登录出版官网(www.xduph.com)下载、参考。

  本书可作为高等学校计算机、通信、网络安全及其他电子信息类相关专业的本科生实验教材，也可作为各类培训机构相关课程的实验教材或实验教学参考书，同时也可供相关科研人员和工程技术人员参考。

图书在版编目(CIP)数据

计算机网络技术实践教程：基于 Cisco Packet Tracer / 王秋华主编. —西安：西安电子科技大学出版社，2019.1(2021.1 重印)
ISBN 978-7-5606-5154-5

Ⅰ.①计…　Ⅱ.①王…　Ⅲ.①计算机网络—教材　Ⅳ.①TP393

中国版本图书馆 CIP 数据核字(2018)第 259658 号

策划编辑　陈　婷
责任编辑　明政珠　陈　婷
出版发行　西安电子科技大学出版社(西安市太白南路 2 号)
电　　话　(029)88242885　88201467　　　邮　编　710071
网　　址　www.xduph.com　　　　　电子邮箱　xdupfxb001@163.com
经　　销　新华书店
印刷单位　陕西日报社
版　　次　2019 年 1 月第 1 版　　2021 年 1 月第 2 次印刷
开　　本　787 毫米×1092 毫米　1/16　印 张 18
字　　数　426 千字
印　　数　3001～6000 册
定　　价　42.00 元

ISBN 978 - 7 - 5606 - 5154 - 5 / TP

XDUP 5456001-2

如有印装问题可调换

前　言

　　计算机网络是一门实践性很强的课程，大量的理论知识需要通过实验验证，学生只有通过实验验证才能更深刻地理解各种网络设备和网络协议的实现原理和工作过程，才能更好地学习并掌握计算机网络以及网络设备的配置。

　　本书实验内容覆盖了计算机网络各方面的重点知识内容，包括 9 个部分，共 33 个实验。具体内容如下：物理层连接与集线器工作原理实验包括集线器基本工作原理实验和集线器扩展以太网实验共 2 个实验；交换机工作原理实验包括交换机基本工作原理实验和交换机扩展以太网实验共 2 个实验；路由器与路由协议配置实验包括静态路由配置实验、RIP 路由协议配置实验、OSPF 动态路由协议配置实验和 BGP 路由协议配置实验共 4 个实验；虚拟局域网 VLAN 配置实验包括单交换机 VLAN 划分实验、两台交换机 VLAN 划分实验、用三层交换机实现 VLAN 间通信和用单臂路由器实现 VLAN 间通信共 4 个实验；基本协议分析实验包括 ARP 协议分析实验、IP 协议分析实验、ICMP 协议分析实验、HDLC 和 PPP 协议分析实验共 4 个实验；网络应用协议分析及系统配置实验包括 DNS 实验、DHCP 配置分析实验、电子邮件系统配置实验和文件传输系统配置与协议分析实验共 4 个实验；网络地址转换实验包括静态网络地址转换 NAT 实验、动态网络端口地址转换实验和网络端口地址转换 PAT 实验共 3 个实验；无线网络实验包括基本服务集实验和扩展服务集实验共 2 个实验；IPv6 实验包括 IPv6 基本配置实验、IPv6 静态路由配置实验、IPv6 RIPng 动态路由配置实验、IPv6 OSPF 动态路由配置实验、双协议栈配置实验、隧道配置实验、IPv6 网络访问 IPv4 网络实验、IPv6 网络和 IPv4 网络互联实验共 8 个实验。

　　本书具有以下特点：

　　(1) 通过熟练使用 Cisco Packet Tracer 软件并完成相关实验，可使学习者快速掌握网络知识。学习者在自己的计算机上就可以模拟真实的网络环境，从而突破了学习网络技术需要昂贵设备的局限性。

　　(2) 本书内容简明扼要，配图得当，以典型网络知识点为实验内容帮助学习者更好地学习网络拓扑搭建、设备配置基本操作、网络互连和协议配置等知识技能。本书每个实验都包括实验目的、网络拓扑、实验步骤。实验内容的安排循序渐进，由简单到复杂，由单一到综合，且条理清晰、图文并茂，叙述和分析透彻。

(3) 本书实验内容紧扣计算机网络的理论教学知识点，每个知识点都配有相应实验，针对性很强。通过实验案例将"体验式学习"思想贯彻其中，使枯燥难懂、复杂抽象的理论知识通过实验变得简单易懂，激发学习者对计算机网络技术的学习兴趣，引领学习者爱上网络技术，主动探索网络世界，进而打造"互联网+"时代的网络技术精英。

(4) 本书注重培养学生的实际动手能力和应用能力，发挥学生的创造能力，对实验案例的分析和讲解，力求做到简明、清晰和准确，通过有针对性案例的实践操作，使学生加深对理论知识的理解，更高效地掌握相关理论依据和知识，做到教学和实验良性互动。

Cisco Packet Tracer 是一款功能强大的网络仿真实验平台，它为网络课程的学习者设计、配置和排除网络故障提供了网络模拟环境。软件中集成了包括 HTTP、DHCP、FTP、DNS、E-mail 等多项服务，配置简单，实验过程直观、方便，非常适用于实验教学。利用 Cisco Packet Tracer，用户可以在软件的图形用户界面上直接以拖曳方法建立网络拓扑，可以使用图形配置界面或者命令行配置界面对网络设备进行配置和测试，也可以在模拟模式下进行协议分析，观察各种协议数据包在网络中行进的详细处理过程，观察网络实时运行情况等。通过亲自动手进行各种网络协议的配置和各种服务器的配置，能够直观地帮助学习者理解各种网络协议与网络设备的工作原理和工作过程，进而掌握各种网络的规划和配置方法，为进一步学习网络相关的安全知识打下良好基础。

由于作者的水平有限，经验不足，书中难免存在不妥之处，殷切希望使用本书的老师和学生予以批评指正，也殷切希望读者提供宝贵建议和意见，以便对本书做进一步完善。读者可通过电子邮件(wangqiuhua@hdu.edu.cn)与编者联系。

编　者

2018 年 10 月

目 录 CONTENTS

第1章

Packet Tracer 软件操作指南

1.1　Packet Tracer 概述

　　Packet Tracer 是由 Cisco 公司发布的一款辅助学习工具,是一个功能强大的网络仿真实验平台,它为网络课程的初学者设计、配置和排除网络故障提供了网络模拟环境。用户可以在软件的图形用户界面上直接使用拖曳方法建立网络拓扑,可以使用图形配置界面或者命令行配置界面对网络设备进行配置和测试,也可以在模拟模式下进行协议分析,观察各种协议数据包在网络中的详细处理过程,观察网络实时运行情况等。Packet Tracer 模拟实际物理设备,对于网络技术学习者而言与实际配置真机一样。

1.2　Packet Tracer 操作界面

　　本书实验案例主要基于 Packet Tracer 7.0 版本。启动 Packet Tracer 7.0 进入用户操作界面,如图 1-1 所示。

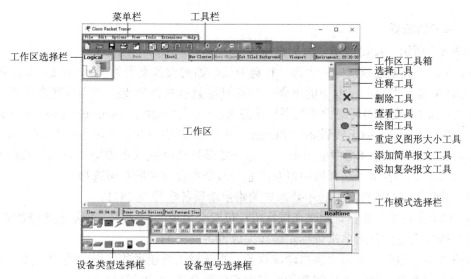

图 1-1　Packer Tracer 7.0 用户操作界面

用户操作界面主要由菜单栏、工具栏、工作区、工作区工具箱、工作模式选择栏、设备型号选择框和设备类型选择框、工作区选择栏等几部分组成。下面通过搭建一个具体的网络实例讲解常用的界面操作。

实例要求：

(1) 利用 1 台 2811 路由器、1 台 2960 交换机、2 台 PC 和 1 台 Server 互连组建一个小型局域网，拓扑结构如图 1-2 所示；

(2) 分别配置 PC 的 IP 地址、子网掩码和默认网关；

(3) 验证 PC 之间的连通性；

(4) 查看数据包的传输过程；

(5) 查看协议数据包的格式。

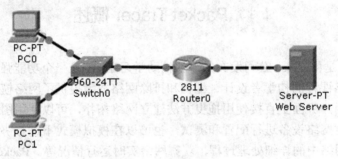

图 1-2　网络拓扑图

1.3　使用 Packet Tracer 搭建网络拓扑

1.3.1　添加网络设备

1. 添加路由器

如图 1-3 所示，按以下步骤添加路由器：

(1) 在设备类型选择框中的上面一行选中要添加的设备类型为 Network Devices(网络设备)，此时在设备类型选择框中的下面一行将对应显示软件所支持的所有网络设备类型。Packet Tracer 7.0 支持的网络设备类型依次为 Routers(路由器)、Switches(交换机)、Hubs(集线器)、Wireless Devices(无线设备)、Security(安全设备)和 WAN Emulation(广域网仿真)。

(2) 在设备类型选择框中的下面一行选中要添加的网络设备类型为 Routers(路由器)，此时，在右边的设备型号选择框中将对应显示该类型设备的所有可选型号。

(3) 在设备型号选择框中选中要添加的路由器设备型号为 2811。

(4) 移动鼠标至工作区，此时在鼠标所在位置会出现"+"符号，指示设备添加的位置；在工作区确定合适位置后单击鼠标左键即完成设备的添加。

设备添加完成后，如需再次移动该设备，则选择工具箱里的 Select(选择工具 ▦)，在工作区中选中要移动的设备，按住鼠标左键移动到合适的位置释放鼠标即可。

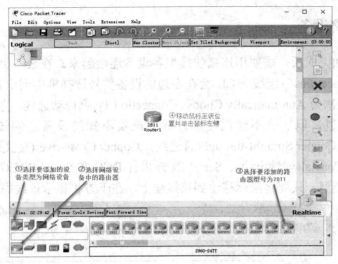

图 1-3　添加路由器

2．添加交换机

(1) 在设备类型选择框中的上面一行，选中要添加的设备类型为 Network Devices(网络设备)。

(2) 在设备类型选择框中的下面一行，选中要添加的网络设备类型为 Switches(交换机)。

(3) 在设备型号选择框中选中要添加的设备型号为 2960。

(4) 移动鼠标至工作区，在工作区确定合适位置后单击鼠标左键即完成交换机设备的添加。

3．添加终端设备

(1) 在设备类型选择框中的上面一行，选中要添加的设备类型为 End Devices(终端设备)。

(2) 在右边设备型号选择框中选中要添加的设备型号为 Generic(一般终端设备)。

(3) 移动鼠标至工作区，在工作区确定合适位置后单击鼠标左键即完成终端设备的添加。

(4) 重复进行上述步骤(1)～(3)，再添加一台 PC 和一台 Server(服务器)，如图 1-4 所示。

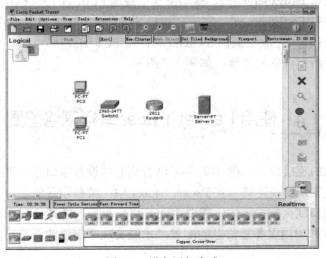

图 1-4　设备添加完成

1.3.2 连接网络设备

网络设备添加完成后，需要用连接线缆把各设备连接起来。在设备类型选择框中的上面一行单击"Connections"(连线 ⚡)，会在右边的设备型号选择框中列出各种类型的线缆，如图 1-5 所示，依次为 Automatically Choose Connection Type(自动选线，它可以自动为设备选择连接线的类型，但一般不建议使用，除非确实不知道设备之间该用何种连线)、Console(控制线)、Copper Straight-through(直通线)、Copper Cross-over(交叉线)、Fiber(光纤)、Phone(电话线)、Coaxial(同轴电缆)、Serial DCE(串行 DCE)和 Serial DTE(串行 DTE)等。如果需要了解线缆类型，只要将鼠标移动到该线缆上，在下方将显示该线缆的信息。

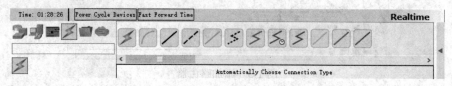

图 1-5　线缆类型

连接网络设备的具体步骤如下：

(1) 选择 Copper Straight-through(直通线 ╱)，将鼠标移至 Router0 上，单击鼠标左键，在弹出的菜单中选择要连接的接口 FastEthernet0/0，如图 1-6 所示。

(2) 将鼠标移至要连接的交换机 Switch0，单击鼠标左键，在弹出的菜单中选择要连接的接口 FastEthernet0/1，完成路由器 Router0 和交换机 Switch0 的连接。

图 1-6　选择连接接口

(3) 选择 Copper Cross-over(交叉线 ╱)，将鼠标移至 Router0 上单击鼠标左键，在弹出的菜单中选择要连接的接口 FastEthernet0/1，移动鼠标至服务器 Server0，单击鼠标左键，在弹出的菜单中选择要连接的接口 FastEthernet0，完成路由器 Router0 和服务器 Server0 的连接。

(4) 选择 Copper Straight-through(直通线)，将鼠标移至 Switch0 上单击，在弹出的菜单中选择要连接的接口 FastEthernet0/2，移动鼠标至终端 PC0，单击鼠标左键，在弹出的菜单中选择要连接的接口 FastEthernet0，完成交换机 Switch0 和终端 PC0 的连接。

(5) 按照上述操作，完成交换机 Switch0 和终端 PC1 的连接。

至此，完成了所有设备的连接，如图 1-7 所示。

1.4　使用 Packet Tracer 进行网络配置

完成设备之间的连接后，在图 1-7 中可以看到有些设备端口指示灯呈红色，表示该接口没有工作，不能实现物理连通。在 Packet Tracer 中，某些设备的端口和服务默认是关闭的，如路由器的端口默认是关闭的，需要手动开启。另外，还需要对网络设备和终端进行 IP 地址、路由协议和应用服务等信息的配置，才能实现所需要的网络功能，实现设备之间的真正通信。

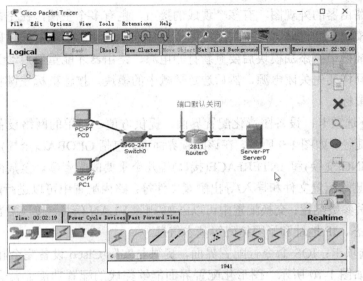

图 1-7　完成设备连接

1.4.1　配置网络设备

单击 Router0，打开其配置窗口，该窗口有三个主要的配置选项卡：Physical(物理)选项卡、Config(配置)选项卡和 CLI(Command Line Interface，命令行界面)选项卡。

(1) Physical 选项卡：用于为设备添加功能模块。Packet Tracer 提供的某些设备是模块化设备，即设备本身提供一些基本功能，同时提供一些插槽和可选模块，用户可以根据自己的实际需求选择合适的模块添加到设备中，以获取所需要的功能。如图 1-8 所示，在该选项卡左侧列出了可以添加的各种模块，点击模块，在下方会出现对该模块的功能描述。

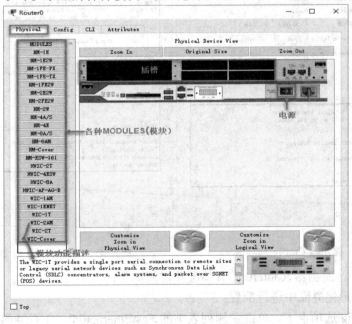

图 1-8　路由器 Physical 选项卡

选项卡右侧是路由器的外观图，有多个现成的接口，也有多个空槽，在空槽上可以添加模块。添加某个模块至插槽时，要先关闭电源，然后选中需要的模块，按住鼠标左键将其拖放到相应的空插槽中；添加模块后要重新打开电源、路由器才能重新启动工作。若需从插槽删除模块，同样要先关闭电源，然后选定插槽中的模块，按住鼠标左键将其拖至左侧模块区，并释放鼠标。

(2) Config 选项卡：设备图形化配置界面，提供方便、易用的网络设备配置方式，是初学者入门的捷径。如图 1-9 所示，在该配置界面中，包括 GLOBAL(全局)、ROUTING(路由)、SWITCHING(交换)和 INTERFACE(接口)等几个重要的配置项。全局配置中可以配置主机名、保存/删除配置文件和导入/导出配置文件等；路由配置中可以进行静态路由和 RIP 路由协议的相关参数配置；交换配置中可以添加/删除 VLAN 信息；接口配置中可以配置各接口的开/关状态、IP 地址和子网掩码等基本信息。

(3) CLI 选项卡：IOS 命令行配置界面，提供与实际 Cisco 设备完全相同的配置界面和配置过程，如图 1-10 所示。图形化配置界面能够完成的配置功能非常有限，如果需要对设备进行更复杂的配置，需要进入 CLI 选项卡，通过输入 IOS 配置命令来完成配置，因此，命令行配置方式是学习者要重点掌握的配置方式。掌握命令行配置方式需要掌握 Cisco 配置命令，并会灵活运用这些配置命令，因此，本书后面的章节会对用到的 Cisco 配置命令进行解释说明，并给出相应的命令行配置方式，让学习者对 Cisco 配置命令有较深入的理解。

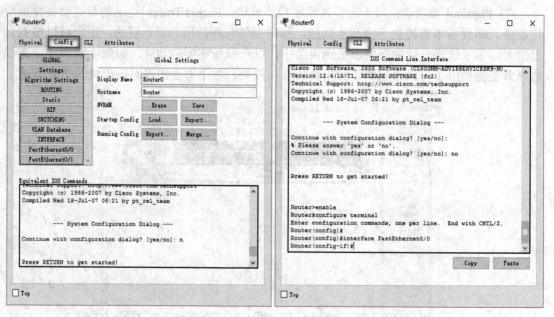

图 1-9　路由器 Config 选项卡　　　　　图 1-10　路由器 CLI 命令行界面

在本实例中，路由器 Router0 的具体配置过程如下：

方式 1：图形化界面中进行配置：

① 在 Config 选项卡下，单击左侧列表中的 FastEthernet0/0，在右侧相应配置界面中输

入 IP 地址和子网掩码等配置参数，并开启该端口，如图 1-11 所示。注意观察下方窗口中出现的配置参数时对应的 IOS 命令。在用图形化配置界面配置网络设备的同时，Packet Tracer 给出完成同样配置过程需要的配置命令。

② 按照图 1-12 中的参数进行 FastEthernet0/1 接口的配置。

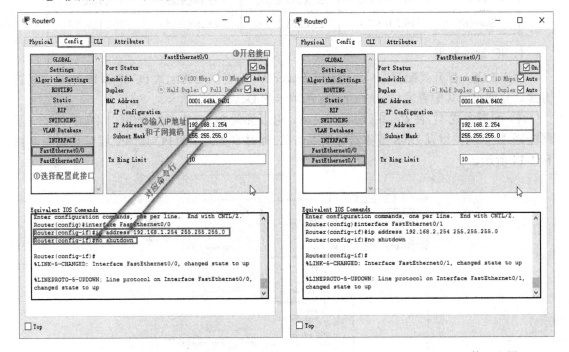

图 1-11　FastEthernet0/0 接口配置　　　　图 1-12　FastEthernet0/1 接口配置

方式 2：命令行界面中进行配置：

在 CLI 选项卡下直接输入以下命令也可以完成上述同样的配置。

　　Router>enable　　//从用户模式进入特权模式

　　Router#configure terminal　　//进入全局模式

　　Router(config)#interface FastEthernet0/0　　//进入接口配置模式

　　Router(config-if)#ip address 192.168.1.254 255.255.255.0　　//配置端口 IP 地址和子网掩码

　　Router(config-if)#no shutdown　　//开启端口，路由器端口默认是关闭状态，需要手动开启

　　Router(config-if)#exit

　　Router(config)#interface FastEthernet0/1

　　Router(config-if)#ip address 192.168.2.254 255.255.255.0

　　Router(config-if)#no shutdown

　　Router(config-if)#exit

1.4.2　配置 PC 终端和服务器

规划好各 PC 终端的 IP 地址、子网掩码、默认网关以及 DNS 服务器等基本信息。本实例中的终端规划 IP 信息如表 1-1 所示。

表 1-1　PC 配置表

设备	IP 地址	子网掩码	默认网关	DNS Server
PC0	192.168.1.1	255.255.255.0	192.168.1.254	192.168.2.1
PC1	192.168.1.2	255.255.255.0	192.168.1.254	192.168.2.1
Server0	192.168.2.1	255.255.255.0	192.168.2.254	192.168.2.1

1．IP 地址配置

单击 PC0，打开其配置窗口。Packet Tracer 7.0 中提供两种配置 PC 终端 IP 地址信息的方式，分别对应其配置窗口中的 Config 选项卡和 Desktop 选项卡。

(1) 配置方式 1：在 Config 配置方式下，可以配置 PC 网络适配器(网卡)的 IP 地址、子网掩码、默认网关以及 DNS 服务器等基本信息。针对本实例中的 PC 具体配置信息如图 1-13 和 1-14 所示。

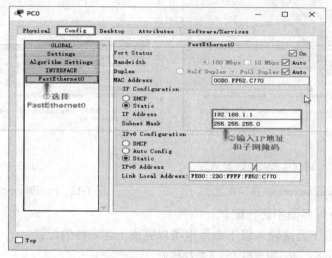

图 1-13　Config 模式下配置 IP 地址和子网掩码

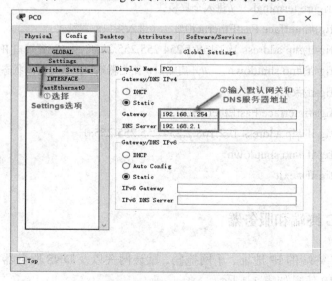

图 1-14　Config 模式下配置默认网关和 DNS 服务器地址

(2) 配置方式 2：在 Desktop 选项卡下，提供了更多的配置功能，包括 IP Configuration (IP 地址配置)、Command Prompt(命令提示符)、Web Browser(浏览器)以及无线网络等常用工具，如图 1-15 所示。

图 1-15　PC Desktop 选项卡

单击 IP Configuration(IP 配置)图标，打开配置窗口，可以对 PC 的 IP 地址、子网掩码、默认网关以及 DNS 服务器等信息进行配置。针对本实例中的 PC0 具体配置信息如图 1-16 所示。

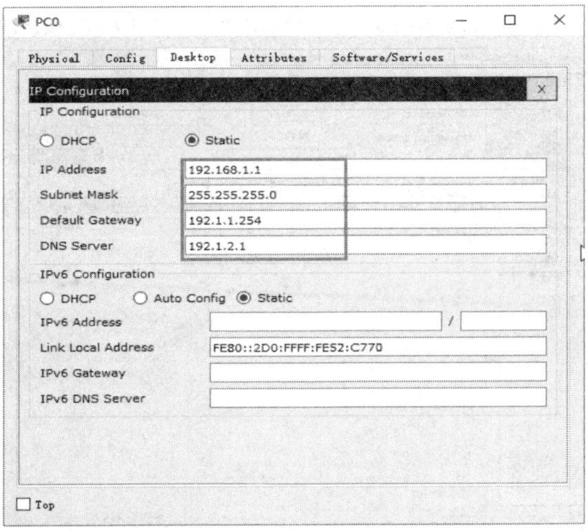

图 1-16　PC IP Configuration 配置窗口配置 IP 地址信息

根据表 1-1 中的信息，按相同操作配置 PC1 和 Server0 的地址信息。

2. 服务配置

服务器除了要配置 IP 地址等信息外，还要进行相关服务的配置。

单击服务器 Server0 打开其配置窗口，选择 Services 选项卡，在该选项卡左侧列出了服务器可以提供的各种常用服务，包括 HTTP、DHCP、DNS 和 FTP 等。针对本实例，需要配置 HTTP 服务和 DNS 服务。

(1) 点击 HTTP，在右侧可以看到 HTTP/HTTPS 服务默认是开启的，如图 1-17 所示。也可点击 html 页面的相应 edit 按钮来编辑页面。

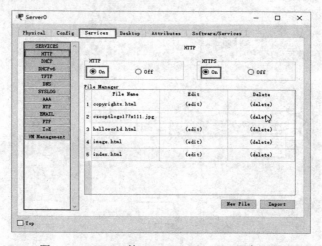

图 1-17 Server0 的 Services 下 HTTP 服务配置

(2) 点击 DNS，在右侧可以看到 DNS 服务默认是关闭的，需要手动开启，即在 DNS Service(DNS 服务)一栏选择 On；另外还需要配置 DNS 资源记录。针对本实例，在 Type(类型)框中选择资源记录类型为 A Record，在 Name(名字)框中输入域名 www.cisco.com，在 Address(地址)框中输入服务器的 IP 地址 192.168.2.1，最后点击 Add 按钮添加该条记录，配置参数如图 1-18 所示。

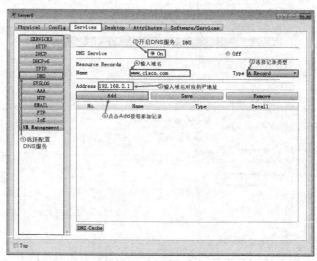

图 1-18 DNS 服务配置

1.5   使用 Packet Tracer 进行网络测试和协议分析

完成网络配置后，需要对网络进行连通性测试、数据包分析以及协议分析等。Packet Tracer 能够以动画形式演示数据包在网络中传输的过程，用户可以捕获网络数据包并进行分析。Packet Tracer 使复杂抽象的网络概念变得简单易懂，使得网络协议的学习变得形象生动，有助于学习者更好地理解和掌握相关的网络知识和协议。

本节以前面搭建的网络拓扑为例，介绍 Packet Tracer 进行网络测试和协议分析的基本操作方法。

1.5.1   Packet Tracer 7.0 的操作模式

Packet Tracer 7.0 提供 Realtime Mode(实时模式)和 Simulation Mode(模拟模式)两种操作模式。可以通过单击拓扑工作区右下角的两个图标进行模式切换，如图 1-19 所示。

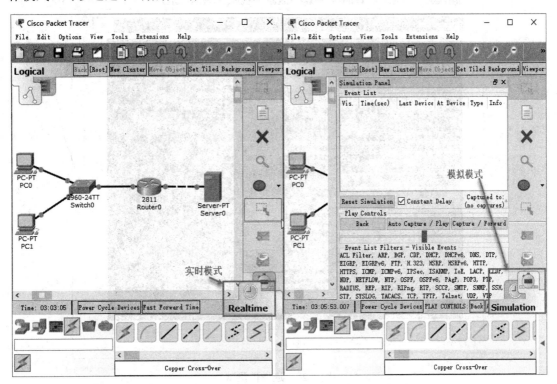

图 1-19   Realtime Mode(实时模式)和 Simulation Mode(模拟模式)

(1) 实时模式：即即时模式，也就是真实模式。实时模式仿真网络实际运行过程，在实时操作模式下，网络行为和真实设备一样，对所有的网络行为进行即时响应。实时模式一般用于网络测试。

(2) 模拟模式：用于模拟数据包的产生、传递和接收过程。在模拟模式下，软件可以以动画的形式形象、直观地演示数据包在网络中传输的过程，用户可以逐步观察、分析数据包在网络中端到端的传输过程，可以详细分析各协议数据包的封装格式，查看对应段中相关设备处理该数据包的流程和结果。模拟模式是找出网络不能正常工作原因的理想工具，也是初学者深入理解协议原理、操作过程和设备处理数据包流程的理想工具。

1.5.2 利用 Packet Tracer 7.0 进行网络测试

1. 连通性测试

在实时模式下，单击 PC0，在 Desktop 选项卡下选择 Command Prompt(命令提示符)，分别输入 ping 命令"ping 192.168.1.2"和"ping 192.168.2.1"，如图 1-20 所示，可以看到 PC0 和 PC1 是连通的，PC0 和 Server0 也是连通的。

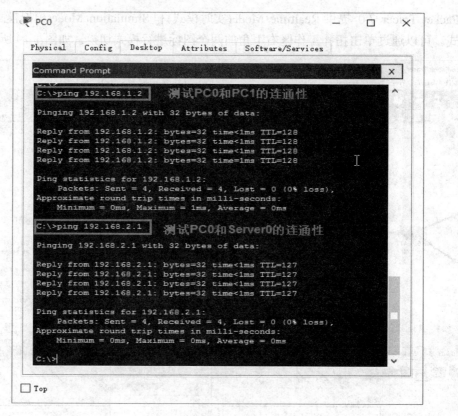

图 1-20 连通性测试

2. 服务功能测试

在实时模式下，单击 PC0，在 Desktop 选项卡下选择 Web Browser(浏览器)，在 URL 地址栏输入域名 http://www.cisco.com，单击 Go 按钮，此时在 Web Browser 中显示相应的 Web 页面，如图 1-21 所示，说明 DNS 解析功能正确，Server0 能正常提供 Web 服务。

图 1-21　PC0 通过域名 www.cisco.com 成功访问 Web 服务器

1.5.3　利用 Packet Tracer 7.0 进行协议分析

（1）进入 PC0 的 Simulation Mode(模拟模式)，在弹出的 Simulation Panel(模拟面板)中点击 Edit Filters(编辑过滤器)按钮，打开编辑过滤器操作窗口，选择需要显示的协议类型为 ICMP，如图 1-22 所示。

图 1-22　选择协议

（2）在 Desktop 选项卡下选择 Command Prompt(命令提示符)，输入 ping 命令"ping 192.168.2.1"。此时在工作区可以看到 PC0 上多了一个信封，这是 PC0 产生的数据包。

（3）点击 Auto Capture/Play(自动捕获/播放)按钮或者 Capture/Forward(捕获/转发)按钮捕获数据包，可以逐步观察数据包在网络中传输的过程，如图 1-23 所示。此时在 Event List(事件列表)区将显示捕获到的数据包的详细信息，包括持续时间、源设备、目的设备、协议类型和协议详细信息。要了解协议数据包的详细封装格式，可以单击右侧事件列表中显示不同颜色的协议类型信息 Info 栏，查看详细的 OSI 模型信息和各层 PDU 信息。

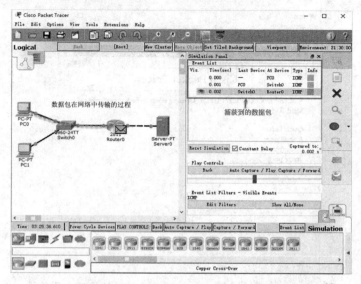

图 1-23　模拟模式下观察数据包传输过程及捕获数据包

(4) 选中要查看的数据包，并单击其 Info 项下对应的色块，即可打开该数据包的 PDU Information(PDU 信息)窗口，如图 1-24 所示。

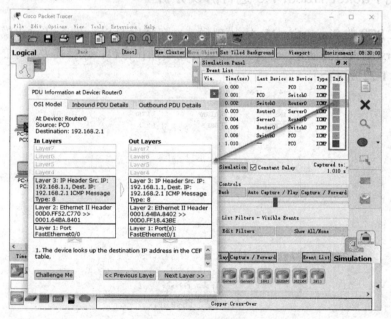

图 1-24　查看 PDU 信息

可以看到，PDU Information 窗口有三个选项卡：OSI Model(OSI 模型)、Inbound PDU Details(入站 PDU 详情)和 Outbound PDU Details(出站 PDU 详情)。

① OSI Model(OSI 模型)选项卡(见图 1-24)：给出了各层 PDU 主要的封装参数，并在下方对各层的封装/解封装过程进行了描述。单击相应层可以查看 OSI 模型中各层的描述信息。

② Inbound PDU Details(入站 PDU 详情)选项卡(图 1-25(a))：给出了该设备输入端口各层协议的封装详情，通过查看这些信息，可以学习各协议的原理和数据封装格式。

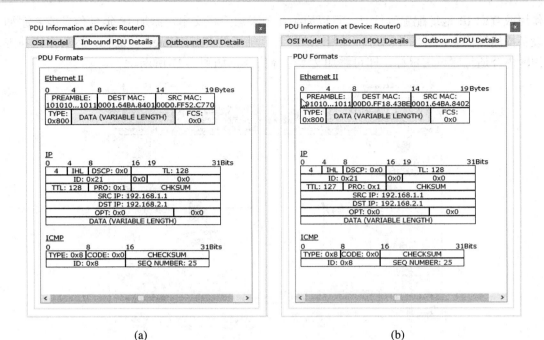

(a) (b)

图 1-25　入站 PDU 详情和出站 PDU 详情

③ Outbound PDU Details(出站 PDU 详情)选项卡(图 1-25(b))：与 Inbound PDU Details(入站 PDU 详情)选项卡类似，显示了该设备输出端口各层协议的封装详情。

1.6　其他常用操作

1.6.1　修改网络设备主机名

为了便于对网络设备进行管理，往往需要根据网络设备在网络中所处的位置或者作用进行命名。如果需要修改拓扑图中网络设备默认显示的主机名，单击设备下方主机名文本框，如图 1-26 所示，文本框将进入可编辑状态，键入新的主机名即可。

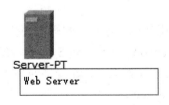

Server-PT
Web Server

图 1-26　修改网络设备主机名

1.6.2　添加注释信息

为了与他人共享实验拓扑图文件或者方便自己在以后使用该文件时容易理解拓扑图的

作用或查询 IP 地址配置等信息，可以为拓扑图添加注释文本、添加 IP 地址信息或者添加设备描述等信息，对拓扑图进行说明。选择工具箱里的 Place Note(▤)图标，然后在拓扑工作区内合适位置单击鼠标，即可添加文本注释信息，如图 1-27 所示。

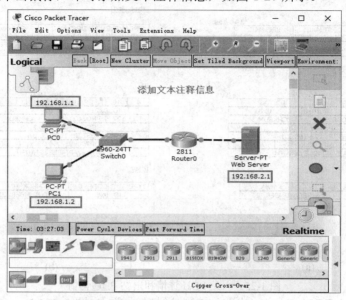

图 1-27 添加文本信息

1.7 IOS 命令模式

通过图形配置界面提供的基本配置功能，初学者可以完成简单的网络配置，但随着课程内容的深入和网络设计的不断复杂，要求学习者能够通过命令行模式配置网络设备的一些复杂功能。开始学习时，学习者可以通过图形配置界面和命令行配置模式两种配置方式完成网络设备的配置过程。因为在用图形配置界面配置网络设备的同时，Packet Tracer 给出完成同样配置过程需要的配置命令，因此，学习者在配置过程中可以仔细观察，通过相互比较，逐步加深对 Cisco IOS 命令的理解和学习。建议在熟悉了 IOS 配置命令后，用命令行完成网络设备的配置。

Cisco 网络设备可被看做专用计算机系统，同样由硬件系统和软件系统组成，其核心系统软件是互联网操作系统(Internetwork Operating System，IOS)。用户通过在 IOS 用户界面输入命令行实现对网络设备的配置和管理。IOS 提供四种常用命令行模式，分别如下：

(1) User Mode(用户模式)：Router>。

(2) Privileged Mode(特权模式)：Router#。

(3) Global Mode(全局模式)：Router(config)#。

(4) Interface Mode(接口模式)：Router(config -if)#。

在不同模式下，用户具有不同的配置和管理网络设备的权限。各命令行模式之间的层次关系如图 1-28 所示。

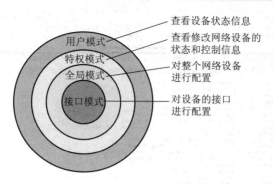

图 1-28　各命令行模式之间的层次关系

1.7.1　用户模式

"Router>"这种命令提示符表示在用户命令模式，Router 是路由器的默认主机名。在该模式下，用户只能使用一些查看命令查看某些网络设备的信息(如软件、硬件、版本等)和进行简单的测试，而不能配置网络设备，也不能修改网络设备状态和控制信息。用户登录网络设备，首先进入的即是用户模式。图 1-29 是用户模式下可以输入的命令列表。

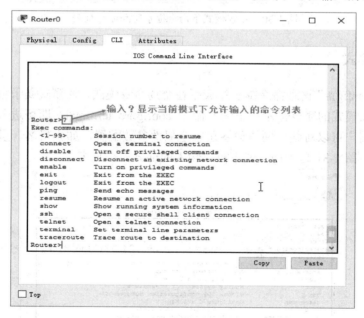

图 1-29　用户模式下命令提示符和命令列表

1.7.2　特权模式

"Router#"这种命令提示符表示在特权命令模式。在用户模式的命令提示符后输入命令 enable，即可进入特权模式。在特权模式下，用户可以对网络设备文件进行管理，查看网络设备配置信息，进行网络测试和调试，但不能配置网络设备。图 1-30 是特权模式下可以输入的命令列表。

图 1-30　特权模式下命令提示符和命令列表

1.7.3　全局模式

"Router(config)#"这种命令提示符表示在全局命令模式，该模式属于特权模式的下一级模式。在特权模式的命令提示符下输入命令 configure terminal，即可进入全局模式。在全局模式下，用户可以对整个网络设备进行全局性参数配置，如主机名、登录信息、路由协议和参数等。图 1-31 是全局模式下可以输入的部分命令列表。

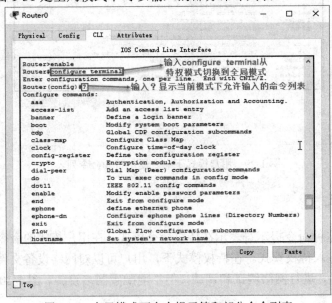

图 1-31　全局模式下命令提示符和部分命令列表

1.7.4　接口模式

"Router(config-if)#" 这种命令提示符表示在设备接口命令模式。如果需要完成对网络设备部分功能模块的配置，如配置路由器某个接口，则需要从全局模式进入该功能模块的配置模式。例如，在全局模式命令提示符下输入命令 interface FastEthernet0/0，即可进入路由器接口 FastEthernet0/0 的配置模式。图 1-32 是接口模式下可以输入的部分命令列表。

图 1-32　接口模式下命令提示符和部分命令列表

1.7.5　IOS 帮助工具

1. 帮助命令

当忘记某个命令或者命令中的某个参数时，可以通过输入 "?" 完成命令或参数的查找，如图 1-29～图 1-32。

(1) 如果在某种模式命令提示符下，输入 "?"，则将显示该命令模式下允许输入的命令列表和命令功能说明，如图 1-29～图 1-32 所示。

(2) 如果需要查找某个命令的参数，则在该命令后面按空格，然后输入 "?"，将显示该命令的所有参数选项。如图 1-33 所示，在 Router 命令 clear 的参数位置输入 "?"，即可列出 clear 命令所能使用的所有参数选项和参数功能说明。

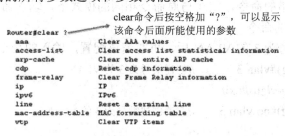

图 1-33　某条命令后按空格加 "？"

2. 命令简写

无论是命令还是参数，IOS 都不要求输入完整的命令，它允许用户输入简写的命令，只要所简写的命令字符能够在命令列表中唯一确定某个命令或参数即可。如图 1-34 中所示，在用户模式下输入 en 代替输入 enable 也可以进入特权模式；在特权模式下输入 conf t 可以进入全局模式。这是因为在用户模式下的命令列表中没有两个以上命令的前两个字符是 en，输入 en 已经能够使得 IOS 唯一确定命令 enable。同样，在特权模式下的命令列表中没有两个以上命令是以字符 conf 开头的，configure 后面的参数 t 也能使 IOS 唯一确定参数 terminal。

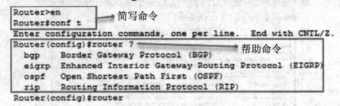

图 1-34 帮助命令和简写命令

3. 命令自动补全 Tab 键

输入命令的一部分后按 Tab 键可以把命令自动补全，如图 1-35 所示。

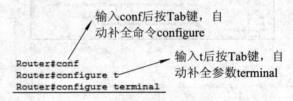

图 1-35 命令自动补全 Tab 键

4. 历史命令缓存

【↑】：查找以前使用的命令。

【→】和【←】：将光标移动到命令中需要修改的位置。

① 如果需要多次输入某个命令，可以通过【↑】键显示上次输入的命令。

② 如果需要输入的多条命令中只是个别参数不同，则可以先通过【↑】键显示上次输入的命令，然后通过【←】键移动光标到需要修改的位置，对命令中需要修改的部分进行修改即可，修改完再通过【→】键退回到命令末尾。

1.7.6 命令的取消

如果需要取消输错的命令，则在与原命令相同的模式下，输入命令：

　　no 需要取消的命令

例如，创建了编号为 3 的 VLAN 后，再取消该配置，输入的命令序列如下：

　　Switch(config)#vlan 3　　　　//创建编号为 3 的 VLAN

　　Switch(config-vlan)#exit

　　Switch(config)#no vlan 3　　　//取消创建编号为 3 的 VLAN

第 2 章

物理层连接与集线器工作原理实验

2.1　物理介质的连接

物理层的任务是透明地传输比特流。传输信息所用的物理介质主要有：双绞线、同轴电缆、光缆和无线信道等。在 Packet Tracer 中，双绞线是最常用的线缆之一。按照线序的不同，双绞线有直通线和交叉线两种类型，如图 2-1 所示。

(1) 直通线：用于不同类型设备之间的连接，如路由器与交换机，交换机与 PC 终端。

(2) 交叉线：用于同种类型设备之间的连接，如路由器与路由器，交换机与交换机。

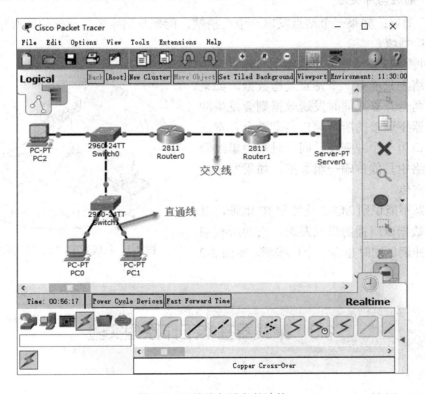

图 2-1　双绞线与设备的连接

值得注意的是：路由器和 PC 终端或服务器之间的连接使用交叉线，这是因为计算机或服务器在与路由器连接时，实际上是它们的以太网卡与路由器的以太网接口连接。

2.2 集线器实验理论基础

1. 集线器

集线器(Hub)属于纯硬件网络底层设备，它的主要功能是对接收到的信号进行再生整形放大，以扩大网络的传输距离，同时把所有节点集中在以它为中心的节点上。它工作于 OSI 参考模型的第一层，即"物理层"。集线器与网卡、网线等传输介质一样，属于局域网中的基础设备，采用 CSMA/CD(即带冲突检测的载波监听多路访问技术)介质访问控制机制。

由于物理层传输的信号是无结构的，因此集线器无法识别接收方，只能把从一个端口接收到的信号放大后复制到所有其他端口，即采用广播方式把信号发送到与该集线器相连的除发送节点外的其他所有节点。

集线器的工作过程：首先是节点发信号到线路，集线器接收该信号，因信号在电缆传输中有衰减，集线器接收信号后将衰减的信号整形放大，最后集线器将放大的信号广播转发给其他所有端口。

2. 广播域与冲突域

(1) 广播域：如果一个站点发出一个广播帧，能接收到这个广播帧的所有站点的集合称为一个广播域。

(2) 冲突域：以太网共享信道的传输机制决定了在网络上只能有一个站点发送数据，如果网络上的两台计算机同时发送数据则会发生冲突。集线器下连接的所有端口共享整个带宽，即所有端口为一个冲突域。同一时刻由集线器连接的网络中只能传输一组数据，如果发生冲突则需要重传。

集线器不能识别 MAC 地址和 IP 地址，对接收到的数据以广播的形式发送，它的所有端口为一个冲突域同时也为一个广播域，如图 2-2 所示。

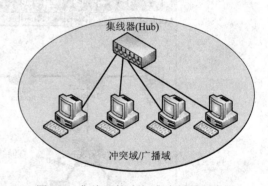

图 2-2 集线器的冲突域/广播域示意图

2.3 集线器基本工作原理实验

2.3.1 实验目的

(1) 掌握设备之间的连接方法；

(2) 通过观察集线器对单播包和广播包的处理过程了解集线器的工作原理;

(3) 了解冲突域和广播域的概念;

(4) 验证集线器的冲突域和广播域。

2.3.2　实验拓扑

本实验所用的实验拓扑如图 2-3 所示,是以集线器为中心的共享式以太网。

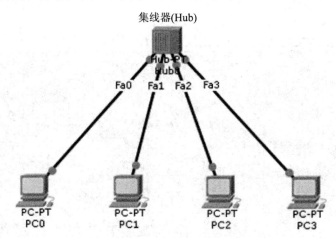

图 2-3　集线器基本工作原理实验拓扑图

2.3.3　实验步骤

(1) 实验环境搭建。

① 启动 Packet Tracer 软件,在逻辑工作区根据图 2-3 中的实验拓扑图放置和连接设备。使用设备包括:一台 Generic 集线器 Hub-PT,4 台 PC 机,分别命名为 PC0、PC1、PC2 和 PC3,并且用直连线将各设备依次连接起来。

② 根据表 2-1 配置各个 PC 终端的 IP 地址信息。

表 2-1　IP 地址配置表

主机	IP 地址	子网掩码	所连集线器接口
PC0	192.168.1.1	255.255.255.0	FastEthernet0
PC1	192.168.1.2	255.255.255.0	FastEthernet1
PC2	192.168.1.3	255.255.255.0	FastEthernet2
PC3	192.168.1.4	255.255.255.0	FastEthernet3

(2) 观察集线器对单播包的处理。

① 点击工作区右下角的 Simulation Mode(模拟模式)按钮(⬛),进入模拟工作模式。

② 点击 Edit Filters(编辑过滤器)按钮(⬛ Edit Filters),打开编辑过滤器窗口,设置要捕获的协议包类型为 ICMP,如图 2-4 所示。

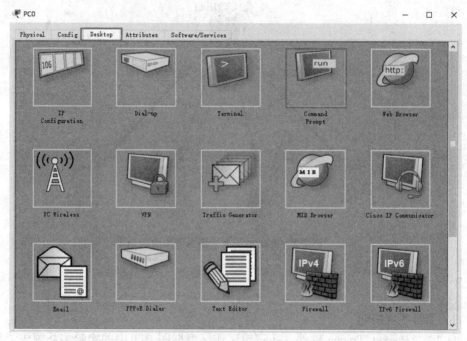

图 2-4　选择协议类型

③ 单击终端 PC0，进入 PC0 的 Desktop 选项卡，选择 Command Prompt(命令提示符)，如图 2-5 所示。

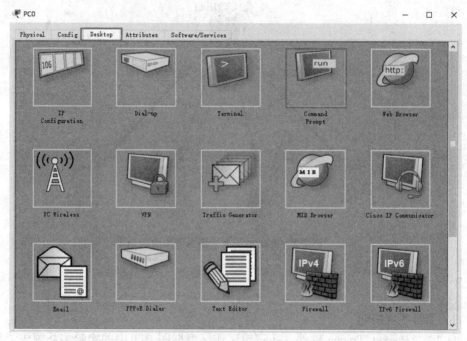

图 2-5　PC0 Desktop 选项卡

④ 在 Command Prompt 面板，输入 ping 192.168.1.3 命令，由 PC0 向 PC2 发送数据包，如图 2-6 所示。

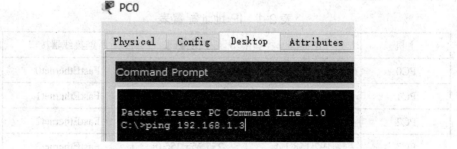

图 2-6　输入 ping 命令

⑤ 单击 Auto Capture/Play(自动捕获)按钮(Auto Capture / Play)或者 Capture/Forward(捕获/转发)按钮(Capture / Forward)捕获数据包。

⑥ 观察单播 ICMP 协议数据包由 PC0 发送到集线器后，集线器向除 PC0 所连端口(Fa0)之外的所有端口(Fa1、Fa2 和 Fa3)转发该数据包，如图 2-7 所示。

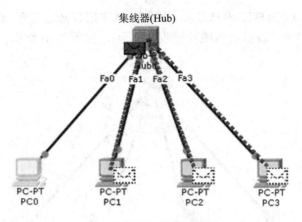

图 2-7　集线器转发数据包

⑦ 观察数据包到达 PC1、PC2 和 PC3 后，PC1 和 PC3 把数据包丢弃(数据包信封上闪烁的"✖"表示设备丢弃数据包)，如图 2-8(a)所示；而 PC2 成功接收数据包，并会回复 ICMP 响应数据包，如图 2-8(b)所示。

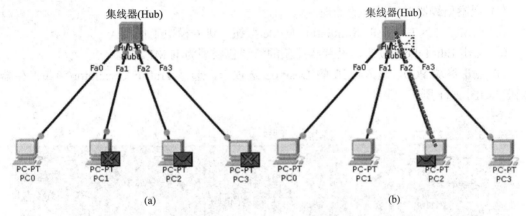

(a)　　　　　　　　　　　　　　　　　　(b)

图 2-8　PC1 和 PC3 丢弃数据包，PC2 回复 ICMP 响应数据包

⑧ ICMP 响应数据包由 PC2 发送到集线器后，集线器向除 PC2 所连端口(Fa2)之外的所有端口(Fa0、Fa1 和 Fa3)转发该数据包，如图 2-9 所示。

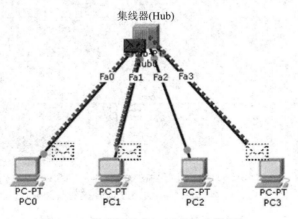

图 2-9　集线器转发 PC2 的响应数据包

⑨ 数据包到达 PC0、PC1 和 PC3 后，PC1 和 PC3 把数据包丢弃，而 PC0 接收数据包(数据包信封上闪烁的"√"表示设备成功接收数据包)，如图 2-10 所示。

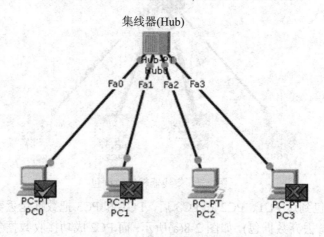

图 2-10　数据包的接收与丢弃

(3) 观察集线器对广播包的处理。

① 点击工作区右下角的 Simulation Mode 按钮，进入模拟工作模式。

② 点击 Edit Filters 按钮，设置要捕获的协议包类型为 ICMP。

③ 点击终端 PC0，进入 PC0 的 Desktop 选项卡，选择 Traffic Generator(流量产生器)按钮，如图 2-11 所示。

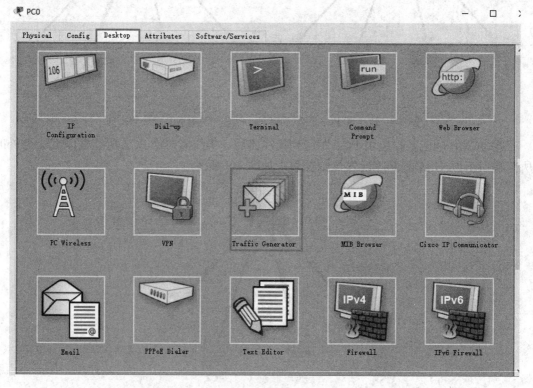

图 2-11　选择 Traffic Generator(流量产生器)

④ 在弹出的对话框中设置参数，如图 2-12 所示。

• Select Application：PING。

• Destination IP Address(目标 IP 地址)：255.255.255.255(广播地址，表示该数据包发送给源站点所在广播域内的所有终端)。

• Source IP Address(源 IP 地址)：192.168.1.1(实验拓扑中的 PC0 的 IP 地址)。

• Sequence Number(序列号)：1。

• Simulation Settings(模拟设置)：Single Shot。

• 其他采用默认设置。

设置完毕后，点击 Send 按钮。

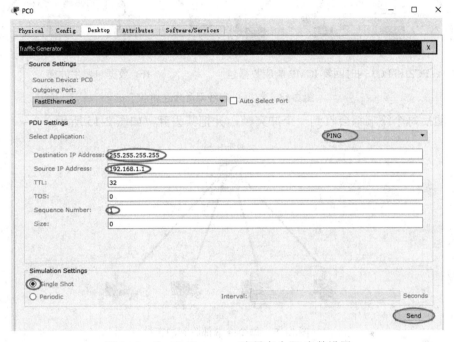

图 2-12　Traffic Generator(流量产生器)参数设置

⑤ 单击 Capture/Forward 按钮，观察 ICMP 协议数据包由 PC0 发送到集线器后，集线器向与源站点 PC0 在同一广播域的其他所有 PC (PC1、PC2 和 PC3)转发该数据包，如图 2-13 所示。

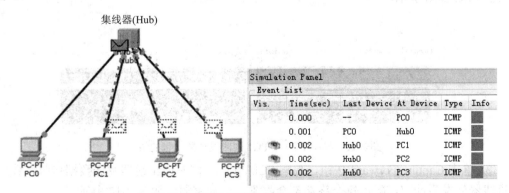

图 2-13　集线器转发来自 PC0 的数据包

⑥ 单击 Capture/Forward 按钮，观察数据包到达 PC1、PC2 和 PC3 后，PC1、PC2 和 PC3 都同时回复 ICMP 响应数据包，如图 2-14(a)所示；这些数据包会发生冲突，通信失败，如图 2-14(b)所示(数据包信封上闪烁的"火苗"表示数据冲突)。

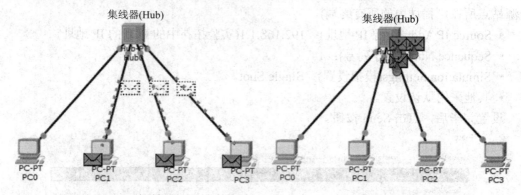

(a) PC1、PC2 和 PC3 同时回复 ICMP 响应数据包　　　　(b) 数据包发生冲突

图 2-14　数据包集线器处发生冲突

⑦ 随后每个终端都会收到一个冲突帧，并把其丢弃，如图 2-15 所示。

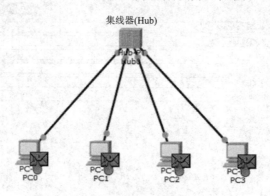

图 2-15　每个终端都收到冲突帧

(4) 观察多个站点同时发送数据包的情况。

① 进入模拟工作模式，在 PC0 的 Command Prompt 面板，输入 ping 192.168.1.3；在 PC1 的 Command Prompt 面板，输入 ping 192.168.1.4。模拟 PC0 和 PC1 同时发送数据包的情况，如图 2-16 所示。

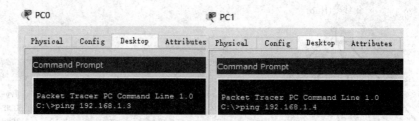

图 2-16　模拟 PC0 和 PC1 同时发送数据包的情况

② 单击 Capture/Forward 按钮，观察 PC0 和 PC1 同时向集线器发送数据包时，数据包在集线器处发生冲突，随后每个终端都会收到一个冲突帧，如图 2-17 所示。

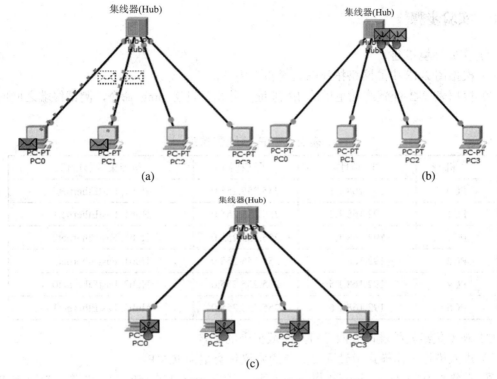

图 2-17　多个站点同时发送数据包的情况

2.4　集线器扩展以太网实验

2.4.1　实验目的

(1) 掌握利用集线器扩展以太网的覆盖范围;

(2) 观察集线器扩展以太网覆盖范围时，对冲突域和广播域范围的影响。

2.4.2　实验拓扑

本实验所用的实验拓扑如图 2-18 所示。两个集线器相连扩展了以太网的覆盖范围。

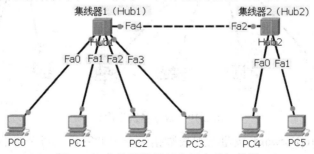

图 2-18　集线器扩展以太网实验拓扑图

2.4.3 实验步骤

(1) 实验环境搭建。

① 根据图 2-18 中的网络拓扑图放置和连接设备。

② 根据表 2-2 配置终端主机的 IP 地址，并相互发送 ping 命令，测试终端之间的连通性。

表 2-2　IP 地址配置表

主机	IP 地址	子网掩码	所连集线器接口
PC0	192.168.1.1	255.255.255.0	Hub1, FastEthernet0
PC1	192.168.1.2	255.255.255.0	Hub1, FastEthernet1
PC2	192.168.1.3	255.255.255.0	Hub1, FastEthernet2
PC3	192.168.1.4	255.255.255.0	Hub1, FastEthernet3
PC4	192.168.1.5	255.255.255.0	Hub2, FastEthernet0
PC5	192.168.1.6	255.255.255.0	Hub2, FastEthernet1

(2) 观察集线器扩展以太网时对冲突域范围的影响。

① 进入模拟工作模式，设置要捕获的协议包类型为 ICMP。

② 在终端 PC0 的 Command Prompt 面板，输入 ping 192.168.1.3，设置由 PC0 向 PC2 发送数据包。

③ 在终端 PC4 的 Command Prompt 面板，输入 ping 192.168.1.6，设置由 PC4 向 PC5 发送数据包。

④ 依次单击 Capture/Forward 按钮，观察 ICMP 数据包由 PC0 发送到集线器 1，由 PC4 发送到集线器 2 后，再单击 Capture/Forward 按钮，观察集线器 1 向与源站点 PC0 在同一广播域的其他所有 PC (PC1、PC2 和 PC3)以及集线器 2 转发该数据包；集线器 2 向与源站点 PC4 在同一广播域的其他所有 PC (PC5)以及集线器 1 转发该数据包，结果是集线器 1 向集线器 2 转发的数据包和集线器 2 向集线器 1 转发的数据包发生冲突，如图 2-19 所示。

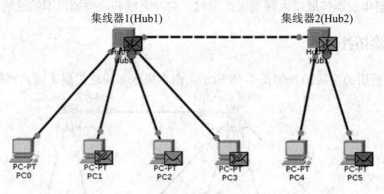

图 2-19　数据包发生冲突

⑤ 单击 Capture/Forward 按钮，观察数据包发生冲突后，每个终端和集线器都收到一个冲突包，如图 2-20 所示。

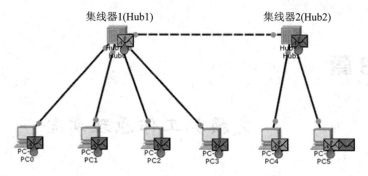

图 2-20　每个终端和集线器都收到一个冲突包

⑥ 依次单击 Capture/Forward 按钮，观察冲突包在各个终端和集线器之间的传输过程，间隔一定时间后，PC2 的 ICMP 响应数据包最终会到达 PC0；PC5 的 ICMP 响应数据包最终也会到达 PC4。

(3) 观察集线器扩展以太网时对广播域范围的影响。

① 点击终端 PC0，选择 Traffic Generator(流量产生器)按钮，按照图 2-12 所示的参数进行设置，使 PC0 向其所在广播域内的所有节点发送广播包。

② 单击 Capture/Forward 按钮，观察 ICMP 协议数据包由 PC0 发送到集线器 1 后，集线器 1 向与源站点 PC0 在同一广播域的其他所有 PC (PC1、PC2 和 PC3)和集线器 2 转发该广播包，如图 2-21 所示。

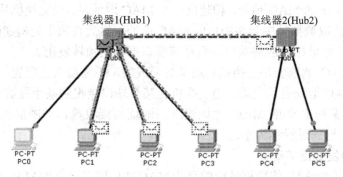

图 2-21　集线器 1 转发 PC0 的广播包

③ 依次单击 Capture/Forward 按钮，可继续观察到 PC1、PC2 和 PC3 同时回复的 ICMP 响应数据包到达集线器 1 后发生冲突，随后每个终端和集线器都会收到一个冲突包。

因此，集线器和其所有接口所接的主机共同构成了一个冲突域和一个广播域，集线器不能分割冲突域和广播域。

第3章

交换机工作原理实验

3.1 交换机原理知识

1. 交换机的工作原理

同集线器的工作原理不同，交换机(Switch)并不会把收到的每个数据包都以广播的方式转发给所有端口。交换机可以根据以太帧中的目标 MAC 地址智能地转发和过滤数据帧。交换机的 MAC 地址表(也称为转发表)将网络中各终端的 MAC 地址与其接入该交换机的端口编号对应在一起，是交换机转发数据帧的依据。交换机在转发数据前必须知道它的每一个端口所连接的主机的 MAC 地址，构建出一个 MAC 地址表。当交换机从某个端口收到数据帧后，它就会读取数据帧中封装的目的 MAC 地址，然后查阅事先构建的 MAC 地址表，找出和目的 MAC 地址相对应的端口，再从该端口把数据帧转发出去。

交换机的 MAC 地址表是交换机自动学习形成的，不需要人工配置。一台交换机刚接入网络时，其 MAC 地址表是空的。当交换机在某个端口接收到某个终端发送的数据帧时，它根据收到的数据帧中的源 MAC 地址建立该地址与接收端口的映射关系，并将其写入 MAC 地址表中，这一过程称为学习。

2. 交换机转发数据帧规则

交换机转发数据帧时，将数据帧中的目的 MAC 地址同已建立的 MAC 地址表进行比较，并根据以下规则对数据帧进行转发。

(1) 如果数据帧中的目的 MAC 地址在 MAC 地址表中，且其对应的转发端口与该数据帧进入交换机的端口不同，则向转发端口转发该数据帧，这一过程称为单播。

(2) 如果数据帧中的目的 MAC 地址在 MAC 地址表中，且其对应的转发端口与该数据帧进入交换机的端口相同，则丢弃该数据帧。

(3) 如果数据帧中的目的 MAC 地址不在 MAC 地址表中，则向除接收端口外的其他所有端口转发，这一过程称为泛洪(flood)。

(4) 如果数据帧中的目的 MAC 地址是广播地址和组播地址，则向除接收端口外的其他所有端口转发该数据帧。

3. 交换机的冲突域与广播域

交换机具有 MAC 地址学习功能，通过查找 MAC 地址表将接收到的数据帧传送到目的端口。相比于集线器，交换机可以分割冲突域，它的每一个端口相应地称为一个冲突域。

交换机虽然能够分割冲突域，但交换机下连接的设备依然在一个广播域中。当交换机收到一个广播数据包后，它会向其他所有端口转发此广播数据包，因此，交换机和其所有接口所连接的主机共同构成了一个广播域，这在某些情况下会导致网络拥塞以及安全隐患，如图 3-1 所示。

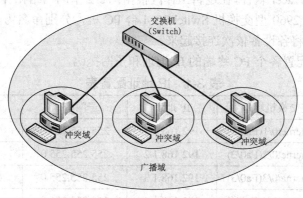

图 3-1　交换机冲突域/广播域示意图

3.2　交换机基本工作原理实验

3.2.1　实验目的

(1) 学习交换机的工作原理；
(2) 学习交换机建立 MAC 地址表的过程；
(3) 学习交换机转发数据包的规则；
(4) 验证交换机转发数据包的过程；
(5) 观察交换机对单播包和广播包的处理过程。

3.2.2　实验拓扑

本实验所用的网络拓扑如图 3-2 所示，是以交换机为中心的交换式以太网。

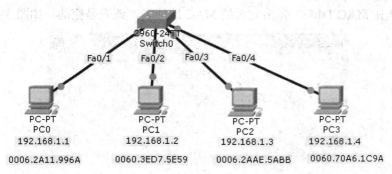

图 3-2　交换机基本工作原理实验拓扑图

3.2.3 实验步骤

(1) 实验环境搭建。

① 启动 Packet Tracer 软件,在逻辑工作区根据图 3-2 中的网络拓扑图放置和连接设备。使用设备包括: 1 台 2960 型交换机 Switch0,4 台 PC 机,分别命名为 PC0、PC1、PC2 和 PC3,并且用直连线将各设备依次连接起来。

② 根据表 3-1 配置各个 PC 终端的 IP 地址和子网掩码。

表 3-1 IP 地址配置表

设备	所连交换机端口	IP 地址	子网掩码	MAC 地址
PC0	FastEthernet0/1(Fa0/1)	192.168.1.1	255.255.255.0	0006.2A11.996A
PC1	FastEthernet0/2(Fa0/2)	192.168.1.2	255.255.255.0	0060.3ED7.5E59
PC2	FastEthernet0/3(Fa0/3)	192.168.1.3	255.255.255.0	0006.2AAE.5ABB
PC3	FastEthernet0/4(Fa0/4)	192.168.1.4	255.255.255.0	0060.70A6.1C9A

(2) 获取各终端 PC 的 MAC 地址。

单击 PC0,选择 Config(配置)选项卡,在其左侧栏选择 FastEthernet0,查看并记录 PC0 的 MAC Address(MAC 地址),如图 3-3 所示。采用同样的操作步骤,查看并记录 PC1、PC2 和 PC3 的 MAC 地址,如表 3-1 中最后一列所示。

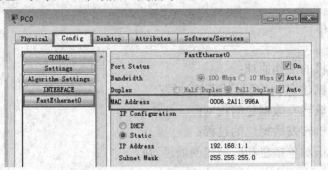

图 3-3 查看终端 PC 的 MAC 地址

(3) 查看交换机的初始 MAC 地址表。

方法 1:选中工具条上的 Inspect 工具( ),移动鼠标至交换机 Switch0 并单击,在弹出的菜单中选择 MAC Table,弹出此时的 MAC 地址表,该表是空的,如图 3-4 所示。

图 3-4 交换机初始的 MAC 地址表

方法 2：命令行方式。单击交换机 Switch0，在弹出窗口中选择 CLI 选项卡，在特权模式下输入 show mac-address-table 并回车，显示如图 3-5 所示。

```
Switch>enable
Switch#show mac-address-table
          Mac Address Table
-------------------------------------------

Vlan      Mac Address       Type        Ports
----      -----------       --------    -----
```

图 3-5   命令行方式查看交换机的初始 MAC 地址表

两种方式下都显示目前交换机的 MAC 地址表是空的，还没有学习到任何 MAC 地址。

(4) 观察交换机建立 MAC 地址表的学习过程。

① 进入模拟工作模式，设置要捕获的协议包类型为 ICMP 和 ARP，如图 3-6 所示。

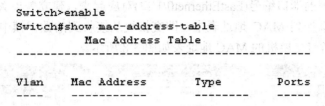

图 3-6   选择协议类型

② 在终端 PC0 的 Command Prompt 面板输入命令 ping 192.168.1.3 (PC2 的 IP 地址)，并回车。

③ 单击 Capture/Forward 按钮，观察 PC0 向 PC2 发送数据包。由于两台 PC 机是第一次通信，因此 PC0 的 ARP 表项中没有 PC2 的 MAC 地址，于是 PC0 发送一个 ARP 请求包 (请求的内容是 PC2 的 MAC 地址)。在模拟面板中的 Event List 下，点击 ARP 项对应的彩色方块，查看 ARP 包结构，如图 3-7 所示。

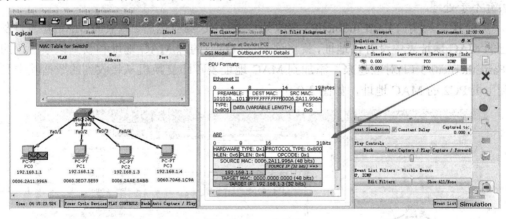

图 3-7   ARP 包结构

这个 ARP 请求包在数据链路层封装成 Ethernet 帧，源 MAC 地址是 PC0 的 MAC 地址 0006.2A11.996A，目的 MAC 地址是 FFFF.FFFF.FFFF(广播地址)。

④ 单击 Capture/Forward 按钮，观察该 ARP 请求包发送到交换机的 FastEthernet0/1 接口，交换机执行以下操作：

交换机首先查询自己的 MAC 地址表中 FastEthernet0/1 接口对应的 MAC 地址条目，由于该条目中没有数据帧的源 MAC 地址，因此交换机就将 PC0 发送的数据帧中的源 MAC 地址和收到该数据帧的端口编号(FastEthernet0/1 口)对应起来，建立映射关系，并将该映射关系生成映射条目添加到 MAC 地址表中，即交换机从接收到的数据帧中学习到主机 PC0 的 MAC 地址，则当前交换机的 MAC 地址表如图 3-8 所示。

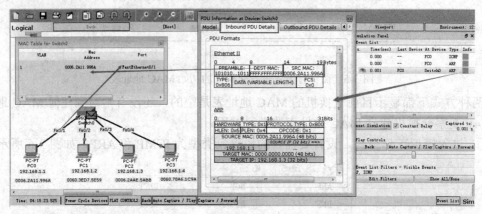

图 3-8　交换机学习到主机 PC0 的 MAC 地址

交换机查看接收到的数据帧的目的地址，由于目的地址为 FFFF.FFFF.FFFF 的广播地址，因此交换机向除端口 FastEthernet0/1 外的其他所有端口广播该数据帧。单击 Capture/Forward 按钮，观察该广播过程。

⑤ PC2 接收到这个 ARP 请求，发现这个请求就是发给自己的，于是生成一个 ARP 响应包来响应这个请求，这个响应包的源 MAC 地址为 PC2 的 MAC 地址，目的 MAC 地址是 PC0 的 MAC 地址。单击 Capture/Forward 按钮观察 ARP 响应包从 PC2 发送到交换机。若 PC1 和 PC3 查看自己接收到的 ARP 请求包的目的 IP 地址不是自己的 IP 地址，则把该数据包丢弃不予处理。

⑥ 交换机从端口 FastEthernet0/3 接收到这个 ARP 响应包后，查看源 MAC 地址，发现自己的 MAC 地址表中没有该地址，就将这个接口对应的源 MAC 地址和收到该数据包的接口(FastEthernet0/3 口)对应起来，添加到 MAC 地址表，即交换机从接收到的数据帧中又学习到主机 PC2 的 MAC 地址，如图 3-9 所示。

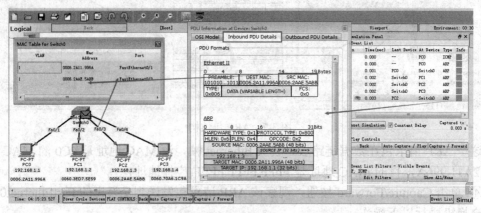

图 3-9　交换机学习到主机 PC2 的 MAC

⑦ 交换机查看目的 MAC 地址(PC0 的 MAC 地址)，发现自己的 MAC 地址表中有该地址，该地址对应的端口号为 FastEthernet0/1，于是交换机把该 ARP 响应包从端口 FastEthernet0/1 转发出去，单击 Capture/Forward 按钮观察该转发过程。

以后的主机 PC0 和 PC2 之间的通信不再借助广播通信，因为交换机的 MAC 地址表中已经有它们的 MAC 地址和对应的端口表项。

同理，用 PC1 去 ping PC3 时，交换机又会学习到 PC1 和 PC3 的 MAC 地址及其对应的端口。交换机最后学习到的 MAC 地址表如图 3-10 所示。

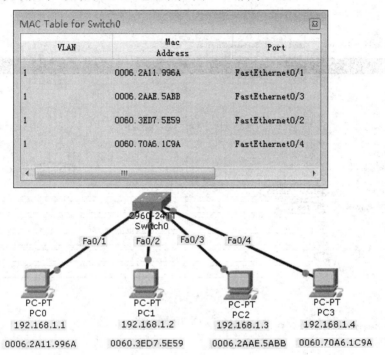

图 3-10　最后学习到的 MAC 地址表

(5) 采用命令行方式查看交换机建立的 MAC 地址表。

采用命令行 Switch# show mac-address-table 查看交换机最终建立的 MAC 地址表，如图 3-11 所示。可以看到，Type(类型)是 "DYNAMIC"，说明交换机 MAC 地址表项是动态学习的，它不会永远存在 MAC 地址表中。

```
Switch>enable
Switch#show mac-address-table
          Mac Address Table
-------------------------------------------

Vlan    Mac Address      Type        Ports
----    -----------      --------    -----

   1    0006.2a11.996a   DYNAMIC     Fa0/1
   1    0006.2aae.5abb   DYNAMIC     Fa0/3
   1    0060.3ed7.5e59   DYNAMIC     Fa0/2
   1    0060.70a6.1c9a   DYNAMIC     Fa0/4
Switch#
```

图 3-11　采用命令行方式查看交换机建立的 MAC 地址表

(6) 删除交换机 MAC 地址表命令。

　　Switch>enable　　　　　　//进入特权操作模式

　　Switch#clear mac-address-table　　//清空 MAC 地址表

(7) 观察交换机对广播包的处理过程。

① 进入模拟工作模式，设置要捕获的协议包类型为 ICMP。

② 点击终端 PC0，进入 PC0 的 Desktop 配置模式，选择 Traffic Generator(流量产生器)按钮，在弹出的对话框中设置参数，如图 3-12 所示。

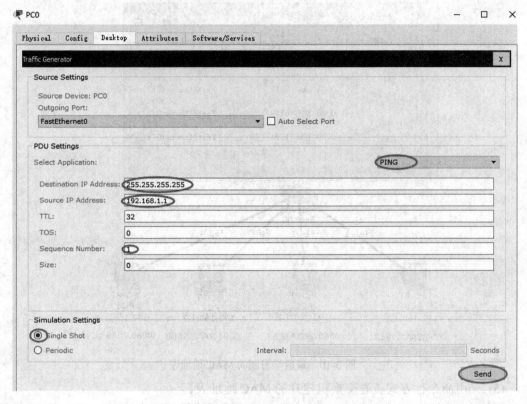

图 3-12　Traffic Generator(流量产生器)参数设置

· Select Application(选择应用)：PING。

· Destination IP Address(目标 IP 地址)：255.255.255.255(广播地址，表示该数据包发送给源站点所在广播域内的所有站点)。

· Source IP Address(源 IP 地址)：192.168.1.1(实验拓扑中的 PC0 的 IP 地址)。

· Sequence Number(序列号)：1。

· Simulation Settings(模拟设置)：Single Shot。

· 其他采用默认设置。

设置完毕后，点击 Send 按钮。

③ 单击 Capture/Forward 按钮，观察 ICMP 数据包由 PC0 发送到交换机后，交换机查看接收的数据包的目的地址。由于目的地址为 FFFF.FFFF.FFFF 的广播地址，因此交换机向除端口 FastEthernet0/1 之外的其他所有端口广播转发该数据包，如图 3-13 所示。

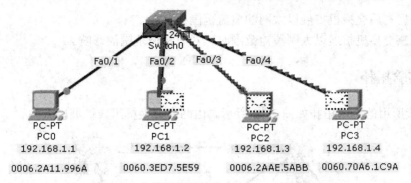

图 3-13 集线器广播转发来自 PC0 的数据包

④ 单击 Capture/Forward 按钮，观察数据包到达 PC1、PC2 和 PC3 后，PC1、PC2 和 PC3 同时回复 ICMP 响应包。这些 ICMP 响应包到达交换机后，并不会发生冲突，交换机会把它们进行缓存。单击 Capture/Forward 按钮可以看到交换机把这三个 ICMP 响应包逐个从缓存中取出并转发给 PC0，如图 3-14 所示。

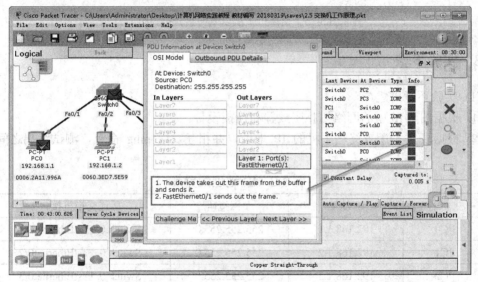

图 3-14 交换机缓存数据包并逐个转发给 PC0

因此，交换机可以分割冲突域，它的每一个端口相应地为一个冲突域，当多个站点同时发送数据时，不会发生冲突。但交换机不能分割广播，交换机和其所有接口所连接的主机共同构成了一个广播域。

3.3 交换机扩展以太网实验

3.3.1 实验目的

(1) 掌握交换机的工作原理；

(2) 掌握利用交换机扩展以太网的覆盖范围;

(3) 观察交换机扩展以太网覆盖范围时,对广播域范围的影响。

3.3.2 实验拓扑

本实验所用的网络拓扑如图 3-15 所示。由两台交换机组成扩展以太网。

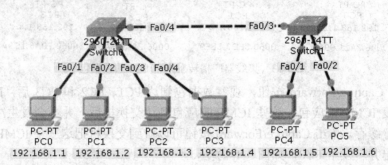

图 3-15 交换机扩展以太网实验拓扑图

3.3.3 实验步骤

(1) 实验环境搭建。

① 根据图 3-15 中的网络拓扑图放置和连接设备。

② 根据表 3-2 配置终端主机的 IP 地址,并相互发送 ping 命令,测试终端之间的连通性。

表 3-2 IP 地址配置表

主机名	IP 地址	子网掩码	所连交换机接口
PC0	192.168.1.1	255.255.255.0	Switch 0, FastEthernet0/1
PC1	192.168.1.2	255.255.255.0	Switch 0, FastEthernet0/2
PC2	192.168.1.3	255.255.255.0	Switch 0, FastEthernet0/3
PC3	192.168.1.4	255.255.255.0	Switch 0, FastEthernet0/4
PC4	192.168.1.5	255.255.255.0	Switch 1, FastEthernet0/1
PC5	192.168.1.6	255.255.255.0	Switch 1, FastEthernet0/2

(2) 观察交换机扩展以太网时对广播域范围的影响。

① 进入模拟工作模式,设置要捕获的协议包类型为 ICMP。

② 点击终端 PC0,选择 Traffic Generator(流量产生器)按钮,按照图 3-12 所示的参数进行设置,使 PC0 向其所在广播域内的所有节点发送广播包。

③ 单击 Capture/Forward 按钮,观察 ICMP 协议数据包由 PC0 发送到交换机 Switch0 后,Switch0 向其他所有 PC(PC1、PC2 和 PC3)和 Switch1 转发该广播包,如图 3-16 所示。可以验证,交换机不能分割广播域,所有交换机和其所有接口所连接的主机共同构成了一个广播域。

　④ 依次单击 Capture/Forward 按钮，可继续观察到 PC1、PC2 和 PC3 同时回复的 ICMP 响应数据包到达交换机 Switch0 后并不会发生冲突，而是被 Switch0 缓存后逐个转发给 PC0，进一步验证了交换机可以分割冲突域。

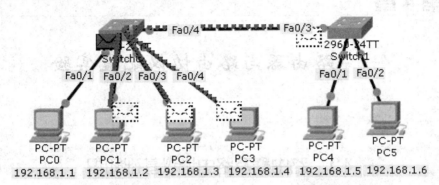

图 3-16　Switch0 转发 PC0 的广播包

第 4 章

路由器与路由协议配置实验

4.1　路由器及路由协议基础知识

1. 路由器基础知识

路由器属于网络层设备，能够根据 IP 包头的信息，选择一条最佳路径，将数据包转发出去，实现不同网段的主机之间的互相访问。

路由器是根据路由表进行选路和转发的，而路由表由一条条路由信息组成。路由器生成路由表主要有 3 种途径。

(1) 直连网络：即和路由器某一活动接口直接相连的网络；路由器自动添加和自己直接连接的网络到路由表中。直连路由是由链路层协议发现的，一般指去往路由器的接口地址所在网段的路径，该路径信息不需要网络管理员维护，只要该接口处于激活状态，路由器就会把通向该网段的路由信息填写到路由表中。

(2) 静态路由：由网络管理员手工配置添加到路由器的路由表中。在静态路由中，只需要指出下一跳的地址，至于以后如何指向，是下一跳路由器考虑的事情。

① 静态路由一般适用于比较简单的网络环境，在这样的环境中，网络管理员易于清楚地了解网络的拓扑结构，便于设置正确的路由信息。静态路由的一个缺点是不能自动适应网络拓扑的变化。

② 静态路由除了具有简单、高效、可靠的优点外，它的另一个好处是网络安全保密性高。

③ 缺省路由(默认路由)可以看做是静态路由的一种特殊情况。当查找路由表时，没有找到和目标相匹配的路由表项时能够为数据包选择的路由。默认路由规定了所有未知数据包发往何处，一个路由器不知道数据包所需要的路由，就发送到它自己的默认路由，并且这个过程一直持续，直至到达目的网络。如果没有默认路由，则目的地址在路由表中没有匹配表项的包将被丢弃。

(3) 动态路由：由路由协议(如 RIP、OSPF、EIGRP 和 BGP 等)通过自动学习来构建的路由表，并且能够根据实际情况的变化适时地进行调整。动态路由的运作机制依赖路由器的两个基本功能：对路由表的维护和路由器之间适时的交换路由信息。

　　所有的路由，无论是动态的或是静态的，都赋予一个管辖距离，按照管辖距离来排序，管辖距离最小的那个路由被采用。静态路由的管辖距离也可以手工修改。表 4-1 为常用管辖距离值。

表 4-1　常用管辖距离值

方　　法	管辖距离
直接连接	0
静态	1
OSPF	110
RIP	120
BGP	20

　　相比于交换机，路由器并不通过 MAC 地址来确定转发数据的目的地址。路由器工作在网络层，利用网络的 ID 号(网络的 IP 地址，又称为网络地址)来确定数据转发的目的地址。MAC 地址通常由设备硬件出厂自带不能更改，IP 地址一般由网络管理员手工配置或系统自动分配。

　　路由器通过 IP 地址将连接到其端口的设备划分为不同的网络(子网)，路由器的每个端口所连接的网络都独自构成一个广播域，广播数据不会扩散到该端口以外，因此说路由器具有隔离广播域的功能，如图 4-1 所示。

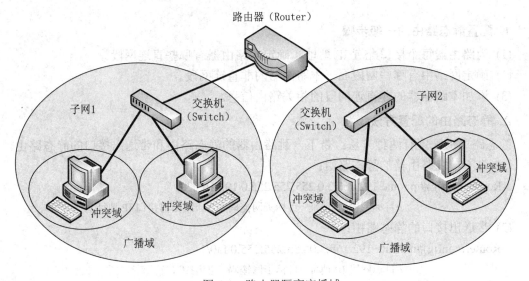

图 4-1　路由器隔离广播域

2．因特网路由选择协议

因特网采用分层次的路由选择协议。原因如下：

(1) 因特网的规模非常大。如果让所有路由器知道所有网络应怎样到达，则这种路由表将非常庞大，处理起来也太花时间。而所有这些路由器之间交换路由信息所需的带宽将会使因特网的通信链路饱和。

(2) 许多单位不愿意外界了解自己单位网络的布局细节和本部门所采用的路由选择协

议(这属于本部门内部的事情)，但同时还希望连接到因特网上。

为此，因特网将整个互联网划分为许多较小的自治系统 AS(Autonomous System)。

自治系统 AS 的定义：在单一的技术管理下的一组路由器，而这些路由器使用一种 AS 内部的路由选择协议和共同的度量以确定分组在该 AS 内的路由，同时还使用一种 AS 之间的路由选择协议用以确定分组在 AS 之间的路由。

注：现在对自治系统 AS 的定义是强调下面的事实：尽管一个 AS 使用了多种内部路由选择协议和度量，但重要的是一个 AS 对其他 AS 表现出的是一个单一的和一致的路由选择策略。

按照工作范围不同，因特网有两类路由选择协议：内部网关协议(IGP, Interior Gateway Protocol)和外部网关协议(EGP，External Gateway Protocol)。

(1) 内部网关协议 IGP：在一个自治系统内部使用的路由选择协议。目前这类路由选择协议使用的最多，如 RIP 和 OSPF 协议。

(2) 外部网关协议 EGP：若源站和目的站处在不同的自治系统中(这两个自治系统可能使用不同的内部网关协议)，当数据包传到一个自治系统的边界时，就需要使用一种协议将路由选择信息传递到另一个自治系统中，这样的协议就是外部网关协议 EGP。在外部网关协议中目前使用最多的是 BGP-4。

4.2　静态路由配置实验

1. 配置静态路由的一般步骤

(1) 为路由器每个接口配置 IP 地址，确定本路由器有哪些直连网段。

(2) 确定网络中有哪些网段属于本路由器的非直连网段。

(3) 添加本路由器的非直连网段的相关路由信息。

2. 静态路由的配置方法

静态路由的配置有两种方法：带下一跳路由器的静态路由和带送出接口的静态路由。

(1) 带下一跳路由器的静态路由：

Router(config)#ip route 192.168.3.0 255.255.255.0 192.168.2.2

//目标网段 IP 地址　目标子网掩码　下一路由器接口 IP 地址

(2) 带送出接口的静态路由：

Router(config)#ip route 192.168.3.0 255.255.255.0 fa0/1

//目标网段 IP 地址　目标子网掩码　送出接口

(3) 默认路由创建命令：

(config)#ip route 0.0.0.0 0.0.0.0 172.31.16.4　//创建一条到 172.31.16.4 的默认路由

4.2.1　实验目的

(1) 掌握静态路由的配置方法；

(2) 掌握通过静态路由方式实现网络的连通性；

（3）熟悉广域网线缆的连接方式。

4.2.2　实验拓扑

本实验所用的网络拓扑如图 4-2 所示。该实验拓扑的实例背景是：某公司有一个总部和两个分部，分别都是一个独立的局域网，为了使每个分部和总部能够正常相互通信，共享资源，每个分部出口利用一台路由器进行连接，分部路由器和总部路由器间公司申请了DDN 专线进行相连，要求做适当配置实现两个分部和总部的正常相互访问。

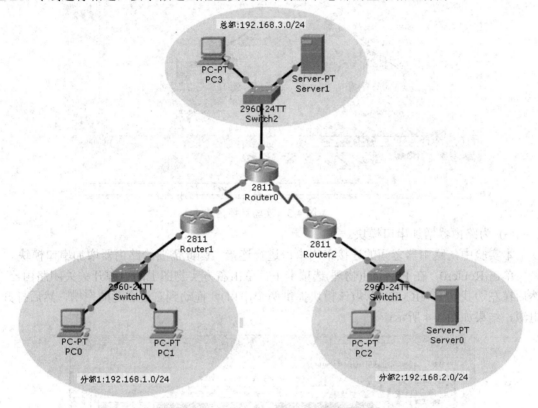

图 4-2　静态路由配置实验拓扑图

4.2.3　实验步骤

（1）实验环境搭建。

启动 Packet Tracer 软件，在逻辑工作区根据图 4-2 中的网络拓扑图放置好各个设备，并用直连线把 PC 终端和交换机，交换机和路由器连接起来，连接时都选择 FastEthernet 口。实验中，采用 2811 路由器，该路由器带有 2 个 FastEthernet 口，路由器和交换机连接时都选用 FastEthernet0/0 接口，完成图如图 4-3 所示。

（2）规划各网段 IP 地址。

实验中采用 192.168 这个 IP 地址段，分部 1 占用 192.168.1.0/24 网段，分部 2 占用192.168.2.0/24 网段，总部占用 192.168.3.0/24 网段；路由器 Router0 和 Router1 之间的网络占用 192.168.4.0/24 网段，Router0 和 Router2 之间的网络占用 192.168.5.0/24 网段。

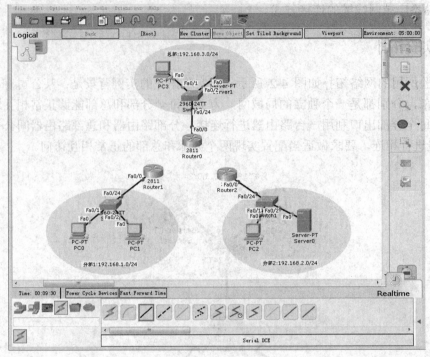

图 4-3 实验环境搭建

(3) 为路由器增加串口模块。

本实验中，路由器之间的连接采用串口进行连接，因此需要给路由器增加串口模块。

单击 Router0，在 Physical(物理)选项卡下，单击右方实物图上的电源开关关闭路由器，然后在左边找到 HWIC-2T 模块(该模块提供两个串口)，拖动到右边合适的空槽，然后打开电源，结果如图 4-4 所示。

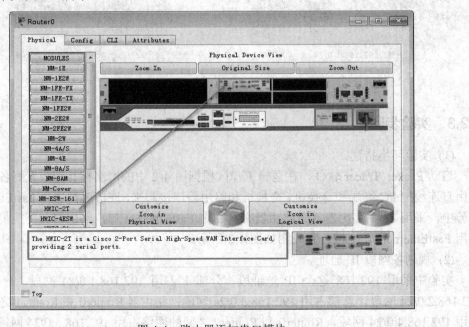

图 4-4 路由器添加串口模块

照此操作，给 Router1 和 Router2 也添加 HWIC-2T 模块以便路由器之间通过串口进行连接。

(4) 连接路由器。

如图 4-5 所示，用串行 DCE(Serial DCE)连线把 3 个路由器连接起来，连接时选择 Serial(串口)口。注意接口的编号，在后面配置的时候需要对应。

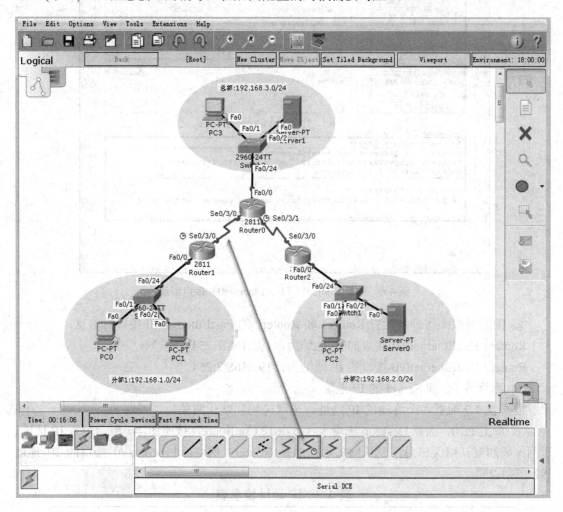

图 4-5　连接路由器

(5) 配置各路由器的接口地址信息。

① 首先设置 Router0 的 FastEthernet0/0 接口地址信息。单击 Router0，选择 Config 选项卡，在左边的 INTERFACE 下单击 FastEthernet0/0，在右边的 IP Address 栏填入 192.168.3.0/24 网段中的一个 IP 地址 192.168.3.254，同时该 IP 地址也是 PC3 和 Server1 的默认网关地址。切换到 Subnet Mask 后会自动填入子网掩码 255.255.255.0。然后在 Port Status 后的 On 前打钩，结果如图 4-6 所示，这样 Router0 就可以和 Switch2 物理"连通"了。

配置过程中，注意学习窗口 IOS 命令中的模式转换命令和路由器接口配置命令。

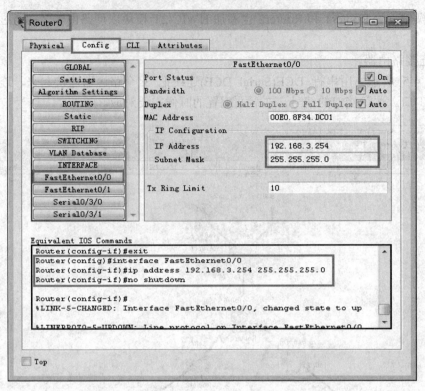

图 4-6 配置 Router0 的 FastEthernet0/0 接口信息

② 按照类似操作分别配置 Router1 和 Router2 的 FastEthernet0/0 接口的信息。

Router1 FastEthernet0/0 接口的 IP 地址为：192.168.1.254；

Router2 FastEthernet0/0 接口的 IP 地址为：192.168.2.254。

(6) 配置各 PC 和 Server 的 IP 地址。

根据表 4-2 配置各个终端的 IP 地址、子网掩码和默认网关。

① 单击 PC0，选择 Desktop 选项卡，点击 IP Configure，按照图 4-7 所示填入 IP 地址、子网掩码和默认网关信息。默认网关填入的是 Router1 的 FastEthernet0/0 接口的 IP 地址192.168.1.254。

表 4-2 IP 地址信息表

设备名	IP 地址	子网掩码	默认网关
PC0	192.168.1.1	255.255.255.0	192.168.1.254
PC1	192.168.1.2	255.255.255.0	192.168.1.254
PC2	192.168.2.1	255.255.255.0	192.168.2.254
Server0	192.168.2.2	255.255.255.0	192.168.2.254
PC3	192.168.3.1	255.255.255.0	192.168.3.254
Server1	192.168.3.2	255.255.255.0	192.168.3.254

② 用同样的方法根据表 4-2 配置其他各终端的 IP 地址信息。这样 3 个局域网内的设备就可以互相通信了，但此时三个局域网之间的设备还是不能互相通信，需要设置路由信息。

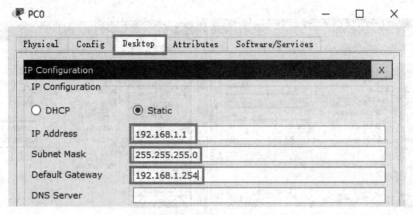

图 4-7　PC0 IP 配置

(7) 配置路由器串口。

① 单击 Router0，在 Config 选项卡下 Serial0/3/0 对应的右侧栏中完成对应信息(IP、Subnet Mask、Port Status、Clock Rate)的配置，配置信息如图 4-8 所示。

② 单击 Router1，选择 Config 选项卡中的 Serial0/3/0(图 4-5 中和 Router0 连接的接口)，在右侧栏中完成 IP、Subnet Mask、Port Status 的配置(这里的 Clock Rate 可以不设置)，配置信息如图 4-9 所示。

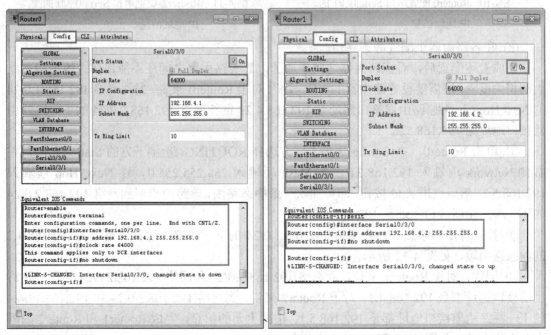

图 4-8　Router0 配置串口 Serial0/3/0 的　　　　　图 4-9　Router1 配置串口 Serial0/3/0 的
　　　　　IP 地址信息　　　　　　　　　　　　　　　　　　　IP 地址信息

③ 再用相同的步骤完成 Router0 与 Router2 之间的网络接口设置。在完成的时候注意连线所选择的接口。本例中，Router0 的 Serial0/3/1 与 Router2 的 Serial0/3/0 相连，所以在设置 Router0 时选择 Serial0/3/1，设置 Router2 时选择 Serial0/3/0，配置信息分别如图 4-10 和 4-11 所示。

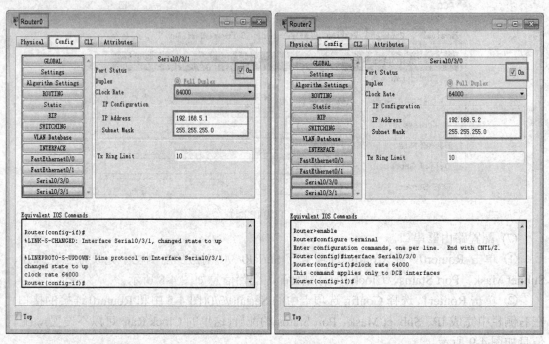

图 4-10　Router0 配置串口 Serial0/3/1 的　　　　图 4-11　Router2 设置串口 Serial0/3/0 的
　　　　　IP 地址信息　　　　　　　　　　　　　　　　　IP 地址信息

(8) 在各路由器上配置静态路由。

完成上述配置后，看似路由器之间连通了，其实路由器之间还不能通信。根据静态路由的相关概念，还需要设置路由器的"下一跳"。对于 Router0 来说，发往网络 192.168.1.0/24 的 Next Hop(下一跳)路由器接口地址是 192.168.4.2；发往网络 192.168.2.0/24 的下一跳路由器接口地址为 192.168.5.2。

① 单击 Router0，在 Config 选项卡左方选择 ROUTING(路由)下方的 Static(静态)，在右侧 Network 项输入 192.168.2.0，在 Mask 项输入 255.255.255.0，在 Next Hop 项输入 192.168.5.2，然后点击 Add 按钮，即可加入一条静态路由，该路由指明到网络 192.168.2.0/24 的下一跳路由器接口地址是 192.168.5.2。

② 按同样步骤添加一条到网络 192.168.1.0/24 的下一跳路由器接口地址为 192.168.4.2 的静态路由项，如图 4-12 所示。

③ 同样，对于 Router1 来说，到网络 192.168.3.0/24 和网络 192.168.2.0/24 的下一跳路由器接口地址都是 192.168.4.1；对于 Router2 来说，到网络 192.168.3.0/24 和 192.168.1.0/24 的下一跳路由器接口地址都是 192.168.5.1。根据上面的信息，完成 Router1 和 Router2 的静态路由的配置，如图 4-13 和 4-14 所示。

在设置时一定要认真仔细，避免出错。

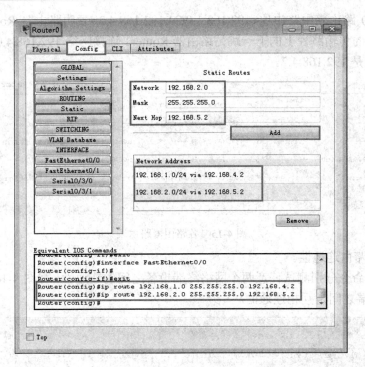

图 4-12　Router0 配置静态路由

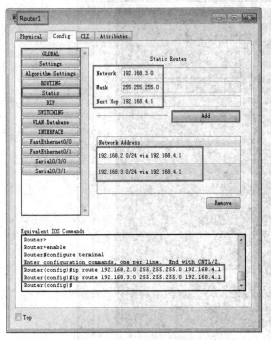

图 4-13　Router1 配置静态路由

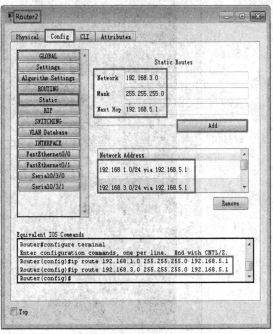

图 4-14　Router2 配置静态路由

(9) 查看各路由器路由表。

点击右边工具栏中的 Inspect 按钮，分别点击各路由器，在弹出的菜单中选择 Table Routing，查看各路由器的路由表，如图 4-15 所示。类型 C 表示直接连接，S 表示静态路由。

路由器 Router0 路由表中路由项<192.168.1.0/24,192.168.4.2>表明路由器 Router0 通往网络 192.168.1.0/24 的传输路径上的下一跳是路由器 Router1 连接网络 192.168.4.0/24 的接口，该接口的 IP 地址是 192.168.4.2。

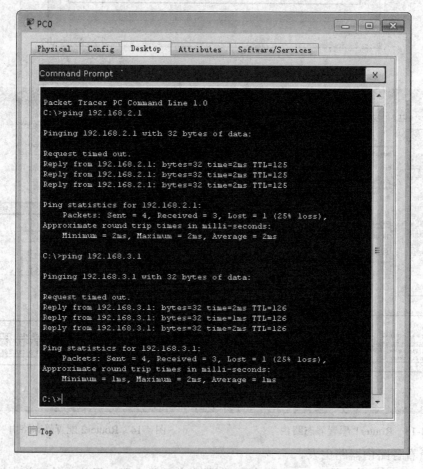

图 4-15   各路由器路由表

(10) 测试路由连通性。

通过 ping 命令分别测试任意两个网络终端设备之间的连通性，如图 4-16 所示，可以看到不同网络终端之间是互相连通的。

图 4-16   不同网络终端之间的连通性测试结果

需要说明的是，路由器各接口和路由配置过程同样可以通过在 CLI(命令行接口)下输入配置命令来实现。

4.2.4　路由器命令行配置

1. 各路由器接口 IP 地址信息的命令行配置过程

(1) Router0 命令行接口配置过程。

Router>enable

Router#configure terminal

Router(config)#hostname Router0

Router(config)#interface FastEthernet0/0

Router0 (config-if)#ip address 192.168.3.254 255.255.255.0

Router0 (config-if)#no shutdown

Router0 (config-if)#exit

Router0 (config)#interface Serial0/3/0

Router0 (config-if)#ip address 192.168.4.1 255.255.255.0

Router0 (config-if)#clock rate 64000　　//使用串行线必须设置时钟，而且只要链路的一端设置，
　　　　　　　　　　　　　　　　　　　　//另一端不必设置

Router0 (config-if)#no shutdown

Router0 (config-if)#exit

Router0 (config)#interface Serial0/3/1

Router0 (config-if)#ip address 192.168.5.1 255.255.255.0

Router0 (config-if)#clock rate 64000

Router0 (config-if)#no shutdown

Router0 (config-if)#exit

(2) Router1 命令行接口配置过程。

Router>enable

Router#configure terminal

Router(config)#hostname Router1

Router1(config)#interface FastEthernet0/0

Router1(config-if)#ip address 192.168.1.254 255.255.255.0

Router1(config-if)#no shutdown

Router1(config-if)#exit

Router1(config)#interface Serial0/3/0

Router1(config-if)#ip address 192.168.4.2 255.255.255.0

Router1(config-if)#no shutdown

Router1(config-if)#exit

(3) Router2 命令行接口配置过程。

Router>enable

```
Router#configure terminal
Router(config)#hostname Router2
Router2(config)#interface FastEthernet0/0
Router2(config-if)#ip address 192.168.2.254 255.255.255.0
Router2(config-if)#no shutdown
Router2(config-if)#exit
Router2(config)#interface Serial0/3/0
Router2(config-if)#ip address 192.168.5.2 255.255.255.0
Router2(config-if)#no shutdown
Router2(config-if)#exit
```

2. 各路由器静态路由命令行配置过程

(1) Router0 命令行设置静态路由。

```
Router(config)#ip route 192.168.1.0 255.255.255.0 192.168.4.2
    //192.168.1.0 是要到达的目标网络，255.255.255.0 为目标网络对应的子网掩码，192.168.4.2 为
    //与本路由器直接相连的下一跳路由器的接口地址。在静态路由中，只需要指出下一跳的地址，
    //至于以后如何指向，由下一跳路由器决定
Router0(config)#ip route 192.168.2.0 255.255.255.0 192.168.5.2
Router0(config)#exit
Router0#show ip route        //显示路由表
```

(2) Router1 命令行设置静态路由。

```
Router1(config)#ip route 192.168.2.0 255.255.255.0 192.168.4.1
Router1(config)#ip route 192.168.3.0 255.255.255.0 192.168.4.1
Router1(config)#exit
Router1#show ip route
```

(3) Router 2 命令行设置静态路由。

```
Router2(config)#ip route 192.168.1.0 255.255.255.0 192.168.5.1    //增加一条静态路由
Router2(config)#ip route 192.168.3.0 255.255.255.0 192.168.5.1
Router2(config)#exit
Router2#show ip route
```

4.3 RIP 路由协议配置实验

4.3.1 技术原理

1. RIP 协议介绍

RIP(Routing Information Protocols，路由信息协议)是一种分布式的基于距离向量的路由

选择协议，是应用较早、使用较普遍的 IGP 内部网关协议。RIP 协议要求网络中每个路由器都要维护从它自己到其他每个目的网络的距离记录(距离向量)。RIP 协议将"距离"定义为：从一个路由器到直接连接的网络的距离为 1；从一个路由器到非直接连接的网络的距离为每经过一个路由器则距离加 1，距离也称为跳数。

RIP 协议用跳数作为衡量路径的开销。RIP 协议里规定最大跳数为 15(RIP 允许一条路径最多只能包含 15 个路由器)；跳数 16 则表示目标不可达，因此，RIP 只适用于小型互联网络。

运行 RIP 协议的路由器仅和相邻的路由器交换信息。如果两个路由器之间的通信不经过另外一个路由器，那么这两个路由器是相邻的，RIP 协议规定，不相邻的路由器之间不交换信息。

路由器交换的信息是当前本路由器所知道的全部信息，即自己的路由表。

RIP 使用 UDP 的 520 端口进行 RIP 进程之间的通信。RIP 定期交换、更新路由信息，默认时间是 30 s，也就是说，如果刚刚发送过更新，即使网络拓扑发生了变化，路由器也不进行更新，要等待下一个更新周期才发送更新。路由器根据自己收到的路由信息更新路由表。

2. RIP 路由信息更新特性

路由器最初启动时只包含了其直连网络的路由信息，并且其直连网络的 metric 值为 0，然后它向与其相连的其他路由器发送完整路由表的 RIP 请求(该请求报文的"IP 地址"字段为 0.0.0.0)。路由器根据接收到的 RIP 应答来更新其路由表，具体方法是添加新的路由表项，并将其 metric 值加 1。如果接收到与已有表项的目的地址相同的路由信息，则分下面三种情况分别对待。

(1) 第一种情况，已有表项的来源端口与新表项的来源端口相同，那么无条件根据最新的路由信息更新其路由表；

(2) 第二种情况，已有表项与新表项来源于不同的端口，那么比较它们的 metric 值，将 metric 值较小的一个作为自己的路由表项；

(3) 第三种情况，新旧表项的 metric 值相等，普遍的处理方法是保留旧的表项。

默认情况下，路由器每隔 30 s 利用 UDP 的 520 端口向与其直连的邻居路由器发送一次自己的路由表(以 RIP 应答的方式广播出去)。针对某一条路由信息，如果 180 s 以后都没有接收到新的关于它的路由信息，那么将其标记为失效，即 metric 值标记为 16。在另外的 120 s 以后，如果仍然没有更新信息，该条失效信息被删除。

3. 配置动态路由的一般步骤

(1) 为路由器每个接口配置 IP 地址信息，确定本路由器有哪些直连网段；

(2) 添加本路由器的直连网段，根据使用的不同动态路由协议，配置相关信息；

(3) 路由算法使用了许多不同的度量标准去决定最佳路径。

4.3.2　实验目的

(1) 学习路由器 RIP 协议的配置方法；

(2) 验证 RIP 工作机制；

(3) 验证 RIP 协议生成动态路由项的过程;

(4) 验证动态路由项距离值;

(5) 验证路由项优先级;

(6) 理解动态路由项和静态路由项配置和生成过程的差别。

4.3.3 实验拓扑

利用静态路由配置实验中搭建的实验环境(见图 4-2),要求每个路由器利用 RIP 协议动态生成到没有与其直接连接的网络的路由项。

4.3.4 实验步骤

(1) 删除各路由器的静态路由信息。

首先需要先删除在静态路由实验中配置的各路由器的静态路由信息。例如,单击 Router0,在 Config 选项卡的左方选择 ROUTING 下的 Static,在右边选中已存在的静态路由信息,点击 Remove 按钮进行删除。其他路由器都照此操作。

(2) 配置 RIP 路由信息。

① 单击 Router0,在 Config 选项卡的左方选择 ROUTING 下的 RIP,然后在右边 Network(网络)中分别输入与路由器 Router0 直接连接的网络的网络地址,分别为 192.168.3.0/24,192.168.4.0/24 和 192.168.5.0/24,Router0 的 RIP 配置界面如图 4-17 所示。

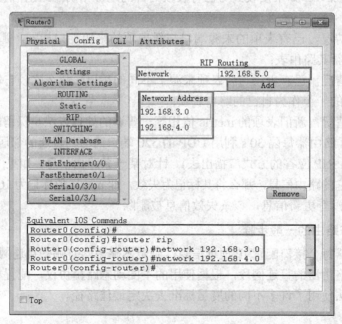

图 4-17 Router0 RIP 路由信息配置

② 同理,配置路由器 Router1 和 Router2 的 RIP 信息。Router1 直连网络的网络地址为 192.168.1.0/24 和 192.168.4.0/24;Router2 直连网络的网络地址为 192.168.2.0/24 和 192.168.5.0/24,

配置界面分别如图 4-18 和 4-19 所示。

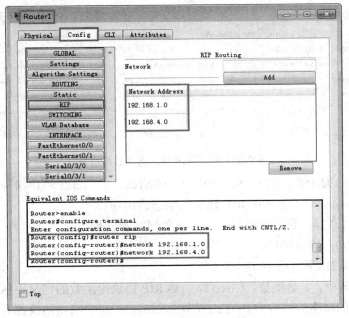

图 4-18　Router1 RIP 路由信息配置

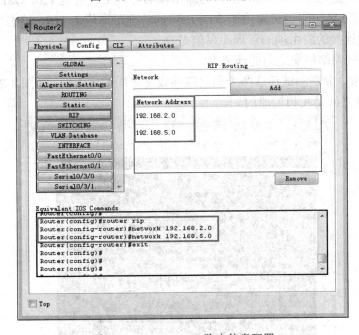

图 4-19　Router2 RIP 路由信息配置

(3) 查看通过 RIP 建立的动态路由项。

所有路由器完成上述配置后，观察各路由器的路由表，查看通过 RIP 建立的动态路由项。选择右边工具栏中的 Inspect 按钮，分别点击各路由器，在弹出的菜单中选择 Table Routing，查看各路由器的路由表，如图 4-20 所示。R 表示动态路由，是通过 RIP 建立的，用于指明通往没有与其直接相连的网络的传输路径的路由项(命令：show ip route 可查看路由表；show ip protocol 可查看路由协议）。

Type	Network	Port	Next Hop IP	Metric
R	192.168.1.0/24	Serial0/3/0	192.168.4.2	120/1
R	192.168.2.0/24	Serial0/3/1	192.168.5.2	120/1
C	192.168.3.0/24	FastEthernet0/0	——	0/0
C	192.168.4.0/24	Serial0/3/0	——	0/0
C	192.168.5.0/24	Serial0/3/1	——	0/0

Routing Table for Router0

Type	Network	Port	Next Hop IP	Metric
C	192.168.1.0/24	FastEthernet0/0	——	0/0
R	192.168.2.0/24	Serial0/3/0	192.168.4.1	120/2
R	192.168.3.0/24	Serial0/3/0	192.168.4.1	120/1
C	192.168.4.0/24	Serial0/3/0	——	0/0
R	192.168.5.0/24	Serial0/3/0	192.168.4.1	120/1

Routing Table for Router1

Type	Network	Port	Next Hop IP	Metric
R	192.168.1.0/24	Serial0/3/0	192.168.5.1	120/2
C	192.168.2.0/24	FastEthernet0/0	——	0/0
R	192.168.3.0/24	Serial0/3/0	192.168.5.1	120/1
R	192.168.4.0/24	Serial0/3/0	192.168.5.1	120/1
C	192.168.5.0/24	Serial0/3/0	——	0/0

Routing Table for Router2

图 4-20　通过 RIP 建立的动态路由项

以路由项<R 192.168.1.0/24　Serial0/3/0　192.168.4.2　120/1>为例解释各数值意义。

① R：路由项类型，表示由 RIP 建立的动态路由项；

② 192.168.1.0/24：目的网络的网络地址和网络号位数；

③ Serial0/3/0：输出接口；

④ 192.168.4.2：下一跳 IP 地址；

⑤ 120/1：其中，1 是跳数，Cisco 路由器 RIP 协议中跳数的定义不包含路由器自身，因此，直接相连的网络的跳数为 0；120 是管理距离值，每个路由协议都有一个默认的管理距离值，值越小，优先级越高，RIP 创建的路由项的管理距离值是 120，OSPF(Open Shortest Path First，开放式最短路径优先)创建的路由项的管理距离值是 110，静态路由项的管理距离值是 1，直接连接的路由项的管理距离值是 0。

(4) 测试不同网络终端之间的连通性。

通过 ping 命令分别测试任意两个网络终端设备之间的连通性，如图 4-21 所示，可以看到不同网络终端之间是互相连通的。

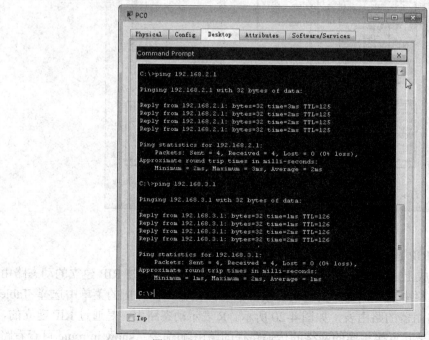

图 4-21　不同网络终端之间的连通性测试结果

(5) 观察 RIP 路由协议的运行情况。

进入模拟工作模式，在 Edit Filters 中选择 RIP 协议，单击 Auto Capture/Play 按钮，自动捕获数据包，可观察到 RIP 报文在各个路由器间周期性交互过程。

RIP 周期性地与邻居交换路由表，使路由器获得如何转发数据包到其目的地的最新路由信息，因此，即使网络中没有用户数据流量，网络也会充斥着通信业务，如图 4-22 所示。

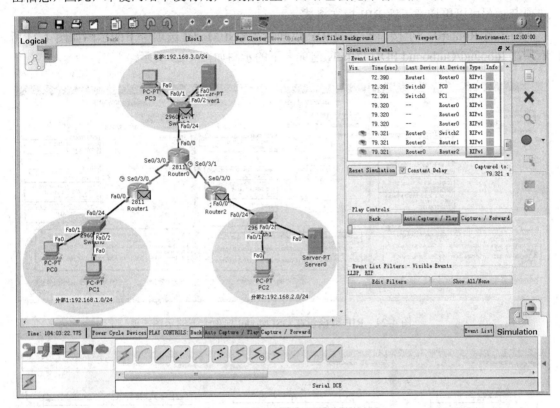

图 4-22　RIP 路由协议的运行情况

(6) 检查路由更新情况和 RIP 报文。

① 单击 Reset Simulation 重新进行模拟实验，并且进入每个路由器清空其路由表，操作步骤：在路由器的 CLI 面板中输入命令：

Router>enable

Router#clear ip route *

② 再次使用 Inspect 工具观察各路由器的路由表项，可以看到各路由器只包含了其直连网络的路由信息(初始路由表项)，并且其直连网络的 Metric 值为 0，如图 4-23 所示。

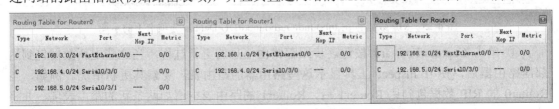

图 4-23　各路由器初始路由表项

③ 单击 Capture/Forward 按钮逐步控制模拟过程，观察各路由器向周围的其他路由器发出完整路由表的 RIP 包的过程及包格式。

当产生第一个 RIP 数据包时，单击数据包信封，或者在 Event List(事件列表)的 Info(信息)列中单击彩色正方形，以打开 PDU 信息窗口，检查这些 RIP 路由更新数据包。使用 OSI Model(OSI 模型)选项卡示图和 Inbound/Outbound PDU Details(入站和出站 PDU 详细数据)选项卡示图可以更详细了解 RIP 报文格式。

路由器 Router0 三个接口产生的 RIP 数据包在 OSI Model 选项卡下的示图如图 4-24 所示，在 Inbound/Outbound PDU Details 选项卡下的示图如图 4-25 所示。

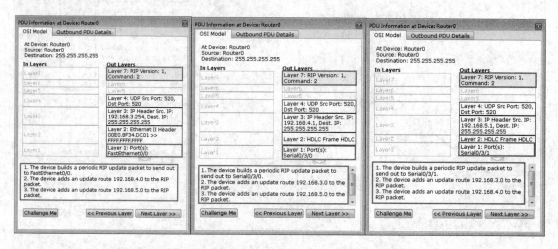

图 4-24　RIP 数据包在 OSI Model 选项卡下的示图

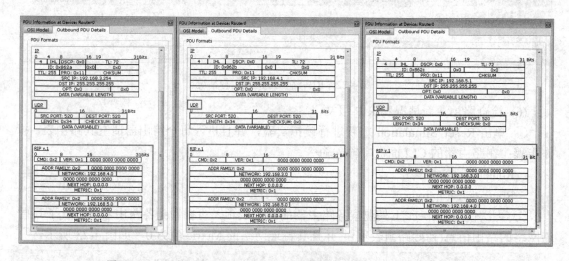

图 4-25　RIP 数据包在 Inbound/Outbound PDU Details 选项卡下的示图

④ 单击 Capture/Forward 按钮逐步跟踪路由信息的更新过程，当这些更新数据包到达邻居路由器后，使用 Inspect 工具显示这些路由器的路由表，观察其更新情况。例如，当 Router0 的 RIP 数据包到达 Router1 后，Router1 的路由表中增加两条新的路由表项，并将其 metric 值加 1，结果如图 4-26 所示。

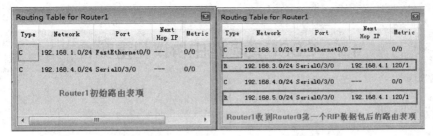

图 4-26　路由器 Router1 的路由表中增加两条新的路由表项

4.3.5　路由器命令行配置过程

各路由器 RIP 路由配置过程同样可以通过在 CLI 下输入配置命令完成。

(1) Router0 设置 RIP 路由命令。

Router0>enable

Router0#configure terminal

Router0(config)#no ip route 192.168.1.0 255.255.255.0 192.168.4.2

Router0(config)#no ip route 192.168.2.0 255.255.255.0 192.168.5.2

Router0(config)#router rip　　　　//启动 RIP 进程，进入 RIP 配置模式

Router0(config-router)#network 192.168.3.0　　　　//指定直接连接的网络，通告出去

Router0(config-router)#network 192.168.4.0

Router0(config-router)#network 192.168.5.0

Router0(config-router)#exit　　　　//从 RIP 配置模式返回到全局模式

(2) Router1 设置 RIP 路由命令。

Router1>enable

Router1#configure terminal

Router1(config)#no ip route 192.168.2.0 255.255.255.0 192.168.4.1

Router1(config)#no ip route 192.168.3.0 255.255.255.0 192.168.4.1

Router1(config)#router rip

Router1(config-router)#network 192.168.1.0

Router1(config-router)#network 192.168.4.0

Router1(config-router)#exit

(3) Router 2 设置 RIP 路由命令。

Router2>enable

Router2#configure terminal

Router2(config)#no ip route 192.168.1.0 255.255.255.0 192.168.5.1

Router2(config)#no ip route 192.168.3.0 255.255.255.0 192.168.5.1

Router2(config)#router rip

Router2(config-router)#network 192.168.2.0

Router2(config-router)#network 192.168.5.0

Router2(config-router)#exit

4.4 OSPF 动态路由协议配置实验

4.4.1 技术原理

1. OSPF 路由协议

OSPF(Open Shortest Path First，开放最短路径优先)协议，是由 Internet 工程任务组开发的路由选择协议，是目前网路中应用最广泛的路由协议之一。OSPF 属于内部网关路由协议，能够适应各种规模的网络环境，是典型的链路状态协议。OSPF 路由协议通过向全网扩散本路由器的链路状态信息，使网络中每台路由器最终同步一个具有全网链路状态的数据库，然后路由器采用 SPF 算法，以自己为根，计算到达其他网络的最短路径，最终形成全网路由信息。OSPF 是基于 IP 的，其协议号是 89。

作为链路状态路由协议，OSPF 将自己的链路状态信息广播给与其在同一管理域的所有其他路由器，这一点与距离矢量路由协议不同。运行距离矢量路由协议的路由器将部分或全部的路由表传递给与其相邻的路由器。在 OSPF 的链路状态广播信息中包括所有接口信息、所有的量度和其他一些变量。利用 OSPF 的路由器首先必须收集有关的链路状态信息，并根据一定的算法计算出到每个节点的最短路径。

2. OSPF 两种组播地址的区别

(1) 点到点网络：是连接单独的一对路由器的网络，点到点网络上的有效邻居总是可以形成邻接关系的，在这种网络上，OSPF 包的目标地址使用的是 224.0.0.5。

(2) 广播型网络：比如以太网，Token Ring 和 FDDI，这样的网络上会选举一个指定路由器 DR(Designated Router)和备份指定路由器 BDR(Backup Designated Router)，DR/BDR 发送的 OSPF 包的目标地址为 224.0.0.5；而除了 DR/BDR 以外的 OSPF 包的目标地址为 224.0.0.6。

在广播型网络中，所有路由器都以 224.0.0.5 的地址发送 Hello 包，用来维持邻居关系，非 DR/BDR 路由都以 224.0.0.6 的地址发送链路状态通告 LSA(Link-State Advertise)，而只有 DR/BDR 路由监听这个地址；反过来，DR 路由使用 224.0.0.5 来发送更新到非 DR 路由。

3. OSPF 工作过程

(1) 每台路由器通过使用 Hello 报文与它的邻居之间建立邻接关系。

(2) 每台路由器向每个邻居发送 LSA(链路状态通告)，有时叫 LSP(链路状态报文)；每个邻居在收到 LSP 之后要依次向它的邻居转发这些 LSP(泛洪)。

(3) 每台路由器要在数据库中保存一份它所收到的 LSA 的备份，所有路由器的数据库应该相同。

(4) 依照拓扑数据库，每台路由器使用 Dijkstra 算法(SPF 算法)计算出到每个网络的最短路径，并将结果输出到路由选择表中。

OSPF 的简化原理：发 Hello 报文→建立邻接关系→形成链路状态数据库→SPF 算法→形成路由表。

4.4.2　实验目的

(1) 学习路由器 OSPF 协议的配置方法；

(2) 验证 OSPF 工作机制；

(3) 验证 OSPF 协议生成动态路由项的过程；

(4) 掌握查看通过 OSPF 学习产生的路由项的方法。

4.4.3　实验拓扑

利用 RIP 路由协议配置实验中搭建的拓扑实验环境，要求每个路由器利用 OSPF 协议动态生成到没有与其直接连接的网络的路由项。

4.4.4　实验步骤

(1) 配置 OSPF 路由。

本实验在配置各路由器的 OSPF 路由协议前，要先删除 RIP 路由协议配置实验中配置的 RIP 路由，然后再在路由器 Router0、Router1 和 Router2 上配置 OSPF 路由协议。例如，单击 Router0，在 Config 选项卡的左方选择 ROUTING 下的 RIP，在右边选中已存在的 RIP 路由信息，点击 Remove 按钮进行删除。其他路由器都照此操作。也可通过命令行方式进行 RIP 路由信息的删除。

只能通过命令方式配置 OSPF 路由协议，各路由器命令行配置如下：

① Router0 命令行配置 OSPF 路由。

首先删除原先配置的 RIP 路由信息

　　Router0>enable

　　Router0#configure terminal

　　Router0(config)#router rip

　　Router0(config-router)#no network 192.168.3.0

　　Router0(config-router)#no network 192.168.4.0

　　Router0(config-router)#no network 192.168.5.0

　　Router0(config-router)#exit

然后配置 OSPF 路由

　　Router0(config)#router ospf 1　　//进入 OSPF 协议配置模式，这里 1 是进程号

　　Router0(config-router)#network 192.168.3.0 0.0.0.255 area 0

　　　　//192.168.3.0 表示要加入的直连网络，0.0.0.255 表示的是反向掩码，area0 表示把该网段放入区

　　　　//域 0，表示单区域的配置，所以路由器的所有网段都加入区域 0

　　Router0(config-router)#network 192.168.4.0 0.0.0.255 area 0

　　　　//192.168.4.0 表示要加入的直连网络，0.0.0.255 表示的是反向掩码，area 0 表示把该网段放入

　　　　//区域 0

　　Router0(config-router)#network 192.168.5.0 0.0.0.255 area 0

Router0(config-router)#exit

② Router1 命令行配置 OSPF 路由。

首先删除原先配置的 RIP 路由信息

Router1>enable

Router1#configure terminal

Router1(config)#router rip

Router1(config-router)#no network 192.168.1.0

Router1(config-router)#no network 192.168.4.0

Router1(config-router)#exit

然后配置 OSPF 路由

Router1(config)#router ospf 1   //进入 OSPF 协议配置模式，这里 1 是进程号

Router1(config-router)#network 192.168.1.0 0.0.0.255 area 0

Router1(config-router)#network 192.168.4.0 0.0.0.255 area 0

Router1(config-router)#exit

③ Router2 命令行配置 OSPF 路由。

首先删除原先配置的 RIP 路由信息

Router2>enable

Router2#configure terminal

Router2(config)#router rip

Router2(config-router)#no network 192.168.2.0

Router2(config-router)#no network 192.168.5.0

Router2(config-router)#exit

然后配置 OSPF 路由

Router2(config)#router ospf 1   //OSPF 进程 ID 为 1

Router2(config-router)#network 192.168.2.0 0.0.0.255 area 0   //将自己的直连网络通告出去

Router2(config-router)#network 192.168.5.0 0.0.0.255 area 0

Router2(config-router)#exit

所有路由器完成上述配置后，通过 ping 命令测试网络连通性，并观察各路由器生成如图 4-27 所示的路由表。O 表示路由来源为 OSPF 路由协议。

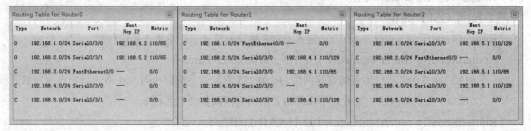

图 4-27　通过 OSPF 建立的动态路由项

(2) 观察 OSPF 路由协议的运行过程。

进入模拟工作模式，在 Edit Filters 中选择 OSPF 协议，单击 Auto Capture/Play 按钮，

自动捕获数据包，可观察到 OSPF 报文在各个路由器间周期性交互过程，如图 4-28 所示。

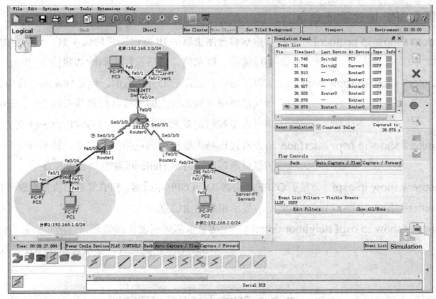

图 4-28 OSPF 路由协议的运行情况

(3) 查看 OSPF 报文格式。

单击数据包信封，或者在 Event List(事件列表)的 Info(信息)列中单击彩色正方形，以打开 PDU 信息窗口，查看 OSPF 报文格式。使用 OSI Model(OSI 模型)选项卡示图和 Inbound/Outbound PDU Details(入站和出站 PDU 详细数据)选项卡示图可以更详细了解 OSPF 报文格式。例如 Router0 从 Serial0/3/0 端口发往 Router1 的 Serial0/3/0 端口的某个 OSPF 报文在 OSI Model 选项卡下的示图和在 Inbound/Outbound PDU Details 选项卡下的示图如图 4-29 所示。

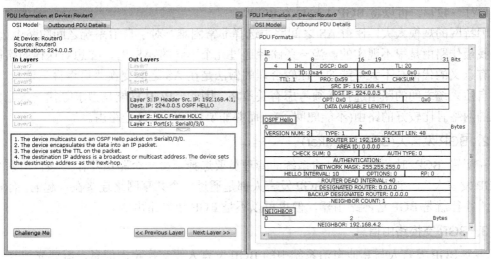

图 4-29 OSPF 报文格式

OSPF 需要周期性的交换两种数据包：一种是 Hello 包，用于周期维护邻居状态；另一种是 Neighbor 包，用于链路更新，观察并区别两种数据包的传送范围。Hello 包在全网范围内传播，neighbor 包仅在路由器之间传播。

附：路由器 OSPF 协议验证命令

① Router#show ip protocol   //显示整台路由器的 IP 路由选择协议参数，包括定时器、
                                            //过滤器、度量值、网络及路由器的其他信息

② Router# show ip route ospf   //显示路由器知道的 OSPF 路由，他是判断本地路由器和
                                            //互联网络其他部分之间连接性的最佳方法之一。该命令还有
                                            //可选参数指定要显示的信息，如 OSPF 的进程 ID 等

③ Router# show ip ospf interface   //查看接口是否被加入到正确的区域中，该命令还可
                                            //以显示各种定时器 Hello 间隔等和邻居关系

④ Router# show ip ospf   //显示 OSPF 路由器 ID、OSPF 定时器、SPF 算法的执行次数和 LSA 信息

⑤ Router# show ip ospf neighbor   //显示相邻路由信息

⑥ Router#show ip ospf neighbor detail   //显示邻居列表详细信息，包括它们的 OSPF 路由器
                                            //ID、OSPF 优先级、邻接关系状态及失效定时器等

4.5 BGP 路由协议配置实验

4.5.1 技术原理

1. BGP 路由协议

BGP(Border Gateway Protocol，边界网关协议)是不同 AS(自治系统)的路由器之间交换路由信息的协议。BGP 较新版本是 2006 年 1 月发布的 BGP-4(BGP 第 4 个版本)，即 RFC4271～4278。可以将 BGP-4 简写为 BGP。

因特网的规模太大，使得 AS 之间路由选择非常困难。对于自治系统之间的路由选择，要寻找最佳路由是很不现实的。当一条路径通过几个不同的 AS 时，要想对这样的路径计算出有意义的代价是不太可能的。比较合理的做法是在 AS 之间交换"可达性"信息。

自治系统之间的路由选择必须考虑有关策略。因此，BGP 只能是力求寻找一条能够到达目的网络且比较好的路由(不能兜圈子)，而并非要寻找一条最佳路由。

2. BGP 发言人(BGP Speaker)

在配置 BGP 时，每一个自治系统的管理员要选择至少一个路由器作为该自治系统的"BGP 发言人"。一般说来，两个 BGP 发言人都是通过一个共享网络连接在一起的，而 BGP 发言人往往就是 BGP 边界路由器，但也可以不是 BGP 边界路由器。

3. BGP 交换路由信息

一个 BGP 发言人与其他自治系统中的 BGP 发言人要交换路由信息，就要先建立 TCP 连接，然后在此连接上交换 BGP 报文以建立 BGP 会话(session)，利用 BGP 会话交换路由信息，如增加新的路由，或撤销过时的路由以及报告出差错的情况等。使用 TCP 连接能提供可靠的服务，也简化了路由选择协议。

使用 TCP 连接交换路由信息的两个 BGP 发言人，彼此成为对方的邻站或对等站。

BGP 所交换的网络可达性的信息就是要到达某个网络所要经过的一系列 AS。当 BGP 发言人互相交换了网络可达性的信息后，各 BGP 发言人就根据所采用的策略从收到的路由信息中找出到达各 AS 的较好的路由。

4.5.2　实验目的

(1) 学习 BGP 协议的配置方法；
(2) 验证 BGP 协议的工作原理；
(3) 掌握网络自治系统的划分方法；
(4) 验证分层路由机制；
(5) 验证自治系统之间的连通性。

4.5.3　实验拓扑

BGP 路由协议配置实验的网络拓扑图如图 4-30 所示，由 3 个自治系统组成。路由器 Router11、Router12 和 Router13 位于自治系统 AS1 中；Router21、Router22、Router23 和 Router24 位于自治系统 AS2 中；Router31、Router32 和 Router33 位于自治系统 AS3 中。在自治系统 AS1、AS2 和 AS3 内部用 OSPF 协议实现内部路由，在 AS1 和 AS2，AS2 和 AS3 之间用 BGP 协议实现路由。

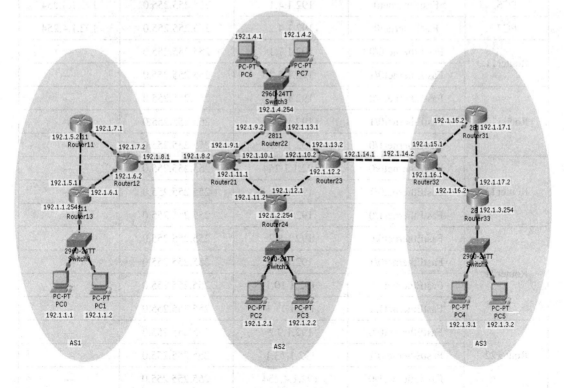

图 4-30　BGP 路由协议配置实验拓扑图

每个自治系统连接都有末端网络，如自治系统 AS1 连接末端网络 192.1.1.0/24；自治系统 AS2 连接末端网络 192.1.2.0/24 和 192.1.4.0/24；自治系统 AS3 连接末端网络 192.1.3.0/24。实现自治系统之间的连通性就是实现这些末端网络之间的连通性。

4.5.4 实验步骤

(1) 实验环境搭建。

① 启动 Packet Tracer 软件，在逻辑工作区根据图 4-30 中的网络拓扑图放置和连接设备。使用设备包括：10 台 2811 型路由器、3 台 2960 型交换机、8 台 PC 机，用合适连线将各设备依次连接起来，各终端 PC 和路由器接口的 IP 地址情况如表 4-3 所示。

表 4-3 IP 地址配置表

设备名	接口	IP地址	子网掩码	默认网关
PC0	FastEthernet0	192.1.1.1	255.255.255.0	192.1.1.254
PC1	FastEthernet0	192.1.1.2	255.255.255.0	192.1.1.254
PC2	FastEthernet0	192.1.2.1	255.255.255.0	192.1.2.254
PC3	FastEthernet0	192.1.2.2	255.255.255.0	192.1.2.254
PC4	FastEthernet0	192.1.3.1	255.255.255.0	192.1.3.254
PC5	FastEthernet0	192.1.3.2	255.255.255.0	192.1.3.254
PC6	FastEthernet0	192.1.4.1	255.255.255.0	192.1.4.254
PC7	FastEthernet0	192.1.4.2	255.255.255.0	192.1.4.254
Router11	FastEthernet0/0	192.1.7.1	255.255.255.0	—
	FastEthernet0/1	192.1.5.2	255.255.255.0	—
Router12	FastEthernet0/0	192.1.7.2	255.255.255.0	—
	FastEthernet0/1	192.1.6.2	255.255.255.0	—
	FastEthernet1/0	192.1.8.1	255.255.255.0	—
Router13	FastEthernet0/0	192.1.1.254	255.255.255.0	—
	FastEthernet0/1	192.1.6.1	255.255.255.0	—
	FastEthernet1/0	192.1.5.1	255.255.255.0	—
Router21	FastEthernet0/0	192.1.8.2	255.255.255.0	—
	FastEthernet0/1	192.1.9.1	255.255.255.0	—
	FastEthernet1/0	192.1.10.1	255.255.255.0	—
	FastEthernet1/1	192.1.11.1	255.255.255.0	—
Router22	FastEthernet0/0	192.1.9.2	255.255.255.0	—
	FastEthernet0/1	192.1.13.1	255.255.255.0	—
	FastEthernet1/0	192.1.4.254	255.255.255.0	—

设备名	接口	IP地址	子网掩码	默认网关
Router23	FastEthernet0/0	192.1.13.2	255.255.255.0	—
	FastEthernet0/1	192.1.10.2	255.255.255.0	—
	FastEthernet1/0	192.1.12.2	255.255.255.0	—
	FastEthernet1/1	192.1.14.1	255.255.255.0	—
Router24	FastEthernet0/0	192.1.2.254	255.255.255.0	—
	FastEthernet0/1	192.1.11.2	255.255.255.0	—
	FastEthernet1/0	192.1.12.1	255.255.255.0	—
Router31	FastEthernet0/0	192.1.15.2	255.255.255.0	—
	FastEthernet0/1	192.1.17.2	255.255.255.0	—
Router32	FastEthernet0/0	192.1.14.2	255.255.255.0	—
	FastEthernet0/1	192.1.15.1	255.255.255.0	—
	FastEthernet1/0	192.1.16.1	255.255.255.0	—
Router33	FastEthernet0/0	192.1.16.2	255.255.255.0	—
	FastEthernet0/1	192.1.17.2	255.255.255.0	—
	FastEthernet1/0	192.1.3.254	255.255.255.0	—

② 根据表 4-3 配置各个 PC 终端和路由器接口的 IP 地址信息，建立直连路由。

需要说明的是，位于不同自治系统的两个相邻路由器通常连接在同一个网络上，如路由器 Router12 和路由器 Router21 连接在网络 192.1.8.0/24 上，路由器 Router23 和路由器 Router32 连接在网络 192.1.14.0/24 上。这样做的目的有两个：一是某个自治系统内的路由器能够建立通往位于另一个自治系统的相邻路由器的传输路径；二是两个相邻路由器可以直接交换 BGP 路由信息。

(2) 配置每个自治系统内路由器的 OSPF 协议。

使用 OSPF 作为自治系统内使用的内部网关协议，建立用于指明自治系统内传输路径的内部路由项。各个路由器的 OSPF 命令配置如下：

① Router11 命令行配置。

Router>enable

Router#configure terminal

Router(config)#hostname Router11

Router11(config)#router ospf 1

Router11(config-router)#network 192.1.5.0 0.0.0.255 area 1

Router11(config-router)#network 192.1.7.0 0.0.0.255 area 1

Router11(config-router)#exit

② Router12 命令行配置。

Router>enable

Router#configure terminal

Router(config)#hostname Router12

Router12(config)#router ospf 1

Router12(config-router)#network 192.1.6.0 0.0.0.255 area 1

Router12(config-router)#network 192.1.7.0 0.0.0.255 area 1

Router12(config-router)#network 192.1.8.0 0.0.0.255 area 1

Router12(config-router)#exit

③ Router13 命令行配置。

Router>enable

Router#configure terminal

Router(config)#hostname Router13

Router13(config)#router ospf 1

Router13(config-router)#network 192.1.5.0 0.0.0.255 area 1

Router13(config-router)#network 192.1.6.0 0.0.0.255 area 1

Router13(config-router)#network 192.1.1.0 0.0.0.255 area 1

Router13(config-router)#exit

④ Router21 命令行配置。

Router>enable

Router#configure terminal

Router(config)#hostname Router21

Router21(config)#router ospf 2

Router21(config-router)#network 192.1.8.0 0.0.0.255 area 2

Router21(config-router)#network 192.1.9.0 0.0.0.255 area 2

Router21(config-router)#network 192.1.10.0 0.0.0.255 area 2

Router21(config-router)#network 192.1.11.0 0.0.0.255 area 2

Router21(config-router)#exit

⑤ Router22 命令行配置。

Router>enable

Router#configure terminal

Router(config)#hostname Router22

Router22(config)#router ospf 2

Router22(config-router)#network 192.1.4.0 0.0.0.255 area 2

Router22(config-router)#network 192.1.9.0 0.0.0.255 area 2

Router22(config-router)#network 192.1.13.0 0.0.0.255 area 2

Router22(config-router)#exit

⑥ Router23 命令行配置。

Router>enable

Router#configure terminal

Router(config)#hostname Router23

Router23(config)#router ospf 2

Router23(config-router)#network 192.1.10.0 0.0.0.255 area 2

Router23(config-router)#network 192.1.12.0 0.0.0.255 area 2

Router23(config-router)#network 192.1.13.0 0.0.0.255 area 2

Router23(config-router)#network 192.1.14.0 0.0.0.255 area 2

⑦ Router24 命令行配置。

Router>enable

Router#configure terminal

Router(config)#hostname Router24

Router(config)#router ospf 2

Router24(config-router)#network 192.1.12.0 0.0.0.255 area 2

Router24(config-router)#network 192.1.13.0 0.0.0.255 area 2

Router24(config-router)#network 192.1.2.0 0.0.0.255 area 2

⑧ Router31 命令行配置。

Router>enable

Router#configure terminal

Router(config)#hostname Router31

Router31(config)#router ospf 3

Router31(config-router)#network 192.1.15.0 0.0.0.255 area 3

Router31(config-router)#network 192.1.17.0 0.0.0.255 area 3

Router31(config-router)#exit

⑨ Router32 命令行配置。

Router>enable

Router#configure terminal

Router(config)#hostname Router32

Router32(config)#router ospf 3

Router32(config-router)#network 192.1.14.0 0.0.0.255 area 3

Router32(config-router)#network 192.1.15.0 0.0.0.255 area 3

Router32(config-router)#network 192.1.16.0 0.0.0.255 area 3

Router32(config-router)#exit

⑩ Router33 命令行配置。

Router>enable

Router#configure terminal

Router(config)#hostname Router33

Router33(config)#router ospf 3

Router33(config-router)#network 192.1.17.0 0.0.0.255 area 3

Router33(config-router)#network 192.1.16.0 0.0.0.255 area 3

Router33(config-router)#network 192.1.3.0 0.0.0.255 area 3

配置完成后，自治系统 AS1 中路由器 Router11、Router12 和 Router13 中的直连路由项和 OSPF 创建的动态路由项如图 4-31 所示。

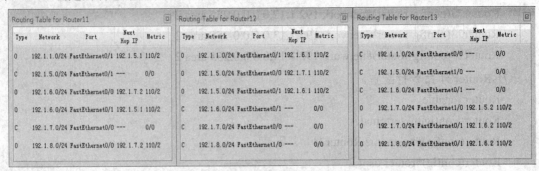

Routing Table for Router11

Type	Network	Port	Next Hop IP	Metric
O	192.1.1.0/24	FastEthernet0/1	192.1.5.1	110/2
C	192.1.5.0/24	FastEthernet0/1	---	0/0
O	192.1.6.0/24	FastEthernet0/1	192.1.5.1	110/2
C	192.1.7.0/24	FastEthernet0/0	---	0/0
O	192.1.8.0/24	FastEthernet0/0	192.1.7.2	110/2

Routing Table for Router12

Type	Network	Port	Next Hop IP	Metric
O	192.1.1.0/24	FastEthernet0/1	192.1.6.1	110/2
O	192.1.5.0/24	FastEthernet0/0	192.1.7.1	110/2
O	192.1.5.0/24	FastEthernet0/1	192.1.6.1	110/2
C	192.1.6.0/24	FastEthernet0/1	---	0/0
C	192.1.7.0/24	FastEthernet0/0	---	0/0
C	192.1.8.0/24	FastEthernet1/0	---	0/0

Routing Table for Router13

Type	Network	Port	Next Hop IP	Metric
C	192.1.1.0/24	FastEthernet0/0	---	0/0
C	192.1.5.0/24	FastEthernet1/0	---	0/0
C	192.1.6.0/24	FastEthernet0/1	---	0/0
O	192.1.7.0/24	FastEthernet1/0	192.1.5.2	110/2
O	192.1.8.0/24	FastEthernet0/1	192.1.6.2	110/2

图 4-31　AS1 自治系统三个路由器的路由项

自治系统 AS2 中路由器 Router21、Router22、Router23 和 Router24 中的直连路由项和 OSPF 创建的动态路由项如图 4-32 所示。

Routing Table for Router21

Type	Network	Port	Next Hop IP	Metric
O	192.1.2.0/24	FastEthernet1/1	192.1.11.2	110/2
O	192.1.4.0/24	FastEthernet0/1	192.1.9.2	110/2
C	192.1.8.0/24	FastEthernet0/0	---	0/0
C	192.1.9.0/24	FastEthernet0/1	---	0/0
C	192.1.10.0/24	FastEthernet1/0	---	0/0
C	192.1.11.0/24	FastEthernet1/1	---	0/0
O	192.1.12.0/24	FastEthernet1/1	192.1.11.2	110/2
O	192.1.12.0/24	FastEthernet1/0	192.1.10.2	110/2
O	192.1.13.0/24	FastEthernet0/1	192.1.9.2	110/2
O	192.1.13.0/24	FastEthernet1/0	192.1.10.2	110/2
O	192.1.14.0/24	FastEthernet1/0	192.1.10.2	110/2

Routing Table for Router22

Type	Network	Port	Next Hop IP	Metric
O	192.1.2.0/24	FastEthernet0/0	192.1.9.1	110/3
O	192.1.2.0/24	FastEthernet0/1	192.1.13.2	110/3
C	192.1.4.0/24	FastEthernet1/0	---	0/0
O	192.1.8.0/24	FastEthernet0/0	192.1.9.1	110/2
C	192.1.9.0/24	FastEthernet0/0	---	0/0
O	192.1.10.0/24	FastEthernet0/0	192.1.9.1	110/2
O	192.1.10.0/24	FastEthernet0/1	192.1.13.2	110/2
O	192.1.11.0/24	FastEthernet0/0	192.1.9.1	110/2
O	192.1.12.0/24	FastEthernet0/1	192.1.13.2	110/2
C	192.1.13.0/24	FastEthernet0/1	---	0/0
O	192.1.14.0/24	FastEthernet0/1	192.1.13.2	110/2

Routing Table for Router23

Type	Network	Port	Next Hop IP	Metric
O	192.1.2.0/24	FastEthernet1/0	192.1.12.1	110/2
O	192.1.4.0/24	FastEthernet0/0	192.1.13.1	110/2
O	192.1.8.0/24	FastEthernet0/1	192.1.10.1	110/2
O	192.1.9.0/24	FastEthernet0/0	192.1.13.1	110/2
O	192.1.9.0/24	FastEthernet0/1	192.1.10.1	110/2
C	192.1.10.0/24	FastEthernet0/1	---	0/0
O	192.1.11.0/24	FastEthernet1/0	192.1.12.1	110/2
O	192.1.11.0/24	FastEthernet0/1	192.1.10.1	110/2
C	192.1.12.0/24	FastEthernet1/0	---	0/0
C	192.1.13.0/24	FastEthernet0/0	---	0/0
C	192.1.14.0/24	FastEthernet1/1	---	0/0

Routing Table for Router24

Type	Network	Port	Next Hop IP	Metric
C	192.1.2.0/24	FastEthernet0/0	---	0/0
O	192.1.4.0/24	FastEthernet0/1	192.1.11.1	110/3
O	192.1.4.0/24	FastEthernet1/0	192.1.12.2	110/3
O	192.1.8.0/24	FastEthernet0/1	192.1.11.1	110/2
O	192.1.9.0/24	FastEthernet0/1	192.1.11.1	110/2
O	192.1.10.0/24	FastEthernet0/1	192.1.11.1	110/2
O	192.1.10.0/24	FastEthernet1/0	192.1.12.2	110/2
C	192.1.11.0/24	FastEthernet0/1	---	0/0
C	192.1.12.0/24	FastEthernet1/0	---	0/0
O	192.1.13.0/24	FastEthernet1/0	192.1.12.2	110/2
O	192.1.14.0/24	FastEthernet1/0	192.1.12.2	110/2

图 4-32　AS2 自治系统四个路由器的路由项

自治系统 AS3 中路由器 Router31、Router32 和 Router33 中的直连路由项和 OSPF 创建的动态路由项如图 4-33 所示。

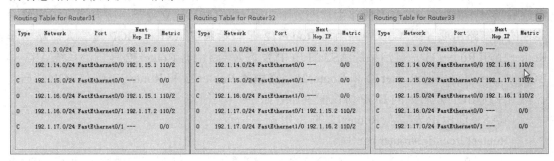

图 4-33　AS3 自治系统三个路由器的路由项

通过分析这些路由器的路由表可以得出两点结论：

(1) OSPF 创建的动态路由项只包含用于指明通过自治系统内网络的传输路径的动态路由项。

(2) 路由器 Router11 包含用于指明通往网络 192.1.8.0/24 的传输路径的动态路由项，该动态路由项实际也指明了通往路由器 Router21 的传输路径，而路由器 Router21 是路由器 Router11 通往自治系统 AS2 中网络的传输路径上的自治系统边界路由器。通过自治系统 AS2，Router11 可以建立通往位于所有其他自治系统中网络的传输路径。

另外，通过 ping 命令测试各个自治系统之间的连通性时，此时自治系统之间是不连通的，需要配置 BGP 协议，测试结果如图 4-34 所示。

图 4-34　只配置 OSPF 协议，自治系统之间是不连通的

(3) 完成各个自治系统 BGP 发言人的 BGP 协议配置。

由于只需在两个位于不同自治系统的 BGP 发言人之间交换 BGP 报文，因此每个自治系统只需对作为 BGP 发言人的路由器配置 BGP 相关信息，建立用于指明自治系统间传输路径的外部路由项。图 4-30 中路由器 Router12 是自治系统 AS1 的 BGP 发言人，路由器 Router21 和 Router23 是自治系统 AS2 的 BGP 发言人，路由器 Router32 是自治系统 AS3 的 BGP 发言人。路由器 Router12 和 Router21、路由器 Router23 和 Router32 互为 BGP 邻居。各自治系统 BGP 发言人的 BGP 协议配置命令如下：

① AS1 的 BGP 发言人 Router12 的 BGP 配置命令。

Router12(config)#router bgp 1

//分配自治系统号，并进入 BGP 配置模式。自治系统号 1：一是作为自治系统标识符，在路由
//器发送的路由消息中用于标识路由器所在的自治系统；二是作为 BGP 进程标识符，用于唯一
//标识在该路由器上运行的进程

Router12(config-router)#neighbor 192.1.8.2 remote-as 2

//指定邻居路由器及所在的 AS。邻居路由器是另一个自治系统的 BGP 发言人。每个自治系统
//中的 BGP 发言人通过与相邻路由器交换 BGP 报文，获得相邻路由器所在自治系统的路由消
//息，并据此创建指明通往位于另一个自治系统的网络的传输路径的路由项

Router12(config-router)#redistribute ospf 1

//当前路由器根据进程标识符为 1 的 OSPF 进程创建的动态路由项和直连路由项构建 BGP 路由消
//息，并将该 BGP 路由消息发送给相邻路由器

Router12(config-router)#exit

Router12(config)#router ospf 1

Router12(config-router)#redistribute bgp 1

//作为 BGP 发言人的路由器构建 OSPF LSA(链路状态广播信息)时，包含通过 BGP 获得的有关
//位于其他自治系统中网络的信息。作为自治系统号为 1 的自治系统的 BGP 发言人，它一方面
//通过 BGP 获得有关位于其他自治系统中网络的信息，同时该路由器也需要通过内部网关协议
//向自治系统内的其他路由器发送路由消息，该命令指定该路由器向自治系统内的其他路由器
//发送的路由消息中，包含作为自治系统号为 1 的自治系统的 BGP 发言人获得的有关位于其他
//自治系统的网络的信息，使得该自治系统内的其他路由器能够创建用于指明通往位于其他自
//治系统内网络的传输路径的路由项

Router12(config-router)#exit

② AS2 的 BGP 发言人 Router21 的 BGP 配置命令。

Router21(config)#router bgp 2

Router21(config-router)#neighbor 192.1.8.1 remote-as 1

Router21(config-router)#redistribute ospf 2

Router21(config-router)#network 192.1.3.0 mask 255.255.255.0

//将目的网络为 192.1.3.0/24 的路由项加入到 BGP 更新报文中。相邻 BGP 发言人交换的 BGP 更
//新报文中只包括直连路由项和内部网关协议生成的用于指明通往自治系统内网络的传输路径
//的内部路由项。如果需要包含通往其他类型网络的传输路径的路由项，需要该命令指定路由
//项的目的网络

Router21(config-router)#exit
Router21(config)#router ospf 2
Router21(config-router)#redistribute bgp 2
Router21(config-router)#exit

③ AS2 的 BGP 发言人 Router23 的 BGP 配置命令。

Router23(config)#router bgp 2
Router23(config-router)#neighbor 192.1.14.2 remote-as 3
Router23(config-router)#redistribute ospf 2
Router23(config-router)#network 192.1.1.0 mask 255.255.255.0
Router23(config-router)#exit
Router23(config)#router ospf 2
Router23(config-router)#redistribute bgp 2
Router23(config-router)#exit

④ AS3 的 BGP 发言人 Router32 的 BGP 配置命令。

Router32(config)#router bgp 3
Router32(config-router)#neighbor 192.1.14.1 remote-as 2
Router32(config-router)#redistribute ospf 3
Router32(config-router)#exit
Router32(config)#router ospf 3
Router32(config-router)#redistribute bgp 3
Router32(config-router)#exit

配置完成后，查看这四个路由器的路由表如图 4-35 和图 4-36 所示。

Routing Table for Router12

Type	Network	Port	Next Hop IP	Metric
O	192.1.1.0/24	FastEthernet0/1	192.1.6.1	110/2
B	192.1.2.0/24	FastEthernet1/0	192.1.8.2	20/2
B	192.1.3.0/24	FastEthernet1/0	192.1.8.2	20/0
B	192.1.4.0/24	FastEthernet1/0	192.1.8.2	20/2
O	192.1.5.0/24	FastEthernet0/0	192.1.7.1	110/2
O	192.1.5.0/24	FastEthernet0/1	192.1.6.1	110/2
C	192.1.6.0/24	FastEthernet0/1	---	0/0
C	192.1.7.0/24	FastEthernet0/0	---	0/0
C	192.1.8.0/24	FastEthernet1/0	---	0/0
B	192.1.9.0/24	FastEthernet1/0	192.1.8.2	20/1
B	192.1.10.0/24	FastEthernet1/0	192.1.8.2	20/1
B	192.1.11.0/24	FastEthernet1/0	192.1.8.2	20/1
B	192.1.12.0/24	FastEthernet1/0	192.1.8.2	20/2
B	192.1.13.0/24	FastEthernet1/0	192.1.8.2	20/2
B	192.1.14.0/24	FastEthernet1/0	192.1.8.2	20/2

Routing Table for Router21

Type	Network	Port	Next Hop IP	Metric
B	192.1.1.0/24	FastEthernet0/0	192.1.8.1	20/2
O	192.1.2.0/24	FastEthernet1/1	192.1.11.2	110/2
O	192.1.3.0/24	FastEthernet1/0	192.1.10.2	110/20
O	192.1.4.0/24	FastEthernet0/1	192.1.9.2	110/2
B	192.1.5.0/24	FastEthernet0/0	192.1.8.1	20/2
B	192.1.6.0/24	FastEthernet0/0	192.1.8.1	20/20
B	192.1.7.0/24	FastEthernet0/0	192.1.8.1	20/20
C	192.1.8.0/24	FastEthernet0/0	---	0/0
C	192.1.9.0/24	FastEthernet0/1	---	0/0
C	192.1.10.0/24	FastEthernet1/0	---	0/0
C	192.1.11.0/24	FastEthernet1/1	---	0/0
O	192.1.12.0/24	FastEthernet1/0	192.1.10.2	110/2
O	192.1.12.0/24	FastEthernet1/1	192.1.11.2	110/2
O	192.1.13.0/24	FastEthernet0/1	192.1.9.2	110/2
O	192.1.13.0/24	FastEthernet1/0	192.1.10.2	110/2
O	192.1.14.0/24	FastEthernet1/0	192.1.10.2	110/2
O	192.1.15.0/24	FastEthernet1/0	192.1.10.2	110/20
O	192.1.16.0/24	FastEthernet1/0	192.1.10.2	110/20
O	192.1.17.0/24	FastEthernet1/0	192.1.10.2	110/20

图 4-35　Router12 和 Router21 的完整路由表

Routing Table for Router23

Type	Network	Port	Next Hop IP	Metric
O	192.1.1.0/24	FastEthernet0/1	192.1.10.1	110/20
O	192.1.2.0/24	FastEthernet1/0	192.1.12.1	110/2
B	192.1.3.0/24	FastEthernet1/1	192.1.14.2	20/2
O	192.1.4.0/24	FastEthernet0/0	192.1.13.1	110/2
O	192.1.5.0/24	FastEthernet0/1	192.1.10.1	110/20
O	192.1.6.0/24	FastEthernet0/1	192.1.10.1	110/20
O	192.1.7.0/24	FastEthernet0/1	192.1.10.1	110/20
O	192.1.8.0/24	FastEthernet0/1	192.1.10.1	110/20
O	192.1.9.0/24	FastEthernet0/0	192.1.13.1	110/2
O	192.1.9.0/24	FastEthernet0/1	192.1.10.1	110/20
C	192.1.10.0/24	FastEthernet0/1	----	0/0
O	192.1.11.0/24	FastEthernet1/0	192.1.12.1	110/2
O	192.1.11.0/24	FastEthernet0/1	192.1.10.1	110/2
C	192.1.12.0/24	FastEthernet1/0	----	0/0
C	192.1.13.0/24	FastEthernet0/0	----	0/0
C	192.1.14.0/24	FastEthernet1/1	----	0/0
B	192.1.15.0/24	FastEthernet1/1	192.1.14.2	20/1
B	192.1.16.0/24	FastEthernet1/1	192.1.14.2	20/1
B	192.1.17.0/24	FastEthernet1/1	192.1.14.2	20/2

Routing Table for Router32

Type	Network	Port	Next Hop IP	Metric
B	192.1.1.0/24	FastEthernet0/0	192.1.14.1	20/0
B	192.1.2.0/24	FastEthernet0/0	192.1.14.1	20/2
O	192.1.3.0/24	FastEthernet1/0	192.1.16.2	110/2
B	192.1.4.0/24	FastEthernet0/0	192.1.14.1	20/2
B	192.1.8.0/24	FastEthernet0/0	192.1.14.1	20/2
B	192.1.9.0/24	FastEthernet0/0	192.1.14.1	20/2
B	192.1.10.0/24	FastEthernet0/0	192.1.14.1	20/20
B	192.1.11.0/24	FastEthernet0/0	192.1.14.1	20/2
B	192.1.12.0/24	FastEthernet0/0	192.1.14.1	20/20
B	192.1.13.0/24	FastEthernet0/0	192.1.14.1	20/20
C	192.1.14.0/24	FastEthernet0/0	----	0/0
C	192.1.15.0/24	FastEthernet0/1	----	0/0
C	192.1.16.0/24	FastEthernet1/0	----	0/0
O	192.1.17.0/24	FastEthernet0/1	192.1.15.2	110/2
O	192.1.17.0/24	FastEthernet1/0	192.1.16.2	110/2

图 4-36　Router23 和 Router32 交换 BGP 路由报文后的完整路由表

　　各路由表中存在三种类型的路由项：第一类是类型为 C 的直连路由项；第二类是类型为 O 的通过 OSPF 创建的用于指明通往自治系统内网络的传输路径的动态路由项；第三类是类型为 B 的通过 BGP 创建的动态路由项。如路由器 Router12 中所有通过和 Router21 交换 BGP 路由信息创建的类型为 B 的动态路由项的下一跳 IP 地址是 Router21 连接网络 192.1.8.0/24 的接口的 IP 地址 192.1.8.2。

　　AS2 自治系统边界路由器 Router21 中目的网络为 192.1.3.0/24 的路由项，既不是 Router21 的直连路由项，也不是 OSPF 创建的用于指明通往自治系统 2 中网络的传输路径的动态路由项，需要通过 network 192.1.3.0 mask 255.255.255.0 命令将其添加到 BGP 相邻路由器之间交换的更新报文中。Router12 和 Router21 交换 BGP 路由报文后的完整路由表如图 4-35 所示。

　　Router12 向自治系统 AS1 内的其他路由器广播 LSA 时，LSA 中包含 BGP 创建的目的网络为 192.1.2.0/24、192.1.3.0/24 和 192.1.4.0/24 的路由项。路由器 Router12 发送给 Router11 的针对目的网络 192.1.2.0/24、192.1.3.0/24 和 192.1.4.0/24 的路由项下一跳是 192.1.8.2。路由器 Router11 创建用于指明通往网络 192.1.2.0/24、192.1.3.0/24 和 192.1.4.0/24 的传输路径的路由项时，用通往网络 192.1.8.0/24 传输路径上的下一跳地址 192.1.7.2 作为通往网络 192.1.2.0/24、192.1.3.0/24 和 192.1.4.0/24 传输路径上的下一跳。

　　路由器 Router11 的完整路由表如图 4-37 所示，目的网络为 192.1.2.0/24、192.1.3.0/24 和 192.1.4.0/24 的路由项的下一跳 IP 地址和目的网络为 192.1.8.0/24 的路由项的下一跳 IP 地址相同，都为 192.1.7.2。

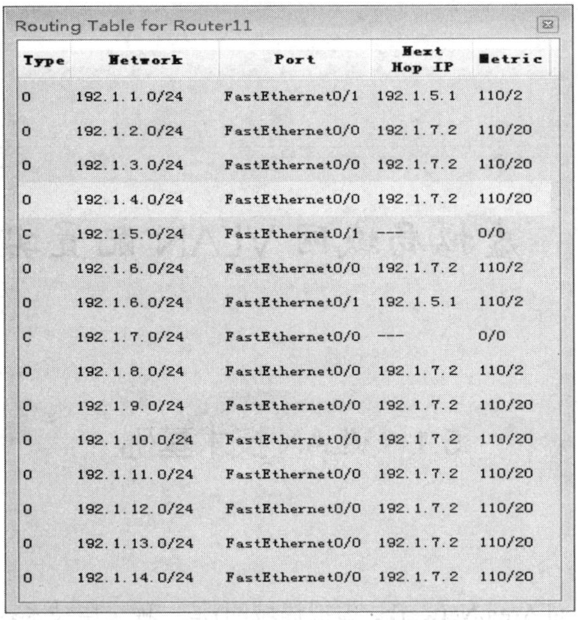

Routing Table for Router11

Type	Network	Port	Next Hop IP	Metric
O	192.1.1.0/24	FastEthernet0/1	192.1.5.1	110/2
O	192.1.2.0/24	FastEthernet0/0	192.1.7.2	110/20
O	192.1.3.0/24	FastEthernet0/0	192.1.7.2	110/20
O	192.1.4.0/24	FastEthernet0/0	192.1.7.2	110/20
C	192.1.5.0/24	FastEthernet0/1	---	0/0
O	192.1.6.0/24	FastEthernet0/0	192.1.7.2	110/2
O	192.1.6.0/24	FastEthernet0/1	192.1.5.1	110/2
C	192.1.7.0/24	FastEthernet0/0	---	0/0
O	192.1.8.0/24	FastEthernet0/0	192.1.7.2	110/2
O	192.1.9.0/24	FastEthernet0/0	192.1.7.2	110/20
O	192.1.10.0/24	FastEthernet0/0	192.1.7.2	110/20
O	192.1.11.0/24	FastEthernet0/0	192.1.7.2	110/20
O	192.1.12.0/24	FastEthernet0/0	192.1.7.2	110/20
O	192.1.13.0/24	FastEthernet0/0	192.1.7.2	110/20
O	192.1.14.0/24	FastEthernet0/0	192.1.7.2	110/20

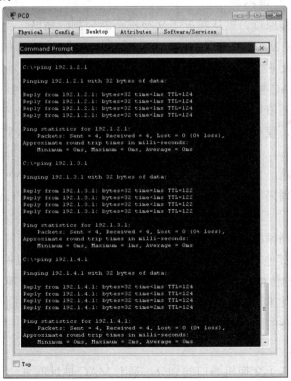

图 4-37 Router11 的完整路由表

(4) 测试各个自治系统之间的连通性。

用 ping 命令测试各个自治系统之间的连通性，结果如图 4-38 所示，可以看出各个自治系统之间是相互连通的。

```
C:\>ping 192.1.2.1

Pinging 192.1.2.1 with 32 bytes of data:

Reply from 192.1.2.1: bytes=32 time<1ms TTL=124
Reply from 192.1.2.1: bytes=32 time<1ms TTL=124
Reply from 192.1.2.1: bytes=32 time<1ms TTL=124
Reply from 192.1.2.1: bytes=32 time<1ms TTL=124

Ping statistics for 192.1.2.1:
    Packets: Sent = 4, Received = 4, Lost = 0 (0% loss),
Approximate round trip times in milli-seconds:
    Minimum = 0ms, Maximum = 0ms, Average = 0ms

C:\>ping 192.1.3.1

Pinging 192.1.3.1 with 32 bytes of data:

Reply from 192.1.3.1: bytes=32 time=1ms TTL=122
Reply from 192.1.3.1: bytes=32 time<1ms TTL=122
Reply from 192.1.3.1: bytes=32 time<1ms TTL=122
Reply from 192.1.3.1: bytes=32 time=1ms TTL=122

Ping statistics for 192.1.3.1:
    Packets: Sent = 4, Received = 4, Lost = 0 (0% loss),
Approximate round trip times in milli-seconds:
    Minimum = 0ms, Maximum = 1ms, Average = 0ms

C:\>ping 192.1.4.1

Pinging 192.1.4.1 with 32 bytes of data:

Reply from 192.1.4.1: bytes=32 time<1ms TTL=124
Reply from 192.1.4.1: bytes=32 time<1ms TTL=124
Reply from 192.1.4.1: bytes=32 time=1ms TTL=124
Reply from 192.1.4.1: bytes=32 time=2ms TTL=124

Ping statistics for 192.1.4.1:
    Packets: Sent = 4, Received = 4, Lost = 0 (0% loss),
Approximate round trip times in milli-seconds:
    Minimum = 0ms, Maximum = 2ms, Average = 0ms
```

图 4-38 测试各个自治系统之间是相互连通的

第5章

虚拟局域网 VLAN 配置实验

5.1　VLAN 技术基础

1. 技术原理

VLAN(Virtual Local Area Network，虚拟局域网)是一种二层技术。它是在交换式局域网中将一个较大广播域按照部门、功能等因素分割成较小广播域的技术。VLAN 在一个物理网段内进行逻辑的划分，划分成若干个虚拟局域网。VLAN 最大的特性是不受物理位置的限制，可以进行灵活的划分。VLAN 具备了一个物理网段所具备的特性。

2. 局域网中的"广播风暴"

根据交换机的工作原理，默认情况下交换机不能分割广播域，当交换机通过端口 X 接收到 MAC 帧时，如果 MAC 帧的目的地址是广播地址，或者 MAC 帧的目的地址是单播地址但在其 MAC 地址表中找不到匹配该单播地址的条目，则交换机将向除端口 X 以外的所有其他端口转发该 MAC 帧，大量的 MAC 帧被广播到交换式以太网的所有终端。当用交换机扩大网络规模时，随着网络规模的扩大，广播域也扩大，广播域内传输的大量广播帧将占用过多的网络资源，使得网络性能下降，甚至由于资源耗尽而导致网络瘫痪，这就是局域网中的"广播风暴"。

为了解决这个问题，大型局域网需要进一步分割广播域，提高网络性能。使用 VLAN技术可以把同一个物理局域网内的不同用户逻辑地划分为不同的 VLAN，一个 VLAN 就是一个独立的广播域。

VLAN 技术将广播帧的传播范围限定在一个 VLAN 内，广播帧只可以在本 VLAN 内进行广播，不能传输到其他 VLAN 中。当局域网规模较大时，可以根据实际情况划分多个VLAN，控制广播帧的传播范围，从而有效避免"广播风暴"的出现。

划分 VLAN 后，相同 VLAN 内的主机可以相互直接通信，不同 VLAN 的主机之间相互访问必须经三层设备的路由功能进行转发才能通信。

3. VLAN 的划分

VLAN 的划分有基于交换机端口的划分、基于 MAC 地址的划分和基于策略的划分等，目前使用较多的是基于交换机端口的划分。

(1) Port VLAN 是利用交换机的端口进行 VLAN 划分的方式之一，在 Port VLAN 中，一个端口只能属于一个 VLAN。

(2) Tag(标签)VLAN 是基于交换机端口的另一种类型，主要用于使不同交换机的相同 VLAN 内的主机之间可以直接通信，同时对于不同 VLAN 的主机进行隔离。Tag VLAN 遵循 IEEE 802.1Q 协议标准。在使用配置了 Tag VLAN 的端口进行数据传输时，需要在数据帧内添加 4 字节的 802.1Q Tag 信息，用于标识该数据帧属于哪个 VLAN，便于对端交换机收到数据帧后进行准确的过滤。

4．802.1Q VLAN

802.1Q 是 IEEE 组织批准的一套 VLAN 协议，它定义了基于端口的 VLAN 模型，也是使用最多最广泛的一种方式，经过多年的应用，已经变得非常成熟。

802.1Q 协议为标识带有 VLAN 成员信息的以太网帧建立了一种标准方法。为了使相同 VLAN 内的主机之间可以直接访问，同时对不同 VLAN 的主机进行隔离。IEEE 802.1Q 在标准以太网帧内添加 4 字节的 8021.Q 标签信息，称为 VLAN Tag，其中包含了 VLAN 的编号，用于标识发送该数据帧的主机属于哪个 VLAN，便于对端交换机接收到数据帧后进行准确的过滤。交换机在进行帧转发的时候，同时判断这些“标签”是否匹配，从而确定其互通性。同时，不支持 802.1Q 的主机会因为无法“读懂”标签而丢弃该帧。

标准以太网帧就是不加 Tag 的普通 Ethernet 帧，普通 PC 的网卡可以识别这样的报文进行通信。802.1Q 帧在标准以太网帧的源 MAC 地址(SA)字段和类型字段之间插入了 4 B 的 802.1 Tag 信息，也就是 VLAN Tag 头，如图 5-1 所示。一般来说，这样的报文普通 PC 的网卡是不能识别的。

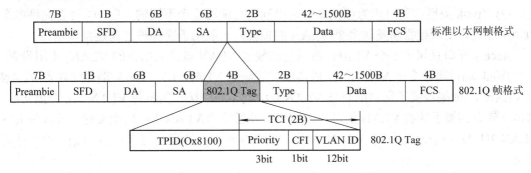

图 5-1　带有 Tag 域的以太网帧结构

802.1Q Tag 标签由标签协议标识符(TPID)字段和标签控制信息(TCI)字段组成。

(1) TPID(Tag Protocol Identifier，标签协议标识符)，占两个字节，用于标识此帧是一个加了 802.1Q 标签的帧，总是设置为 0x8100，称为 IEEE 802.1Q 标记类型。当数据链路层检测到 MAC 帧的源地址字段后面的两个字节的值是 0x8100 时，就知道现在插入了 4 字节的 VLAN 标记，于是接着检查后面两个字节的内容。

(2) TCI(Tag Control Information，标签控制信息)，两个字节，包括用户优先级 (User Priority)、规范格式指示器(Canonical Format Indicator)和 VLAN ID(VLAN Identified) 三个域。

① User Priority：占 3 bit，用于指明 VLAN 帧的优先级，一共有 8 种优先级(取值 0～7，

7 为最高优先级，0 为最低优先级)，主要用于当交换机发生阻塞时，优先发送优先级较高的数据帧。

② Canonical Format Indicator：占 1 bit，0 表示是规范格式，应用于以太网；1 表示非规范格式，应用于 Token Ring；在以太网交换机中，总是有 CFI = 0。

③ VLAN ID：占 12 bit，指明 VLAN 的 ID，一共 4096 个，VLAN ID 唯一地标识了这个以太网帧是属于哪一个 VLAN。

由于用于 VLAN 的以太网帧的首部增加了 4 字节，因此以太网最大帧长度从原来的 1518 字节(1500 字节的数据加上 18 字节的头部)变为 1522 字节。以太网帧长度范围为 64～1518B，VLAN 帧长度范围为 64～1522B。

支持 IEEE 802.1Q 的交换端口可被配置来传输标签帧或无标签帧。一个包含 VLAN 信息的标签字段可以插入到以太网帧中。如果端口与支持 IEEE 802.1Q 的设备(如另一个交换机)相连，那么这些标签帧可以在交换机之间传送 VLAN 成员信息，这样 VLAN 就可以跨越多台交换机。但是，对于与没有支持 IEEE 802.1Q 设备相连的端口，必须确保它们用于传输无标签帧，这一点非常重要。很多 PC 和打印机的网卡并不支持 IEEE 802.1Q，一旦收到一个标签帧，它们就会因为读不懂标签而丢弃该帧。

5. 以太网端口链路类型

Packet Tracer 软件中，交换机以太网端口有两种链路类型：Access 和 Trunk。

(1) Cisco 将交换机直接连接终端的端口称为 Access(接入)端口，将实现交换机之间互连的端口称为 Trunk(主干)端口，Access 类型的端口只能属于 1 个 VLAN，一般用于连接计算机的端口。

(2) Trunk 类型的端口作为标记端口可以同时分配给多个不同的 VLAN，可以允许多个 VLAN 通过，可以接收和发送多个 VLAN 的报文，一般用于交换机之间连接的端口。

Access 端口只属于 1 个 VLAN，所以它的缺省 VLAN 就是它所在的 VLAN，不用设置。

Trunk 端口属于多个 VLAN，所以需要设置缺省 VLAN ID。Trunk 端口的缺省 VLAN 为 VLAN 1。如果设置了端口的缺省 VLAN ID，则当端口接收到不带 VLAN Tag 的报文后，将报文转发到属于缺省 VLAN 的端口，当端口发送带有 VLAN Tag 的报文时，若该报文的 VLAN ID 与端口缺省的 VLAN ID 相同，则系统将先去掉报文的 VLAN Tag，再发送该报文。

注：对于华为交换机，缺省 VLAN 被称为"Pvid Vlan"，对于思科交换机，缺省 VLAN 被称为"Native Vlan"。

6. 划分 VLAN 后，交换机接口出入数据处理过程

划分 VLAN 后，交换机接口出入数据处理过程如下：

(1) Access 端口收报文：收到一个报文，判断是否有 VLAN 信息。如果没有，则打上端口的 VLAN ID，并进行交换转发；如果有，则直接丢弃(缺省)。

(2) Access 端口发报文：将报文的 VLAN 信息剥离，直接发送出去。

(3) Trunk 端口收报文：收到一个报文，判断是否有 VLAN 信息。如果没有，则打上端口的 VLAN ID，并进行交换转发；如果有，则判断该 Trunk 端口是否允许该 VLAN 的数据进入，如果可以则转发，否则丢弃。

（4）Trunk 端口发报文：比较端口的 VLAN ID 和将要发送报文的 VLAN 信息。如果两者相等，则剥离 VLAN 信息，再发送；如果不相等，则直接发送。

5.2   VLAN 实验 1：单交换机 VLAN 划分实验

5.2.1   实验目的

（1）理解虚拟局域网 VLAN 的概念；
（2）掌握交换机划分 VLAN 的配置过程；
（3）验证 VLAN 划分前后的广播域；
（4）验证同一 VLAN 之间的终端能相互通信；
（5）验证不同 VLAN 之间的终端不能相互通信。

5.2.2   实验拓扑

本实验所用的网络拓扑如图 5-2 所示。在交换机上创建 3 个 VLAN：VLAN10、VLAN20 和 VLAN30。其中，PC0 和 PC1 属于 VLAN10，PC2 和 PC3 属于 VLAN20，PC4 和 PC5 属于 VLAN30。

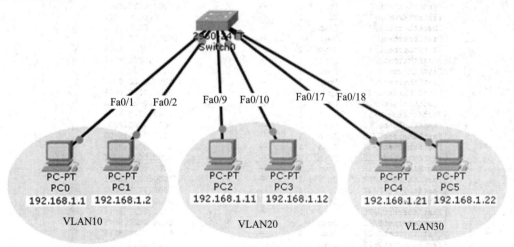

图 5-2   单交换机 VLAN 划分实验拓扑图

5.2.3   实验步骤

（1）实验环境搭建。

① 启动 Packet Tracer 软件，在逻辑工作区根据图 5-2 中的网络拓扑图放置和连接设备。使用设备包括：一台 2960 型交换机，6 台 PC，分别命名为 PC0、PC1、PC2、PC3、PC4 和 PC5，并且用直连线将各设备依次连接起来，各终端 PC 的 IP 地址及连接交换机的端口

情况如表 5-1 所示。

表 5-1 各终端 PC 的 IP 地址及连接交换机的端口情况

主机	IP 地址	子网掩码	交换机端口号
PC0	192.168.1.1	255.255.255.0	FastEthernet0/1
PC1	192.168.1.2	255.255.255.0	FastEthernet0/2
PC2	192.168.1.11	255.255.255.0	FastEthernet0/9
PC3	192.168.1.12	255.255.255.0	FastEthernet0/10
PC4	192.168.1.21	255.255.255.0	FastEthernet0/17
PC5	192.168.1.22	255.255.255.0	FastEthernet0/18

② 根据表 5-1 配置各个 PC 终端的 IP 地址和子网掩码。

(2) 观察未划分 VLAN 时，广播包的广播范围。

在没有划分 VLAN 时，交换机上的所有端口都默认属于同一个 VLAN1(交换机默认的 VLAN)，因此，交换机的所有端口属于同一个广播域。

① 选中右侧工具栏中的 Inspect 工具，移动到交换机 Switch0 上，单击鼠标左键，在弹出的菜单中选择"Port Status Summary Table"选项，可以看到交换机的端口状态信息表，如图 5-3 所示。

```
Port Status Summary Table for Switch0                                    ✕
Port              Link   VLAN   IP Address        MAC Address
FastEthernet0/1   Up     1      --                0000.0C2C.B001
FastEthernet0/2   Up     1      --                0000.0C2C.B002
FastEthernet0/3   Down   1      --                0000.0C2C.B003
FastEthernet0/4   Down   1      --                0000.0C2C.B004
FastEthernet0/5   Down   1      --                0000.0C2C.B005
FastEthernet0/6   Down   1      --                0000.0C2C.B006
FastEthernet0/7   Down   1      --                0000.0C2C.B007
FastEthernet0/8   Down   1      --                0000.0C2C.B008
FastEthernet0/9   Up     1      --                0000.0C2C.B009
FastEthernet0/10  Up     1      --                0000.0C2C.B00A
FastEthernet0/11  Down   1      --                0000.0C2C.B00B
FastEthernet0/12  Down   1      --                0000.0C2C.B00C
FastEthernet0/13  Down   1      --                0000.0C2C.B00D
FastEthernet0/14  Down   1      --                0000.0C2C.B00E
FastEthernet0/15  Down   1      --                0000.0C2C.B00F
FastEthernet0/16  Down   1      --                0000.0C2C.B010
FastEthernet0/17  Up     1      --                0000.0C2C.B011
FastEthernet0/18  Up     1      --                0000.0C2C.B012
FastEthernet0/19  Down   1      --                0000.0C2C.B013
FastEthernet0/20  Down   1      --                0000.0C2C.B014
FastEthernet0/21  Down   1      --                0000.0C2C.B015
FastEthernet0/22  Down   1      --                0000.0C2C.B016
FastEthernet0/23  Down   1      --                0000.0C2C.B017
FastEthernet0/24  Down   1      --                0000.0C2C.B018
GigabitEthernet0/1 Down  1      --                0000.0C2C.B019
GigabitEthernet0/2 Down  1      --                0000.0C2C.B01A
Vlan1             Down   1      <not set>         0002.167D.3C8D
Hostname: Switch
```

图 5-3 划分 VLAN 前交换机的端口状态信息

② 进入模拟工作模式，设置 Edit Filters 只显示 ICMP 类型协议包。

③ 单击 PC0，选择 Desktop 面板中的流量产生器 Traffic Generator，按照图 5-4 进行设置，产生一个广播包。

④ 点击 Capture/Forward 按钮，观察该 ICMP 包从 PC0 发送到 Switch0。

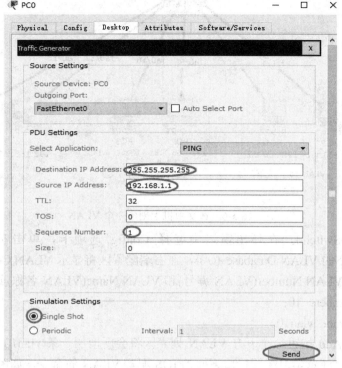

图 5-4　流量产生器产生广播包设置

⑤ 点击 Capture/Forward 按钮，观察数据包被 Switch0 广播给除 PC0 之外的其他所有终端，如图 5-5 所示。

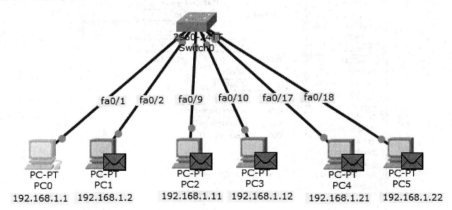

图 5-5　划分 VLAN 前，数据包被 Switch0 广播给除 PC0 之外的其他所有终端

因而验证在未划分 VLAN 时，从 PC0 发出的广播包被交换机广播到其他所有 5 个终端，即划分 VLAN 前广播包在整个交换机组成的网络中进行广播。

(3) 在交换机上创建 VLAN。

在交换机上创建 3 个 VLAN，即 VLAN10、VLAN20 和 VLAN30，使得 PC0 和 PC1 属于 VLAN10，PC2 和 PC3 属于 VLAN20，PC4 和 PC5 属于 VLAN30，如图 5-6 所示。

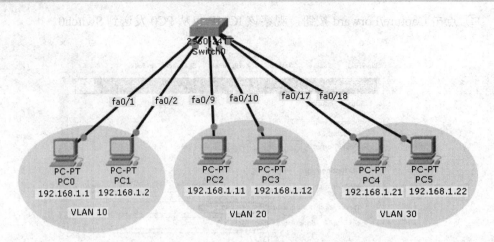

图 5-6　在交换机上创建 3 个 VLAN

① 单击 Switch0，在弹出窗口中选择 Config 选项卡，单击左端配置列表中的 SWITCHING 下的 VLAN Database 按钮，在右端配置区将显示 VLAN Configuration 界面，输入配置参数 VLAN Number(VLAN 编号)和 VLAN Name(VLAN 名称)如下：

VLAN Number：10;

VLAN Name：vlan10。

然后单击 Add 按钮，在下方 VLAN 列表区将会新增加一条 vlan10 的信息，完成一个 VLAN 的创建。注意学习配置窗口下面的 IOS 配置 VLAN 的命令，如图 5-7 所示。

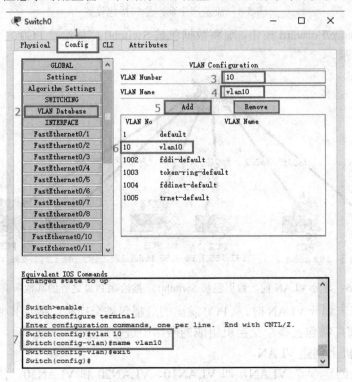

图 5-7　VLAN10 的创建

② 按相同步骤在 Switch0 上再创建 VLAN20 和 VLAN30，如图 5-8 所示。

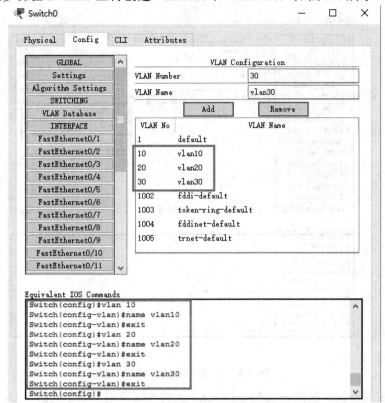

图 5-8　VLAN20 和 VLAN30 的创建

交换机上创建 VLAN 的命令如下：

Switch>enable

Switch#configure terminal

Switch(config)#vlan 10　　　　　　　　//创建编号为 10 的 VLAN

Switch(config-vlan)#name vlan10　　　//指定 VLAN 的名称

Switch(config-vlan)#exit

Switch(config)#vlan 20

Switch(config-vlan)#name vlan20

Switch(config-vlan)#exit

Switch(config)#vlan 30

Switch(config-vlan)#name vlan30

Switch(config-vlan)#end

Switch#show vlan brief　　　　　　　　//查看 VLAN 创建情况

(4) 将端口分配到相应 VLAN 中。

① 在 Switch0 的 Config 选项卡中，单击左端配置列表中 INTERFACE 下的 FastEthernet0/1，在右端配置区中，保持端口模式为 Access 不变，单击右端的下拉按钮，勾选 vlan10，如图 5-9 所示。

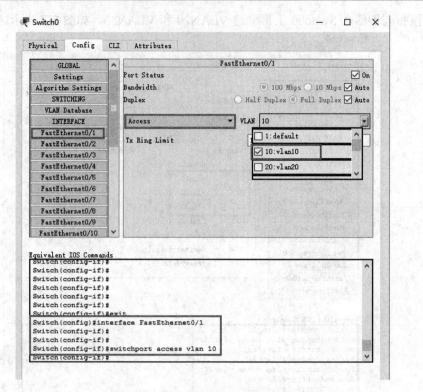

图 5-9 将端口划分到相应 VLAN

② 按相同步骤，根据表 5-2 把 Switch0 上的各端口划分到不同的 VLAN。

表 5-2 端口的 VLAN 划分

设备	端口号	连接主机	所属 VLAN
Switch0	FastEthernet0/1	PC0	10
	FastEthernet0/2	PC1	10
	FastEthernet0/8	PC2	20
	FastEthernet0/9	PC3	20
	FastEthernet0/17	PC4	30
	FastEthernet0/18	PC5	30

相应配置命令行如下：

Switch#configure terminal

Switch(config)#interface FastEthernet0/1

Switch(config-if)#switchport access vlan 10   //将端口划分到 vlan 10，端口链路类型为 Access

Switch(config-if)#exit

Switch(config)#interface FastEthernet0/2

Switch(config-if)#switchport access vlan 10

Switch(config-if)#exit

Switch(config)#interface FastEthernet0/8

Switch(config-if)#switchport access vlan 20

Switch(config-if)#exit

Switch(config)#interface FastEthernet0/9

Switch(config-if)#switchport access vlan 20

Switch(config-if)#exit

Switch(config)#interface FastEthernet0/18

Switch(config-if)#switchport access vlan 30

Switch(config-if)#exit

Switch(config)#interface FastEthernet0/19

Switch(config-if)#switchport access vlan 30

Switch(config-if)#exit

(5) 查看 VLAN 信息。

在交换机 Switch0 的命令窗口 CLI，输入命令 "show vlan brief" 查看 VLAN 配置信息，如图 5-10 所示。可以看出，VLAN ID、名称及接口配置都是正确的。

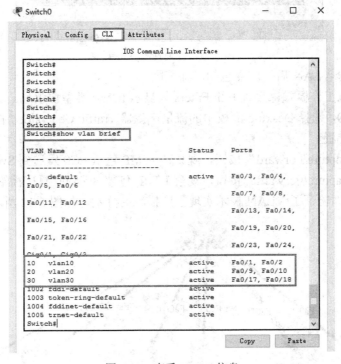

图 5-10　查看 VLAN 信息

(6) 连通性测试。

① 在 PC0 的命令行窗口，输入 ping 192.168.1.11，测试 PC0 和 PC2 的连通性，结果为 timeout，因为二者不在同一个 VLAN。

② 在 PC0 的命令行窗口，输入 ping 192.168.1.2，测试 PC0 和 PC1 的连通性，返回结果，因为二者在同一个 VLAN。

因而验证了划分 VLAN 后，不同 VLAN 间的主机之间不能直接通信，同一 VLAN 内的主机可以相互直接通信。测试结果如图 5-11 所示。

图 5-11 连通性测试结果

(7) 观察划分 VLAN 后，广播包的广播范围。

① 进入模拟工作模式，设置 Edit Filters 只显示 ICMP 类型协议包。

② 单击 PC0，选择 Desktop 面板中的流量产生器 Traffic Generator，按照图 5-4 进行设置，产生一个广播包。

③ 点击 "Capture/Forward" 按钮，观察该 ICMP 包从 PC0 发送到 Switch0。

④ 点击 "Capture/Forward" 按钮，观察 ICMP 包被 Switch0 只广播给了和它在同一个 VLAN 的 PC1，即验证了 VLAN 技术实现了广播域的分割，如图 5-12 所示。

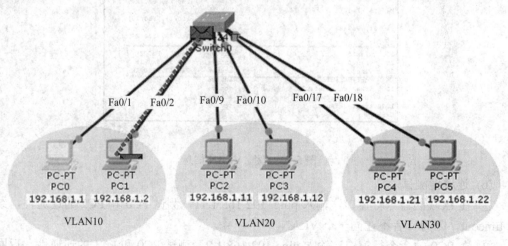

图 5-12 验证 VLAN 技术实现了广播域的分割

⑤ 查看交换机的 MAC 地址表，每一条记录都有对应的 VLAN 标识符，如图 5-13 所

示，表明交换机为不同的 VLAN 建立独立的 MAC 地址表。

VLAN	Mac Address	Port
10	0003.E40B.D60E	FastEthernet0/2
10	0060.2F34.4ACA	FastEthernet0/1
20	0007.ECD8.A4C9	FastEthernet0/10
20	0090.2B0B.891E	FastEthernet0/9
30	0001.421B.D4E4	FastEthernet0/17
30	0002.16A6.85BA	FastEthernet0/18

MAC Table for Switch0

图 5-13　交换机的 MAC 地址表

5.3　VLAN 实验 2：两台交换机 VLAN 划分实验

5.3.1　实验目的

(1) 进一步理解虚拟局域网 VLAN 的概念；
(2) 掌握基于交换机端口划分 VLAN 的配置方法；
(3) 进一步理解和学习 IEEE 802.1Q 帧格式。

5.3.2　实验拓扑

本实验所用的网络拓扑如图 5-14 所示。在交换机 Switch1 和 Switch2 上分别创建 2 个 VLAN。VLAN2 和 VLAN3。其中，PC0、PC1 和 PC3 属于 VLAN2，PC2、PC4 和 PC5 属于 VLAN3。

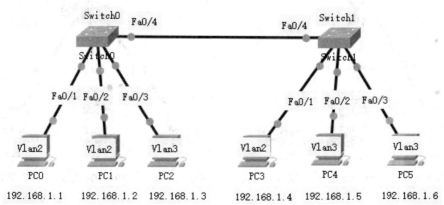

图 5-14　两台交换机 VLAN 划分实验拓扑图

5.3.3 实验步骤

(1) 实验环境搭建。

① 启动 Packet Tracer 软件,在逻辑工作区根据图 5-2 中的网络拓扑图放置和连接设备。使用设备包括:两台 2960 型交换机, 6 台 PC 机,分别命名为 PC0、PC1、PC2、PC3、PC4 和 PC5,并且用直连线将各设备依次连接起来,各终端 PC 连接交换机的端口情况如表 5-3 所示,两台交换机直接进行连接的端口都为 Fa0/4。

② 根据表 5-3 配置各个 PC 终端的 IP 地址和子网掩码。

表 5-3　各终端 PC IP 地址及连接交换机的端口情况

主机	IP 地址	子网掩码	所连交换机端口号
PC0	192.168.1.1	255.255.255.0	Switch0:FastEthernet0/1
PC1	192.168.1.2	255.255.255.0	Switch0:FastEthernet0/2
PC2	192.168.1.3	255.255.255.0	Switch0:FastEthernet0/3
PC3	192.168.1.4	255.255.255.0	Switch1:FastEthernet0/10
PC4	192.168.1.5	255.255.255.0	Switch1:FastEthernet0/17
PC5	192.168.1.6	255.255.255.0	Switch1:FastEthernet0/18

(2) 观察未划分 VLAN 时,广播包的广播范围。

① 进入模拟工作模式,设置 Edit Filters 只显示 ICMP 类型协议包。

② 单击 PC0,选择 Desktop 面板中的流量产生器 Traffic Generator,按照图 5-4 进行设置,产生一个广播包。

③ 单击"Capture/Forward"按钮,观察该 ICMP 包从 PC0 发送到 Switch0。

④ 单击"Capture/Forward"按钮,观察 ICMP 包被 Switch0 广播给 PC1、PC2 和 Switch1,如图 5-15 所示。

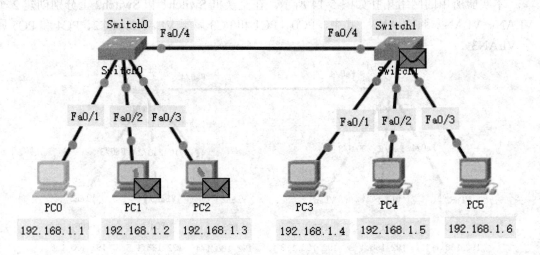

图 5-15　ICMP 包被 Switch0 广播给 PC1、PC2 和 Switch1

⑤ 单击 "Capture/Forward" 按钮,观察 ICMP 包被 Switch1 广播给 PC3、PC4 和 PC5,如图 5-16 所示。从而验证在未划分 VLAN 时,从 PC0 发出的广播包被交换机广播到其他所有 5 个终端,即划分 VLAN 前广播包在所有交换机组成的网络中进行广播。

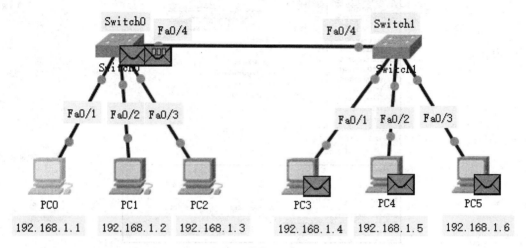

图 5-16　ICMP 包被 Switch1 广播给 PC3、PC4 和 PC5

(3) 创建 VLAN。

分别在两台交换机上都创建 2 个 VLAN,即 VLAN2 和 VLAN3,使得 PC0、PC1 和 PC3 属于 VLAN2,PC2、PC4 和 PC5 属于 VLAN3。VLAN 划分情况如图 5-17 所示。

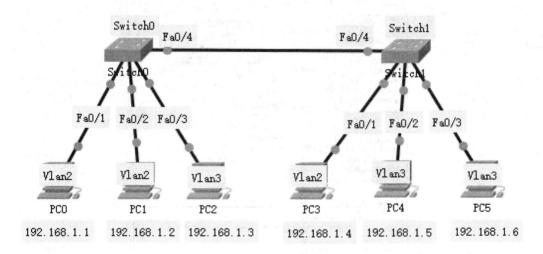

图 5-17　VLAN 划分情况

① 单击 Switch0,选择 Config 选项卡,点击左端配置列表中的 SWITCHING 下的 VLAN Database 按钮,在右端配置区将显示 VLAN Configuration 界面,输入配置参数如下:

VLAN Number:2。

VLAN Name:vlan2。

然后单击 Add 按钮,在下方 VLAN 列表区将会新增加一条 VLAN2 的信息,如图 5-18 所示。

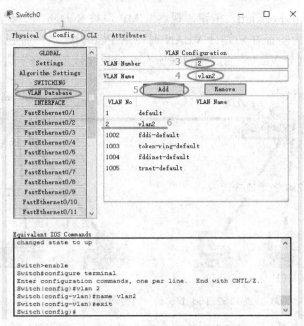

图 5-18　增加 VLAN2

② 在 Switch0 上再创建 VLAN3，并注意学习配置窗口下面的 IOS 配置 VLAN 的命令，如图 5-19 所示。

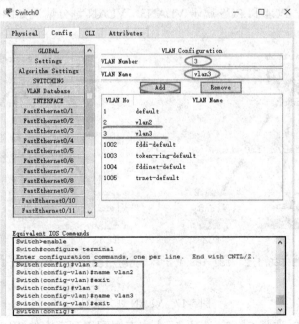

图 5-19　增加 VLAN3

③ 按相同步骤在 Switch1 上，创建 VLAN2 和 VLAN3。

(4) 设置 Switch0 和 Switch1 之间的中继端口连接。

中继是交换机之间的连接模式，它允许交换机交换所有 VLAN 的信息。默认情况下，中继端口属于所有 VLAN，中继端口配置为 Trunk 模式。

① 在 Switch0 的 Config 选项卡中，单击左端配置列表中 INTERFACE 下的 FastEthernet0/4(该端口是 Switch0 连接 Switch1 的端口)，在右端配置区中，单击左端的下拉按钮，选择 Trunk，将该端口设置为 Trunk 模式，如图 5-20 所示。注意学习下方的端口 Trunk 模式配置命令。

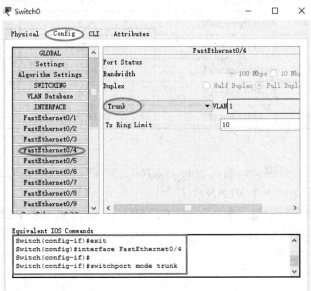

图 5-20 中继端口配置为 Trunk 模式

② 按相同步骤把 Switch1 上的 FastEthernet0/4 端口也设置为 Trunk 模式。

(5) 将端口划分到相应 VLAN 中。

① 在 Switch0 的 Config 选项卡中，单击左端配置列表中 INTERFACE 下的 FastEthernet0/1(该端口接主机 PC0)，在右端配置区中，保持端口模式为 Access 不变，单击右端的下拉按钮，勾选 vlan2，如图 5-21 所示。

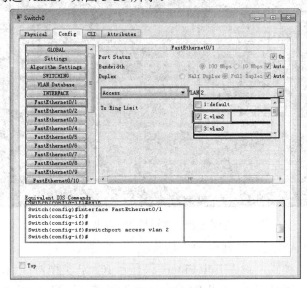

图 5-21 将端口划分到相应 VLAN 中

② 按相同步骤，根据表 5-4 把 Switch0 和 Switch1 上的各端口划分到不同的 VALN。

表 5-4　端口的 VLAN 划分

设备	端口号	连接主机	所属 VLAN
Switch0	FastEthernet0/1	PC0	2
	FastEthernet0/2	PC1	2
	FastEthernet0/3	PC2	3
Switch1	FastEthernet0/1	PC3	2
	FastEthernet0/2	PC4	3
	FastEthernet0/3	PC5	3

(6) 连通性测试。

① 在 PC0 的命令行窗口，输入 ping 192.168.1.3，测试 PC0 和 PC2 的连通性，结果为 timeout，因为二者不在同一个 VLAN。

② 在 PC0 的命令行窗口，输入 ping 192.168.1.4，测试 PC0 和 PC3 的连通性，返回结果，因为二者在同一个 VLAN。

测试结果如图 5-22 所示。

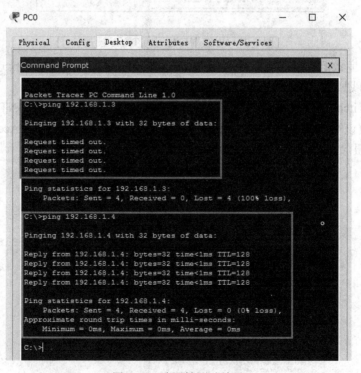

图 5-22　连通性测试结果

(7) 观察划分 VLAN 后，广播包的广播范围。

① 进入模拟工作模式，设置 Edit Filters 只显示 ICMP 类型协议包。

② 单击 PC0，选择 Desktop 面板中的流量产生器 Traffic Generator，按照图 5-4 进行设

置，产生一个广播包。

③ 点击"Capture/Forward"按钮，观察该 ICMP 包从 PC0 发送到 Switch0。

④ 点击"Capture/Forward"按钮，观察 ICMP 包被 Switch0 广播给 PC1 和 Switch1，如图 5-23 所示。

⑤ 点击"Capture/Forward"按钮，观察数据包被 Switch1 广播给 PC3。

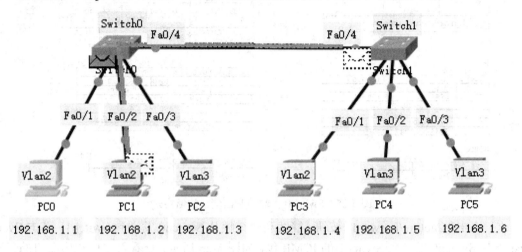

图 5-23　ICMP 包被 Switch0 广播给 PC1 和 Switch1

可以看出，从 PC0 发出的广播包只被广播给了和它在同一个 VLAN 的 PC1 和 PC3，从而验证了 VLAN 对广播域的隔离。

(8) 观察了解 802.1Q 协议帧格式。

① 进入模拟工作模式，设置 Edit Filters 只显示 ICMP 类型协议包。

② 单击 PC0，选择 Desktop 面板中的命令行窗口 Command Prompt，输入 ping 192.168.1.4。

③ 点击"Capture/Forward"按钮，观察该 ICMP 包从 PC0 发送到 Switch0。

④ 点击 Event List 下的从 PC0 发送到 Switch0 的 ICMP 包，如图 5-24 所示，查看入端口和出端口的包格式，如图 5-25 所示。

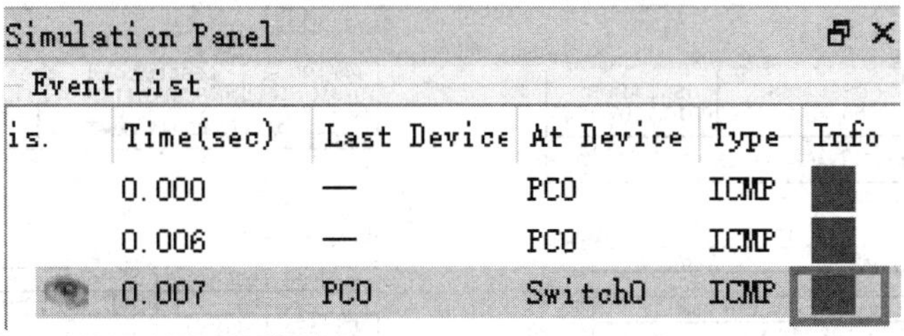

图 5-24　Event List 下从 PC0 发送到 Switch0 的 ICMP 包

在 Inbound PDU Details 下，可以看到进入交换机 Switch0 的 MAC 帧是标准的以太网帧；在 Outbound PDU Details 下，可以看到出交换机 Switch0 的是 802.1Q 帧；交换机 Switch0 给需要转发的帧添加了 4 字节的 VLAN 标签(Tag)。图 5-25 中 TPID = 0x8100，TCI = 0x2，

说明 VLAN ID = 2，表明这是一个属于 VLAN2 的帧。

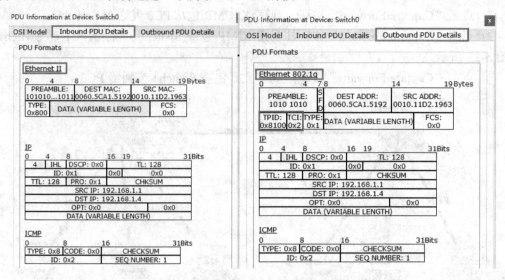

图 5-25 Switch0 入端口和出端口的帧格式

⑤ 点击"Capture/Forward"按钮，继续观察该帧从 Switch0 发送到 Switch1，点击 Event List 下从 Switch0 发送到 Switch1 的 ICMP 包，如图 5-26 所示，查看入端口和出端口的包格式，如图 5-27 所示。

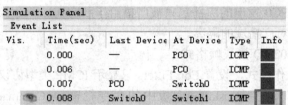

图 5-26 Event list 下从 Switch0 发送到 Switch1 的 ICMP 包

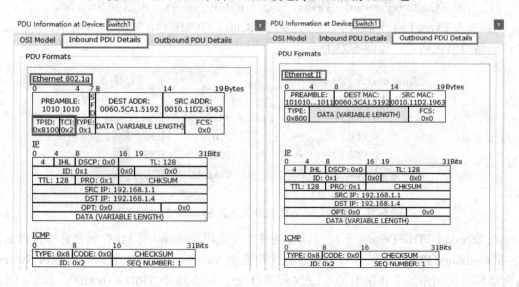

图 5-27 Switch1 入端口和出端口的帧格式

可以看到，在 Inbound PDU Details 下，进入交换机 Switch1 的 MAC 帧是 802.1Q 帧，在 Outbound PDU Details 下，出交换机 Switch1 的 MAC 帧是标准的以太网帧。Switch1 在把该帧发给 PC3 时去掉了添加的 VLAN Tag，恢复成标准的以太网帧格式，使得终端 PC 能够处理该帧。

5.3.4　交换机的命令行接口配置过程

1．Switch1 命令行接口配置过程

```
Switch>enable
Switch#configure terminal
Switch(config)#vlan 2
Switch(config-vlan)#exit
Switch(config)#vlan 3
Switch(config-vlan)#exit
Switch(config)#interface fastethernet 0/1
Switch(config-if)#switch access vlan 2
Switch(config-if)#exit
Switch(config)# interface fastethernet 0/2
Switch(config-if)#switch access vlan 2
Switch(config-if)#exit
Switch(config)# interface fastethernet 0/3
Switch(config-if)#switch access vlan 3
Switch(config-if)#exit
Switch(config)# interface fastethernet 0/4
Switch(config-if)#switch mode trunk
Switch(config-if)#end
Switch#show vlan
```

2．Switch2 命令行接口配置过程

```
Switch>enable
Switch# configure terminal
Switch(config)#vlan 2
Switch(config-vlan)#exit
Switch(config)#vlan 3
Switch(config-vlan)#exit
Switch(config)# interface fastethernet 0/1
Switch(config-if)#switch access vlan 2
Switch(config-if)#exit
```

```
Switch(config)# interface fastethernet 0/2
Switch(config-if)#switch access vlan 3
Switch(config-if)#exit
Switch(config)# interface fastethernet 0/3
Switch(config-if)#switch access vlan 3
Switch(config-if)#exit
Switch(config)# interface fastethernet 0/4
Switch(config-if)#switch mode trunk
Switch(config-if)#end
Switch#show vlan
```

5.4　VLAN 实验 3：用三层交换机实现 VLAN 间通信

5.4.1　实验目的

(1) 理解三层交换机的基本原理；
(2) 掌握三层交换机物理端口开启路由功能的配置方法；
(3) 掌握三层交换机的基本配置方法；
(4) 掌握三层交换机 VLAN 路由的配置方法；
(5) 通过三层交换机实现 VLAN 间相互通信。

5.4.2　技术原理

　　三层交换机具备网络层的功能，实现 VLAN 相互访问的原理是：利用三层交换机的路由功能，通过识别数据包的 IP 地址，查找路由表进行选路转发。三层交换机利用直连路由可以实现不同 VLAN 之间的相互访问。三层交换机给接口配置 IP 地址，采用 SVI(交换虚拟接口)的方式实现 VLAN 间互连。SVI 是指为交换机中的 VLAN 创建虚拟接口，并且配置 IP 地址，该 IP 地址成为连接 VLAN 的终端的默认网关地址。

5.4.3　实验拓扑

　　本实验所用的实验拓扑图如图 5-28 所示。实验背景：假设某企业有三个主要部门，即技术部、销售部和经理部，分处于不同的办公室，为了安全和便于管理，对三个部门的主机进行了 VLAN 的划分，技术部、销售部和经理部分处于不同的 VLAN。现由于业务的需求，需要技术部、销售部和经理部的主机能够相互访问，获得相应的资源，三个部门的交换机通过一台三层交换机进行了连接。

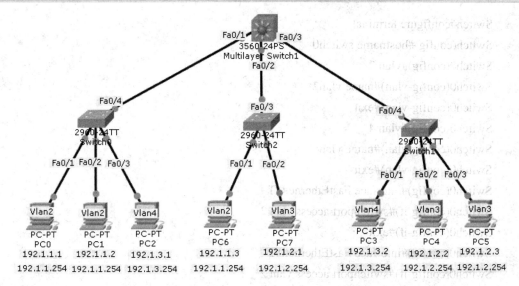

图 5-28　用三层交换机实现 VLAN 间通信实验拓扑图

5.4.4　实验步骤

(1) 实验环境搭建。

① 启动 Packet Tracer 软件，在逻辑工作区根据图 5-28 中的实验拓扑图放置和连接设备。使用设备包括：1 台 3560 三层交换机，3 台 2960 型交换机，8 台 PC 机，分别命名为 PC0、PC1、PC2、PC3、PC4、PC5、PC6 和 PC7，并且用直连线将各设备依次连接起来。

② 根据表 5-5 配置各个 PC 终端的 IP 地址和子网掩码。

表 5-5　IP 地址配置表

设备	IP 地址	默认网关	所连交换机端口	所属 VLAN
PC0	192.1.1.1	192.1.1.254	Switch0：FastEthernet0/1	VLAN 2
PC1	192.1.1.2	192.1.1.254	Switch0：FastEthernet0/2	VLAN 2
PC2	192.1.3.1	192.1.3.254	Switch0：FastEthernet0/3	VLAN 4
PC3	192.1.3.2	192.1.3.254	Switch1：FastEthernet0/1	VLAN 4
PC4	192.1.2.2	192.1.2.254	Switch1：FastEthernet0/2	VLAN 3
PC5	192.1.2.3	192.1.2.254	Switch1：FastEthernet0/3	VLAN 3
PC6	192.1.1.3	192.1.1.254	Switch2：FastEthernet0/1	VLAN 2
PC7	192.1.2.1	192.1.2.254	Switch2：FastEthernet0/2	VLAN 3

(2) 在二层交换机上配置好 VLAN。

① 在 Switch0 上配置 VLAN2 和 VLAN4，分别将端口 FastEthernet0/1 和 FastEthernet0/2 划分给 VLAN2，将端口 FastEthernet0/3 划分给 VLAN4。配置命令行如下：

Switch>enable

```
Switch#configure terminal
Switch(config)#hostname switch0
Switch0(config)#vlan 2
Switch0(config-vlan)#name vlan2
Switch0(config-vlan)#exit
Switch0(config)#vlan 4
Switch0(config-vlan)#name vlan4
Switch0(config-vlan)#exit
Switch0(config)#interface FastEthernet0/1
Switch0(config-if)#switchport access vlan 2
Switch0(config-if)#exit
Switch0(config)#interface FastEthernet0/2
Switch0(config-if)#switchport access vlan 2
Switch0(config-if)#exit
Switch0(config)#interface FastEthernet0/3
Switch0(config-if)#switchport access vlan 4
Switch0(config-if)#exit
```

② Switch1 上配置 VLAN3 和 VLAN4，分别将端口 FastEthernet0/2 和 FastEthernet0/3 划分给 VLAN3，将端口 FastEthernet0/1 划分给 VLAN4。配置命令行如下：

```
Switch>enable
Switch#configure terminal
Switch(config)#hostname switch1
Switch1(config)#vlan 3
Switch1(config-vlan)#name vlan3
Switch1(config-vlan)#exit
Switch1(config)#vlan 4
Switch1(config-vlan)#name vlan4
Switch1(config-vlan)#exit
Switch1(config)#interface FastEthernet0/1
Switch1(config-if)#switchport access vlan 4
Switch1(config-if)#exit
Switch1(config)#interface FastEthernet0/2
Switch1(config-if)#switchport access vlan 3
Switch1(config-if)#exit
Switch1(config)#interface FastEthernet0/3
Switch1(config-if)#switchport access vlan 3
Switch1(config-if)#exit
```

③ Switch2 上配置 VLAN2 和 VLAN3，分别将端口 FastEthernet0/1 划分给 VLAN2，将端口 FastEthernet0/2 划分给 VLAN3。配置命令行如下：

Switch>enable

Switch#configure terminal

Switch(config)#hostname switch2

Switch2(config)#vlan 2

Switch2(config-vlan)#name vlan2

Switch2(config-vlan)#exit

Switch2(config)#vlan 3

Switch2(config-vlan)#name vlan3

Switch2(config-vlan)#exit

Switch2(config)#interface FastEthernet0/1

Switch2(config-if)#switchport access vlan 2

Switch2(config-if)#exit

Switch2(config)#interface FastEthernet0/2

Switch2(config-if)#switchport access vlan 3

Switch2(config-if)#exit

(3) 将二层交换机与三层交换机相连的端口都配置为 Trunk(即 Tag Vlan)模式。

① 将交换机 Switch0 与三层交换机相连的端口 FastEthernet0/4 配置为 Trunk 模式，并允许 vlan2 和 vlan4 的数据包通过。配置命令行如下：

Switch0(config)#interface FastEthernet0/4

Switch0(config-if)#switchport mode trunk

Switch0(config-if)#switchport trunk allowed vlan 2,4

② 将交换机 Switch1 与三层交换机相连的端口 FastEthernet0/4 配置为 Trunk 模式，并允许 vlan3 和 vlan4 的数据包通过。配置命令行如下：

Switch1(config)#interface FastEthernet0/4

Switch1(config-if)#switchport mode trunk

Switch1(config-if)#switchport trunk allowed vlan 3,4

③ 将交换机 Switch2 与三层交换机相连的端口 FastEthernet0/3 配置为 Trunk 模式，并允许 vlan2 和 vlan3 的数据包通过。配置命令行如下：

Switch2(config)#interface FastEthernet0/3

Switch2(config-if)#switchport mode trunk

Switch2(config-if)#switchport trunk allowed vlan 2,3

(4) 在三层交换机上配置 VLAN2、VLAN3 和 VLAN4。

三层交换机上配置 VLAN 的命令如下：

Switch>enable

Switch#configure terminal

Switch(config)#hostname Multi-Switch

Multi-Switch (config)#vlan 2　　//新建 vlan2

Multi-Switch (config-vlan)#name vlan2

Multi-Switch (config)#vlan 3　　//新建 vlan 3

Multi-Switch (config-vlan)#name vlan3

Multi-Switch (config)#vlan 4   //新建 vlan4

Multi-Switch (config-vlan)#name vlan4

Multi-Switch (config-vlan)#exit

完成后，验证二层交换机 Switch0 中 VLAN2、VLAN3 下的主机之间还不能相互通信，需要在三层交换机上做进一步配置，并开启路由功能。

(5) 将三层交换机与二层交换机相连的端口都定义为 Trunk 模式。

将三层交换机与二层交换机相连的端口都定义为 Trunk 模式的命令如下：

Multi-Switch (config)# interface FastEthernet0/1   //进入交换机的端口 FastEthernet0/1

Multi-Switch (config-if)#switchport trunk encapsulation dot1q   //给接口的 trunk 封装为

//802.1Q 的帧格式

Multi-Switch (config-if)#switchport mode trunk   //定义这个接口的工作模式为 trunk

Multi-Switch (config)#interface FastEthernet0/2

Multi-Switch (config-if)#switchport trunk encapsulation dot1q

Multi-Switch (config-if)#switchport mode trunk

Multi-Switch (config-if)#exit

Multi-Switch (config)#interface FastEthernet0/3

Multi-Switch (config-if)#switchport trunk encapsulation dot1q

Multi-Switch (config-if)#switchport mode trunk

(6) 设置三层交换机 VLAN 间的通信，创建 VLAN2、VLAN3 和 VLAN4 的虚接口，并配置虚接口 VLAN2、VLAN3 和 VLAN4 的 IP 地址，开启路由功能。

配置命令如下：

Multi-Switch# configure terminal

Multi-Switch(config)#interface vlan2   //进入 vlan2 虚拟接口

Multi-Switch(config-if)#ip address 192.1.1.254 255.255.255.0   //配置虚拟接口 IP 地址

Multi-Switch(config-if)#exit

Multi-Switch(config)#interface vlan3   //进入 vlan3 虚拟接口

Multi-Switch(config-if)#ip address 192.1.2.254 255.255.255.0   //配置虚拟接口 IP 地址

Multi-Switch(config-if)#exit

Multi-Switch(config)#interface vlan4   //进入 vlan4 虚拟接口

Multi-Switch(config-if)#ip address 192.1.3.254 255.255.255.0   //配置虚拟接口 IP 地址

Multi-Switch(config-if)#exit

Multi-Switch(config)#ip routing   //开启路由功能

Multi-Switch(config)#

(7) 查看三层交换机的路由表。

使用工具条上的 Inspect 工具查看三层交换机的路由表，如图 5-29 所示。

三层交换机将 VLAN 作为一种接口对待，就像路由器上的接口一样。

也可以使用命令行方式查看三层交换机的路由表，命令如下：

Multi-Switch#show ip route

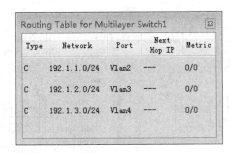

图 5-29　三层交换机的路由表

(8) 将二层交换机 VLAN2、VLAN3 和 VLAN4 下的主机默认网关分别设置为相应虚拟接口的 IP 地址。

(9) 验证二层交换机 VLAN2、VLAN3 和 VLAN4 下的主机之间通过三层交换机可以相互通信。

使用 ping 命令测试 VLAN2 下的主机 PC0 可以和 VLAN3 下的主机 PC4(192.1.2.2)以及 VLAN4 下的主机 PC3(192.1.3.2)相互通信，结果如图 5-30 所示。

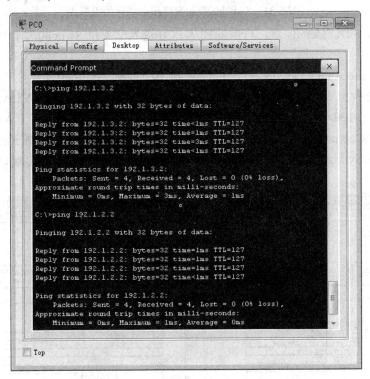

图 5-30　VLAN 间主机通信测试结果

(10) 查看数据包在不同 VLAN 间传输时的封包变化。

① 进入模拟工作模式，设置 Edit Filters 只显示 ICMP 类型协议包。

② 单击 PC0，选择 Desktop 面板中的命令行窗口 Command Prompt，输入 ping 192.1.2.2。

③ 点击"Capture/Forward"按钮，观察该 ICMP 包从 PC0 发送到 Switch0。

④ 点击 Event List 下从 PC 发送到 Switch0 的 ICMP 包，查看入端口和出端口的包格式，

如图 5-31 所示。

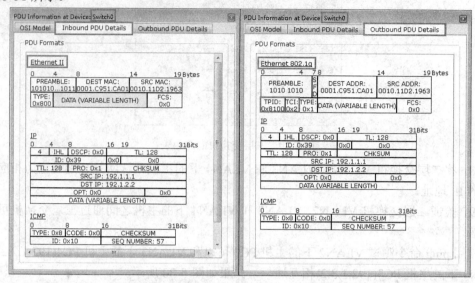

图 5-31　Switch0 的入端口和出端口的包格式

在 Inbound PDU Details 下，可以看到从 PC0 进入交换机 Switch0 端口的 MAC 帧是标准的以太网帧。

在 Outbound PDU Details 下，可以看到出交换机 Switch0，发往三层交换机的是 802.1Q 帧。交换机 Switch0 给需要转发的以太网帧添加了 4 字节的 VLAN 标签(Tag)。图中 TPID = 0x8100，TCI = 0x2，说明 VLAN ID = 2，表明这是一个属于 VLAN2 的帧。

⑤ 点击"Capture/Forward"按钮，继续观察该帧从 Switch0 发送到三层交换机，点击 Event List 下从 Switch0 发送到三层交换机的 ICMP 包，查看入端口和出端口的帧格式，如图 5-32 所示。

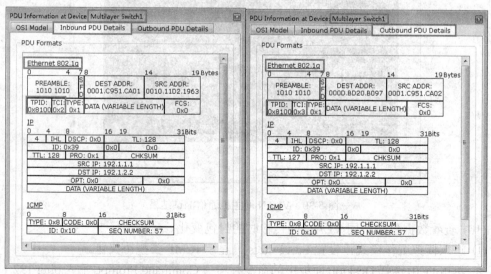

图 5-32　三层交换机的入端口和出端口的帧格式

可以看到，在 Outbound PDU Details 下，出交换机的 802.1Q 帧的 TCI = 0x3，说明 VLAN

ID = 3，表明这是一个属于 VLAN3 的帧。

⑥ 点击"Capture/Forward"按钮，继续观察该帧从三层交换机发送到 Switch1，点击 Event List 下从 Switch1 发送到终端的 ICMP 包，查看入端口和出端口的帧格式。可以看到，在 Inbound PDU Details 下，进入交换机的是 802.1Q 帧，在 Outbound PDU Details 下，出交换机 Switch1 的 MAC 帧是标准的以太网帧，Switch1 在把该帧发给 PC3 时去掉了添加的 4 字节的 VLAN 标签(Tag)，恢复成标准的以太网帧格式，使得终端 PC 能够处理该帧。

5.5　VLAN 实验 4：用单臂路由器实现 VLAN 间通信

5.5.1　实验目的

(1) 掌握用单个路由器物理接口实现 VLAN 互联的机制；
(2) 掌握单臂路由器的配置方法；
(3) 学习通过单臂路由器实现不同 VLAN 之间互相通信；
(4) 验证 VLAN 间 IP 分组的传输过程及包结构变化。

5.5.2　技术原理

路由器属于网络层设备，能够根据 IP 包头的信息，选择一条最佳路径，将数据包转发出去，实现不同网段的主机之间的互相访问。路由器是根据路由表进行选路和转发的，而路由表里就是由一条条路由信息组成的。

由于路由器的物理接口数量是有限的，因此它并不能满足每个 VLAN 占用一个物理接口来实现路由的要求。"单臂路由器"是通过将物理接口虚拟成多个子接口在网络中的多个 VLAN 之间发送流量的路由器配置，每个子接口配置有自己的 IP 地址、子网掩码和唯一的 VLAN 分配，使单个物理接口可同属于多个逻辑网络。

在使用单臂路由器模式配置 VLAN 间路由时，路由器的物理接口必须与相邻交换机的中继链路相连接。子接口针对网络上唯一的 VLAN/子网创建，每个子接口都分配有所属子网的 IP 地址，并对与其交互的 VLAN 帧添加 VLAN 标记。这样，路由器可以在流量通过中继链路返回交换机时区分不同子接口的流量。

如图 5-33 所示，对于路由器物理接口 FastEthernet0/0，需要划分为多个逻辑接口，每个逻辑接口连接一个 VLAN，路由器物理接口 FastEthernet0/0 与交换机端口 FastEthernet0/5 之间传输的 MAC 帧必须携带 VLAN ID，路由器和交换机通过 VLAN ID 确定该 MAC 帧对应的逻辑接口和该 MAC 帧所属的 VLAN。

每个逻辑接口需要分配 IP 地址和子网掩码，为每个逻辑接口分配的 IP 地址和子网掩码确定了该逻辑接口连接的 VLAN 的网络地址，该逻辑接口的 IP 地址成为连接 VLAN 的终端的默认网关地址。为所有逻辑接口分配 IP 地址和子网掩码后，路由器自动生成路由表。

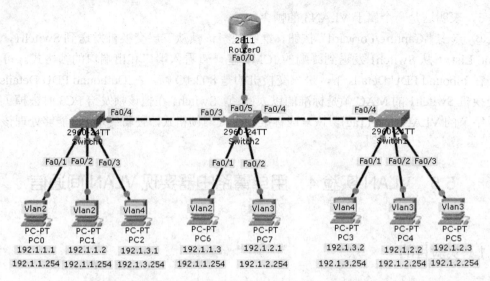

图 5-33   用单臂路由器实现 VLAN 间通信实验拓扑图

在图 5-33 所示的实例中，路由器物理接口 Fa0/0 需要划分为 3 个逻辑子接口：FastEthernet0/0.1、FastEthernet0/0.2 和 FastEthernet0/0.3，分别对应 VLAN2、VLAN3 和 VLAN4。为每个逻辑子接口分配 IP 的地址和子网掩码确定了对应 VLAN 的网络地址，同时，连接在某个 VLAN 的终端以路由器连接该 VLAN 的逻辑接口的 IP 地址作为默认网关地址。

当交换机设置两个 VLAN 时，逻辑上已经成为两个网络，广播被隔离了。两个 VLAN 的网络要通信，必须通过路由器，如果接入路由器的一个物理端口，则必须有两个子接口分别与两个 VLAN 对应，同时还要求与路由器相连的交换机的端口要设置为 Trunk 模式，因为这个接口要通过两个 VLAN 的数据包。

5.5.3   实验拓扑

本实验所用的实验拓扑如图 5-33 所示，通过一个单臂路由实现不同 VLAN 间的相互通信。

5.5.4   实验步骤

(1) 实验环境搭建。

① 启动 Packet Tracer 软件，在逻辑工作区根据图 5-33 中的实验拓扑图放置和连接设备。使用设备包括：1 台 2811 路由器，3 台 2960 型交换，8 台 PC 机，分别命名为 PC0、PC1、PC2、PC3、PC4、PC5、PC6 和 PC7，并且用直连线/交叉线将各设备依次连接起来。

② 根据表 5-5 配置各个 PC 终端的 IP 地址和子网掩码。

(2) 在二层交换机上配置好 VLAN。

分别在交换机 Switch0、Switch1 和 Switch2 上完成 VLAN 的创建、相应端口的分配和端口模式的配置。

① Switch0 上配置 VLAN2 和 VLAN4，分别将端口 FastEthernet0/1 和 FastEthernet0/2 划分给 VLAN2，将端口 FastEthernet0/3 划分给 VLAN4，将端口 FastEthernet0/4 设置为 Trunk 模式。配置命令行如下：

```
Switch>enable
Switch#configure terminal
Switch(config)#hostname switch0
Switch0(config)#vlan 2
Switch0(config-vlan)#name vlan2
Switch0(config-vlan)#exit
Switch0(config)#vlan 4
Switch0(config-vlan)#name vlan4
Switch0(config-vlan)#exit
Switch0(config)#interface FastEthernet0/1
Switch0(config-if)#switchport access vlan 2
Switch0(config-if)#exit
Switch0(config)#interface FastEthernet0/2
Switch0(config-if)#switchport access vlan 2
Switch0(config-if)#exit
Switch0(config)#interface FastEthernet0/3
Switch0(config-if)#switchport access vlan 4
Switch0(config-if)#exit
Switch0(config)#interface FastEthernet0/4
Switch0(config-if)#switchport mode trunk
Switch0(config-if)#switchport trunk allowed vlan 2,4
```

② Switch1 上配置 VLAN3 和 VLAN4，分别将端口 FastEthernet0/2 和 FastEthernet0/3 划分给 VLAN3，将端口 FastEthernet0/1 划分给 VLAN4，将端口 FastEthernet0/4 设置为 Trunk 模式。配置命令行如下：

```
Switch>enable
Switch#configure terminal
Switch(config)#hostname switch1
Switch1(config)#vlan 3
Switch1(config-vlan)#name vlan3
Switch1(config-vlan)#exit
Switch1(config)#vlan 4
Switch1(config-vlan)#name vlan4
Switch1(config-vlan)#exit
Switch1(config)#interface FastEthernet0/1
Switch1(config-if)#switchport access vlan 4
Switch1(config-if)#exit
Switch1(config)#interface FastEthernet0/2
Switch1(config-if)#switchport access vlan 3
Switch1(config-if)#exit
```

```
Switch1(config)#interface FastEthernet0/3
Switch1(config-if)#switchport access vlan 3
Switch1(config-if)#exit
Switch1(config)#interface FastEthernet0/4
Switch1(config-if)#switchport mode trunk
Switch1(config-if)#switchport trunk allowed vlan 3,4
```

③ Switch2 上配置 VLAN2 和 VLAN3，分别将端口 FastEthernet0/1 划分给 VLAN2，将端口 FastEthernet0/2 划分给 VLAN3，将端口 FastEthernet0/3、FastEthernet0/4 和 FastEthernet0/5 设置为 Trunk 模式。配置命令行如下：

```
Switch>enable
Switch#configure terminal
Switch(config)#hostname switch2
Switch2(config)#vlan 2
Switch2(config-vlan)#name vlan2
Switch2(config-vlan)#exit
Switch2(config)#vlan 3
Switch2(config-vlan)#name vlan3
Switch2(config-vlan)#exit
Switch2(config)#vlan 4
Switch2(config-vlan)#name vlan4
Switch2(config-vlan)#exit
Switch2(config)#interface FastEthernet0/1
Switch2(config-if)#switchport access vlan 2
Switch2(config-if)#exit
Switch2(config)#interface FastEthernet0/2
Switch2(config-if)#switchport access vlan 3
Switch2(config-if)#exit
Switch2(config)#interface FastEthernet0/3
Switch2(config-if)#switchport mode trunk
Switch2(config-if)#switchport trunk allowed vlan 2,4
Switch2(config)#interface FastEthernet0/4
Switch2(config-if)#switchport mode trunk
Switch2(config-if)#switchport trunk allowed vlan 3,4
Switch2(config)#interface FastEthernet0/5
Switch2(config-if)#switchport mode trunk
Switch2(config-if)#switchport trunk allowed vlan 2,3,4
```

(3) 配置单臂路由器。

进入路由器的命令行配置方式，在路由器物理接口 FastEthernet0/0 上，定义三个逻辑子接口：FastEthernet0/0.1、FastEthernet0/0.2 和 FastEthernet0/0.3，并将三个逻辑子接口与对应的 MAC 帧 802.1Q 封装格式以及 VLAN 之间进行关联,同时为这三个逻辑子接口分配 IP 地址和子网掩码。配置命令如下:

Router>enable

Router#configure terminal

Router(config)#interface FastEthernet0/0

Router(config-if)#no shutdown

Router(config-if)#exit

Router(config)#interface FastEthernet0/0.1　　//在路由器 FastEthernet0/0 端口上定义第 1 个子接口

Router(config-subif)#encapsulation dot1q 2

　　//封装协议设置为 dot1q,允许通过的 vlan 为 2,即将通过该逻辑子接口输入/输出的 MAC 帧的

　　//封装格式指定为 VLAN ID = 2 的 802.1Q 封装格式,同时建立逻辑子接口 FastEthernet0/0.1

　　//和 VLAN 2 之间的对应关系

Router(config-subif)#ip address 192.1.1.254 255.255.255.0 //子接口配置 IP 地址为 192.1.1.254

Router(config-subif)#exit

Router(config)#interface FastEthernet0/0.2　　//进入路由器 FastEthernet0/0 端口第 2 子接口

Router(config-subif)#encapsulation dot1q 3　　//封装协议设置为 dot1q,允许通过的 vlan 为 3

Router(config-subif)#ip address 192.1.2.254 255.255.255.0　//子接口配置 IP 地址为 192.1.2.254

Router(config-subif)#exit

Router(config)#interface FastEthernet0/0.3　　//进入路由器 FastEthernet0/0 端口第 3 子接口

Router(config-subif)#encapsulation dot1q 4　　//封装协议设置为 dot1q,允许通过的 vlan 为 4

Router(config-subif)#ip address 192.1.3.254 255.255.255.0 //子接口配置 IP 地址为 192.1.3.254

Router(config-subif)#exit

完成逻辑子接口的配置后,路由器 Router0 生成如图 5-34 所示的路由项。

Type	Network	Port	Next Hop IP	Metric
C	192.1.1.0/24	FastEthernet0/0.1	---	0/0
C	192.1.2.0/24	FastEthernet0/0.2	---	0/0
C	192.1.3.0/24	FastEthernet0/0.3	---	0/0

图 5-34　路由器 Router0 的路由项

(4) 配置各终端的默认网关。终端的默认网关就是其所属的 VLAN 所对应的路由器的逻辑子接口的 IP 地址。

(5) 用 ping 命令验证属于不同 VLAN 终端之间的通信过程。

(6) 查看数据包在不同 VLAN 间传输时的封包变化。

① 进入模拟工作模式,设置 Edit Filters 只显示 ICMP 类型协议包。

② 单击 PC0,选择 Desktop 面板中的命令行窗口 Command prompt,输入 ping 192.1.2.2 (PC4)。

③ 点击"Capture/Forward"按钮，观察数据包的传输过程；在 Switch2 至 Router0 这一段，IP 分组封装成以 PC0 的 MAC 地址为源地址，以 Router0 的物理接口 FastEthernet0/0 的 MAC 地址为目的地址，VLAN ID = 2 的 802.1Q 帧，Switch2 至 Route0 的帧格式如图 5-35 所示。在 Router0 至 Switch2 这一段，IP 分组封装成以 Router0 的物理接口 FastEthernet0/0 的 MAC 地址为源地址，以 PC4 的 MAC 地址为目的地址，VLAN ID = 3 的 802.1Q 帧，Router0 至 Switch2 的帧格式如图 5-36 所示。

 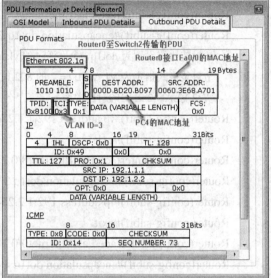

图 5-35　Switch2 至 Router0 的帧格式　　　　图 5-36　Router0 至 Switch2 的帧格式

第6章

基本协议分析实验

6.1　ARP 协议分析实验

6.1.1　技术原理

1．ARP 简介

网络层以上的协议用 IP 地址来标识网络接口,但以太数据帧传输时,以物理地址(MAC 地址)来标识网络接口。因此需要进行 IP 地址与 MAC 地址之间的转换。对于 IPv4 来说, 使用 ARP 协议(Address Resolution Protocol,地址解析协议)来完成 IP 地址与 MAC 地址的 转换(IPv6 使用邻居发现协议进行 IP 地址与 MAC 地址的转换,它包含在 ICMPv6 中)。

ARP 协议位于 TCP 协议栈中的数据链路层。ARP 协议提供了网络层地址(IP 地址)到物 理地址(MAC 地址)之间的动态映射。

2．ARP 协议工作原理

每个主机和路由器的内存都设有一个 ARP 缓存,用于存放其他设备的 IP 地址到 MAC 地址的映射关系。当主机欲向本局域网内的其他主机发送数据包时,首先检查自己的 ARP 列表中是否有对应 IP 地址的目的主机的 MAC 地址,如果有,则直接发送数据;如果没有, 就向本网络的所有主机广播一个 ARP 请求包,该数据包包括的内容有:源主机 IP 地址, 源主机 MAC 地址以及目的主机的 IP 地址等。

当本网络的所有主机收到该 ARP 请求包时,首先检查数据包中的 IP 地址是否是自己 的 IP 地址,如果不是,则忽略该数据包;如果是,则首先从数据包中取出源主机的 IP 地 址和 MAC 地址写入到自己的 ARP 缓存中,然后将自己的 MAC 地址写入 ARP 响应包中, 告诉源主机自己是它想要找的 MAC 地址。

源主机收到 ARP 响应包后,将目的主机的 IP 地址和 MAC 地址写入自己的 ARP 缓存, 并利用此信息发送数据。

如果源主机一直没有收到 ARP 响应数据包,表示 ARP 查询失败。

3．ARP 帧结构

ARP 帧被封装在以太帧中进行传输,其帧结构如图 6-1 所示。

硬件类型	协议类型	硬件地址长度	协议地址长度	操作	发送端 MAC 地址	发送端 IP 地址	目的端 MAC 地址	目的端 IP 地址
2 字节	2 字节	1 字节	1 字节	2 字节	6 字节	4 字节	6 字节	4 字节

图 6-1 ARP 帧结构

(1) 硬件类型：定义物理地址的类型，值为 1 表示以太网 MAC 地址；

(2) 协议类型：表示要映射的协议地址类型，值为 0x800，表示 IP 地址；

(3) 硬件地址长度：表示硬件地址的大小(单位：字节)，如以太网地址为 6；

(4) 协议地址长度：表示协议地址的大小(单位：字节)，如 IPv4 地址大小为 4；

(5) 操作：指出 4 种操作类型：ARP 请求(值为 1)、ARP 应答(值为 2)、RARP 请求(值为 3)和 RARP 应答(值为 4)；

(6) 最后四个字段指定通信双方的 MAC 地址和 IP 地址。发送端填充除目的端 MAC 地址之外的其他三个字段，以构建 ARP 请求并发送(对于 ARP 请求而言，发送端不知道目的 MAC 地址是什么，因此，目的端硬件地址全部填充为 0)。接收端发现该请求的目的端 IP 地址是自己，就把自己的 MAC 地址填进去，然后交换两个目的端地址和两个发送端地址，以构建 ARP 应答并返回之(当然，如前所示，操作字段需要改为 2)。

6.1.2 实验目的

(1) 掌握基本的 ARP 命令；

(2) 理解 ARP 的工作原理；

(3) 验证 ARP 完成地址解析的过程；

(4) 验证 ARP 包结构和数据封装方式；

(5) 验证同一局域网内 ARP 地址解析过程和不同局域网之间 ARP 地址解析过程。

6.1.3 实验拓扑

本实验所用的网络拓扑如图 6-2 所示。

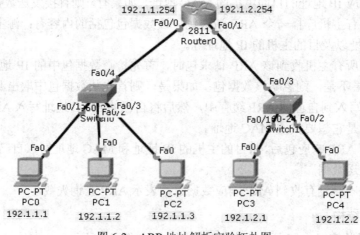

图 6-2 ARP 地址解析实验拓扑图

6.1.4　实验步骤

(1) 实验环境搭建。

① 启动 Packet Tracer 软件,在逻辑工作区根据图 6-2 中的网络拓扑图放置和连接设备。使用设备包括：1 台 2811 型路由器,2 台 2960 型交换机,5 台 PC 机,分别命名为 PC0、PC1、PC2、PC3 和 PC4,并用直连线将各设备依次连接起来,各终端 PC 和路由器接口的 IP 地址情况如表 6-1 所示。

表 6-1　IP 地址配置表

设备	接口	IP地址	子网掩码	默认网关	MAC地址
PC0	FastEthernet0	192.1.1.1	255.255.255.0	192.1.1.254	00E0.F9E8.0784
PC1	FastEthernet0	192.1.1.2	255.255.255.0	192.1.1.254	00E0.8F4C.757D
PC2	FastEthernet0	192.1.1.3	255.255.255.0	192.1.1.254	000D.BD7D.BB16
PC3	FastEthernet0	192.1.2.1	255.255.255.0	192.1.2.254	00E0.B0C1.A303
PC4	FastEthernet0	192.1.2.2	255.255.255.0	192.1.2.254	0030.A3BE.67D1
Router0	FastEthernet0/0	192.1.1.254	255.255.255.0	—	0001.979B.6401
	FastEthernet0/1	192.1.2.254	255.255.255.0	—	0001.979B.6402

② 根据表 6-1 配置各个 PC 终端和路由器接口的 IP 地址,并分别记录各 PC 终端和路由器接口的 MAC 地址。本例中各 PC 终端和路由器接口的 MAC 地址见表 6-1 的最后一列。

查看 PC 终端的 MAC 地址的方法：点击 PC 终端,在 Config 选项卡下可以看到 MAC 地址,如图 6-3 所示。

查看路由器接口 MAC 地址的方法：点击路由器,在 Config 选项卡左侧,点击相应的接口,可以看到该接口的 MAC 地址,如图 6-4 所示。

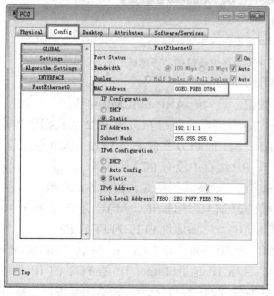

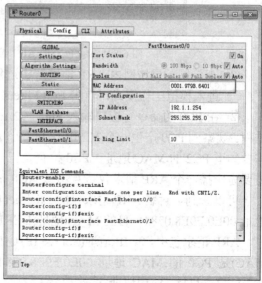

图 6-3　查看 PC 终端的 MAC 地址　　　　图 6-4　查看路由器接口的 MAC 地址

(2) 查看 PC0 的 ARP 缓存和缓存中条目的动态增减。

① 单击 PC0，在 Desktop 中点击 Command Prompt 按钮，进入 PC0 的命令行窗口，在命令提示符下输入 "arp –a"，显示 PC0 的 ARP 缓存的内容，此时为空，这是因为此时还没进行任何地址解析，PC0 的 ARP 缓存中没有 IP 地址与对应的 MAC 地址之间的绑定项。

② 在实时模式下，单击 PC0，在命令行窗口输入 ping 192.1.1.3，并回车。

③ 再次使用 arp –a 命令，可以查看新获取到的 IP 地址与对应的 MAC 地址之间的绑定项。

④ 使用 arp –d 命令，可以清空 PC0 的 ARP 缓存。

⑤ 再次使用 arp –a 命令，验证 ARP 缓存已经清空。

上述 5 步操作过程和结果如图 6-5 所示。

图 6-5　查看 PC0 的 ARP 缓存和缓存中条目的动态增减

(3) 查看同一局域网内 ARP 地址解析过程。

① 进入模拟工作模式，点击 Edit Filters 按钮，只勾选 ARP 和 ICMP 协议。

② 在 PC0 的命令行窗口输入 ping 192.1.1.3，并回车，发起 PC0 至 PC2 的数据包传输过程。观察到 PC0 产生一个 ICMP 包和一个 ARP 包。但 PC0 在向 PC2 传输 ICMP 包之前，需要知道 PC2 的 MAC 地址，PC0 检查自己的 ARP 缓存中没有 PC2 的 MAC 地址，因此，需要先广播一个 ARP 请求包，点击该 ARP 请求包可观察其包格式，如图 6-6 所示。

可以看到，封装 ARP 请求包的 Ethernet 帧的源 MAC 地址(SRC MAC)是 PC0 的 MAC 地址 00E0.F9E8.0784，目的 MAC 地址(DEST MAC)是广播地址 FFFF.FFFF.FFFF。

ARP 请求包中，源 IP 地址(Source IP)是 PC0 的 IP 地址 192.1.1.1，源 MAC 地址(Source MAC)是 PC0 的 MAC 地址 00E0.F9E8.0784。目标 IP 地址(Target IP)是 PC2 的 IP 地址 192.1.1.3，目标 MAC 地址(Target MAC)是全 0 地址 0000.0000.0000，表示需要根据目标 IP 地址解析出目标 MAC 地址。

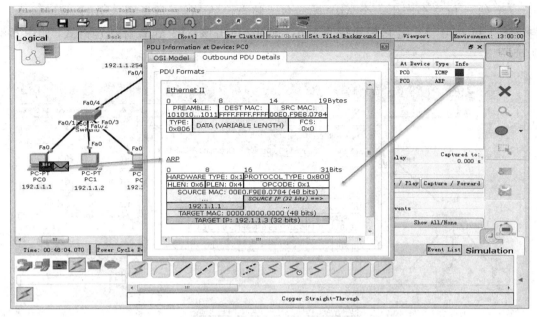

图 6-6　PC0 产生的 ARP 请求包

③ 点击两次 Capture/Forward 按钮，观察 ARP 请求包被广播发送到 PC1、PC2 和路由器的接口 FastEthernet0/0。PC1 和路由器检查 ARP 请求包中的目的 IP 地址和自己的不相符，丢弃该 ARP 请求包，不予响应。PC2 检查 ARP 请求包中的目的 IP 地址和自己的相同，在 ARP 缓存中记录 ARP 请求包中的源 IP 地址(Source IP)和源 MAC 地址(Source MAC)对：<192.1.1.1→00E0.F9E8.0784>。可以在 PC2 的命令行窗口输入命令 arp –a，显示 PC2 的 ARP 缓存的内容，此时在 PC2 的 ARP 缓存中存在 PC0 的 IP 地址与 PC0 的 MAC 地址之间的绑定项，如图 6-7 所示。

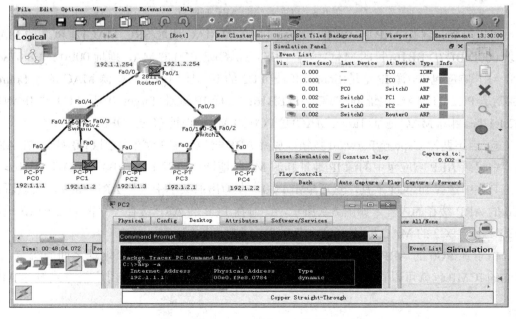

图 6-7　PC2 的 ARP 缓存

④ 然后 PC2 会产生一个 ARP 响应包，将自己的 MAC 地址写入 ARP 响应包中，告诉源主机 PC0 自己是它想要找的 MAC 地址，单击该 ARP 包查看其包格式，如图 6-8 所示。

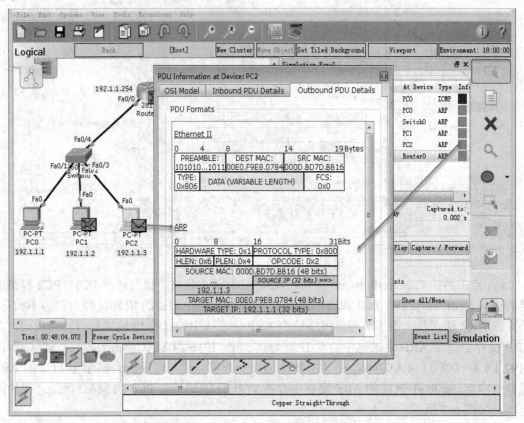

图 6-8 PC2 产生的 ARP 响应包

可以看到，封装 ARP 响应包的 Ethernet 帧的源 MAC 地址(SRC MAC)是 PC2 的 MAC 地址 000D.BD7D.BB16，目的 MAC 地址(DEST MAC)是 PC0 的 MAC 地址 00E0.F9E8.0784。

ARP 响应包中，源 IP 地址(Source IP)是 PC2 的 IP 地址 192.1.1.3，源 MAC 地址(Source MAC)是 PC2 的 MAC 地址 000D.BD7D.BB16；目标 IP 地址(Target IP)是 PC0 的 IP 地址 192.1.1.1，目标 MAC 地址(Target MAC)是 PC0 的 MAC 地址 00E0.F9E8.0784。

⑤ 点击两次 Capture/Forward 按钮，观察 ARP 响应包被单播发送到 PC0，PC0 在 ARP 缓存中记录 ARP 响应包中的源 IP 地址和源 MAC 地址对<192.1.1.3→000D.BD7D.BB16>。在工具栏中选择 Inspect 工具，然后单击 PC0，在弹出的菜单中选择 ARP Table，可以看到 PC0 的 ARP 缓存的内容，如图 6-9 所示，此时在 PC0 的 ARP 缓存中存在 PC2 的 IP 地址 192.1.1.3 与 PC2 的 MAC 地址 000D.BD7D.BB16 之间的绑定项。

由于在 PC0 的 ARP 缓存中已经存在 PC2 的 IP 地址与其 MAC 地址之间的绑定项，后面的 ICMP 包就可以直接在 PC0 和 PC2 之间单播发送，而不必再用广播方式发送 ARP 请求。

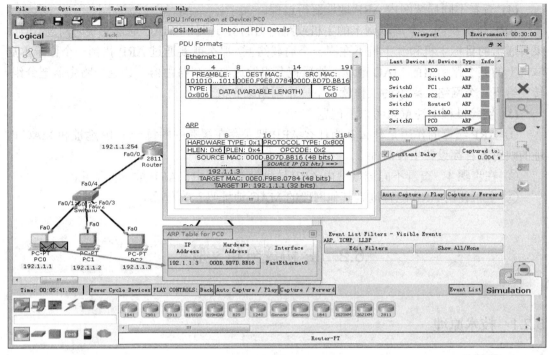

图 6-9 PC0 的 ARP 地址表

⑥ 连续点击 Capture/Forward 按钮，观察 ICMP 包的传输过程，并查看 ICMP 的包格式，如图 6-10 所示。封装 ICMP 包的 Ethernet 帧的源 MAC 地址是 PC0 的 MAC 地址 00E0.F9E8.0784，目标 MAC 地址是 PC2 的 MAC 地址 000D.BD7D.BB16。

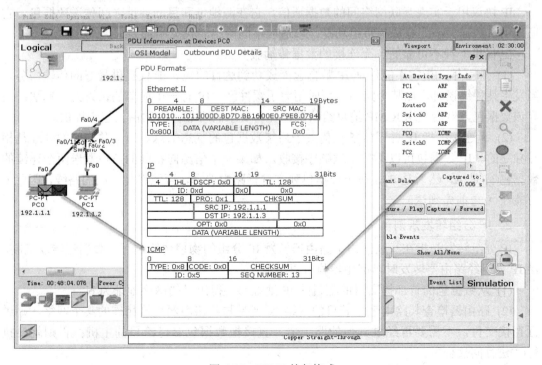

图 6-10 ICMP 的包格式

(4) 查看不同局域网内 ARP 地址解析过程。

ARP 可解决同一个局域网上的主机或路由器的 IP 地址和 MAC 地址的映射问题。但如果要通信的目标主机和源主机不在同一个局域网上，那么就要通过 ARP 找到一个位于本局域网上的某个路由器的 MAC 地址，然后把分组发送给这个路由器，让这个路由器把分组转发给下一个网络，剩下的工作就由下一个网络来完成。

(5) 实验过程中注意思考以下问题。

① ARP 缓存的作用是什么？为什么 ARP 把保存在缓存中的每一个 IP 地址和 MAC 地址的映射条目都设置生存时间？

② 在步骤 4，查看不同局域网内 ARP 地址解析过程中，ARP 被执行了几次？

③ 主机使用 ARP 能查询到其他网段的 MAC 地址吗？为什么？

6.2 IP 协议分析实验

6.2.1 技术原理

1. IP 简介

IP 协议(Internet Protocol，网际互联协议)是 TCP/IP 协议簇中的核心协议，也是 TCP/IP 的载体，版本有 IPv4 和 IPv6，目前常用版本是 IPv4。所有的 TCP、UDP 及 ICMP 数据都以 IP 数据包格式传输。

IP 协议用于实现互联网络间的数据通信，它在源地址和目的地址之间传送数据包，它还提供对数据大小的分片与重组功能，以适应不同网络对包大小的要求。

IP 提供一种不可靠的、无连接的数据传输服务。

(1) 不可靠：指它不能保证 IP 数据包能成功到达目的地。IP 仅提供最好的传输服务。当发生某种错误时，如某个路由器暂时用完了缓冲区，IP 有一个简单的错误处理算法：丢弃该数据包，然后发送 ICMP 消息给信源。任何要求的可靠性必须由上层来提供。

(2) 无连接：指 IP 并不维护任何关于后续数据包的状态信息。每个数据包的处理是相互独立的。IP 数据包可以不按发送顺序接收。如果一个信源向相同的信宿发送两个连续的数据包(先是 A，然后是 B)，每个数据包独立进行路由选择，可能选择不同的路线，因此 B 可能在 A 之前先到达。

2. IP 分组转发规则

IP 分组转发是指在互联网络中路由器转发 IP 分组的物理传输过程与数据包转发机制。当 IP 分组经路由器转发时，路由器执行以下算法：

(1) 从数据包的首部提取目的主机的 IP 地址 D，得出目的网络地址为 N。

(2) 路由器检查其路由表，若目的网络 N 就是与此路由器直接相连的某个网络，则进行直接交付，不需要再经过其他的路由器，直接把数据包交付给目的主机；否则就要执行(3)进行间接交付。

(3) 若路由表中有目的地址为 D 的特定主机路由，则把数据包传送给路由表中所指明的下一跳路由器，否则执行(4)。

(4) 若路由表中有到达目的网络 N 的路由，则把数据包传送给路由表中所指明的下一跳路由器，否则执行(5)。

(5) 若路由表中没有到达网络 N 的路由，但有一个默认路由，则把数据包传送给路由表中默认路由所指明的下一跳路由器，否则执行(6)。

(6) 若路由表中既没有到达网络 N 的路由，也没有默认路由，则路由器丢弃该数据包，并报告转发分组出错。

3. IP 分片

IP 分片是网络上传输 IP 数据包的一种技术手段。IP 协议在传输数据包时，将数据包分为若干分片进行传输，并在目标系统中进行重组，这一过程称为分片(fragmentation)。

一个 IP 数据包从源主机传输到目的主机可能需要经过多个不同的物理网络，每一种物理网络都会规定数据链路层数据帧的最大长度，称为链路层最大传输单元(MTU, Maximum Transmission Unit)，例如，以太网的 MTU 是 1500 字节。因此 IP 协议在传输数据包时，若 IP 数据包加上数据帧头部后的长度大于 MTU，则将 IP 数据包进行分片操作，使每一片的长度都小于或等于 MTU，然后再进行每个分片的传输，并在目标系统中进行重组。例如，在以太网环境中，如果要传输的数据帧大小超过 1500 字节，即 IP 数据包负载长度大于 1480 字节(1500−20 = 1480，IP 首部为 20 字节)，则需要分片之后进行传输。

4. IP 数据包格式

IP 数据包的格式能够说明 IP 协议具有哪些功能，图 6-11 是 IP 数据包的完整格式。

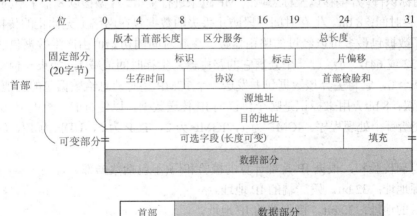

图 6-11　IP 数据包的格式

一个 IP 数据包由首部和数据两部分组成。首部的前一部分是固定部分，共 20 个字节，是所有 IP 数据包都必须具有的，在首部的固定部分的后面是可变部分。

(1) 版本号：4 bit。用来标识 IP 协议的版本号。该字段的值设置为 4 表示 IPv4，设置为 6 表示 IPv6。

(2) 首部长度：4 bit。标识包括选项在内的 IP 头部字段的长度。最常用的首部长度是

20 字节，这时不使用任何选项。

(3) 区分服务：8 bit。区分服务字段被划分成两个子字段：3 bit 的优先级字段和 4 bit TOS 字段，最后一位置为 0。4 bit 的 TOS 分别代表：最小时延、最大吞吐量、最高可靠性和最小花费。4 bit 中只能将其中一个 bit 置为 1。如果 4 个 bit 均为 0，则代表一般服务。只有在使用区分服务时，这个字段才起作用。在一般情况下，都不使用这个字段。

(4) 总长度：16 bit。总长度指首部和数据之和的长度。接收者用 IP 数据包总长度减去 IP 包首部长度就可以确定数据包数据有效负荷的大小。IP 数据包最长可达 65 535 字节。

(5) 标识：16 bit。唯一的标识主机发送的每一份数据包。接收方根据分片中的标识字段是否相同来判断这些分片是否是同一个数据包的分片，从而进行分片的重组。通常每发送一份数据包它的值就会加 1。

(6) 标志：3 bit。用于标识数据包是否分片。第 1 位没有使用，第 2 位是不分段(DF，Don't Fragment)位。当 DF 位被设置为 1 时，表示路由器不能对数据包进行分段处理。如果数据包由于不能分段而未能被转发，那么路由器将丢弃该数据包并向源主机发送 ICMP 不可达。第 3 位是分段(MF，More Fragment)位。当路由器对数据包进行分段时，除了最后一个分段的 MF 位被设置为 0 外，其他的分段的 MF 位均设置为 1，以便接收者直到收到 MF 位为 0 的分片为止。

(7) 片偏移：13 bit。在接收方进行数据包重组时用来标识分片的顺序。用于指明分段起始点相对于包头起始点的偏移量。由于分段到达时可能错序，所以片偏移字段可以使接收者按照正确的顺序重组数据包。当数据包的长度超过它所要去的那个数据链路的 MTU 时，路由器要将它分片。数据包中的数据将被分成小片，每一片被封装在独立的数据包中。接收端使用标识符、片偏移以及标志域的 MF 位来进行重组。片偏移以 8 个字节为偏移单位。

(8) 生存时间：8 bit。生存时间字段防止丢失的数据包在网络上无休止的传播。生存时间值设置了数据包最多可以经过的路由器数。生存时间的初始值由产生数据包的源主机设置(通常为 32 或 64)，每经过一个处理它的路由器，生存时间值减 1。如果一台路由器将生存时间值减至 0，它将丢弃该数据包并发送一个 ICMP 超时消息给数据包的源地址。

(9) 协议：8 bit。用来标识是哪个协议向 IP 传送数据，以便目的主机的 IP 层知道将数据部分上交给哪个处理程序。ICMP 为 1，IGMP 为 2，TCP 为 6，UDP 为 17，GRE 为 47，ESP 为 50。

(10) 首部校验和：根据 IP 首部计算的校验和码(不包括数据部分)。

(11) 源地址：32 bit。发送端的 IP 地址。

(12) 目的地址：32 bit。接收端的 IP 地址。

(13) 可选字段：是数据包中的一个可变长的可选信息。选项字段以 32 bit 为界，不足时插入值为 0 的填充字节。保证 IP 首部始终是 32 bit 的整数倍。该选项很少被使用。

6.2.2　实验目的

(1) 掌握 IP 数据包格式以及关键字段的含义；

(2) 掌握路由器转发 IP 数据包的流程；

(3) 理解验证 IP 分片原理。

6.2.3　实验拓扑

本实验所用的网络拓扑如图 6-12 所示。

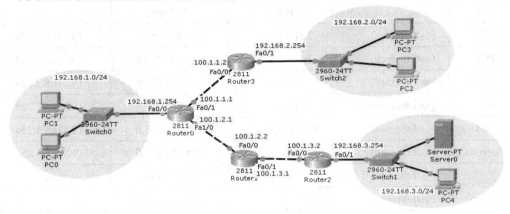

图 6-12　IP 协议分析实验拓扑图

6.2.4　实验步骤

(1) 实验环境搭建。

① 启动 Packet Tracer 软件,在逻辑工作区根据图 6-12 中的网络拓扑图放置和连接设备。使用设备包括:4 台 2811 型路由器,3 台 2960 型交换机,5 台 PC 机,分别命名为 PC0、PC1、PC2、PC3 和 PC4,一台服务器 Server0。

② 路由器 Router0 需要三个 FastEthernet 接口进行连接,但 2811 型路由器只带有 2 个 FastEthernet 接口,需要再增加一个模块提供 FastEthernet 接口。操作步骤为:单击 Router0,在 Physical(物理)选项卡下,单击右方实物图上的电源开关,关闭路由器,然后在左边 MODULES(模块)栏,找到 NM-2FE2W 模块(该模块提供两个 FastEthernet 接口),把该模块拖动到右边合适的空槽,然后打开电源,如图 6-13 所示。

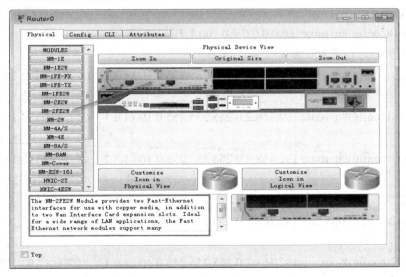

图 6-13　路由器增加 NM-2FE2W 模块

③ 最后用合适连线将各设备依次连接起来，各终端和路由器接口的 IP 地址情况如表 6-2 所示。

表 6-2 IP 地址配置表

设备	接口	IP地址	子网掩码	默认网关
PC0	FastEthernet0	192.168.1.1	255.255.255.0	192.168.1.254
PC1	FastEthernet0	192.168.1.2	255.255.255.0	192.168.1.254
PC2	FastEthernet0	192.168.2.1	255.255.255.0	192.168.2.254
PC3	FastEthernet0	192.168.2.2	255.255.255.0	192.168.2.254
PC4	FastEthernet0	192.168.3.1	255.255.255.0	192.168.3.254
Server0	FastEthernet0	192.168.3.10	255.255.255.0	192.168.3.254
Router0	FastEthernet0/0	192.168.1.254	255.255.255.0	—
	FastEthernet0/1	100.1.1.1	255.255.255.0	—
	FastEthernet1/0	100.1.2.1	255.255.255.0	—
Router1	FastEthernet0/0	100.1.2.2	255.255.255.0	—
	FastEthernet0/1	100.1.3.1	255.255.255.0	—
Router2	FastEthernet0/0	100.1.3.2	255.255.255.0	—
	FastEthernet0/1	192.168.3.254	255.255.255.0	—
Router3	FastEthernet0/0	100.1.1.2	255.255.255.0	—
	FastEthernet0/1	192.168.2.254	255.255.255.0	—

④ 根据表 6-2 配置各个 PC 终端和路由器接口的 IP 地址。

⑤ 在各路由器上配置静态路由。

Router0 静态路由配置命令如下：

    Router0(config)#ip route 192.168.2.0 255.255.255.0 100.1.1.2 //到网络 192.168.2.0/24 的
            //下一跳静态路由

    Router0(config)#ip route 0.0.0.0 0.0.0.0 100.1.2.2 //默认路由

Router1 静态路由配置命令如下：

    Router1(config)#ip route 192.168.1.0 255.255.255.0 100.1.2.1 //到网络 192.168.1.0/24 的
            //下一跳静态路由

    Router1(config)#ip route 192.168.2.0 255.255.255.0 100.1.2.1 //到网络 192.168.2.0/24 的
            //下一跳静态路由

    Router1(config)#ip route 192.168.3.0 255.255.255.0 100.1.3.2 //到网络 192.168.3.0/24 的
            //下一跳静态路由

Router2 静态路由配置命令如下：

    Router2(config)#ip route 192.168.1.0 255.255.255.0 100.1.3.1 //到网络 192.168.1.0/24 的
            //下一跳静态路由

    Router2(config)#ip route 192.168.2.0 255.255.255.0 100.1.3.1 //到网络 192.168.2.0/24 的
            //下一跳静态路由

Router3 静态路由配置命令如下：

　　Router3(config)#ip route 192.168.1.0 255.255.255.0 100.1.1.1

注意：Router3 上没有配置到网络 192.168.3.0/24 的路由项，也没有配置默认路由项。

(2) 查看各路由器路由表。

完成上述配置后，选择右边工具栏中的 Inspect 工具，分别点击各路由器，在弹出的菜单中选择 Table Routing，查看各路由器的路由表，如图 6-14 所示。类型 C 表示直接连接，S 表示静态路由。

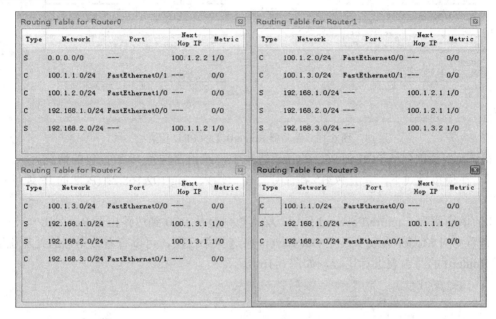

图 6-14　各路由器路由表

(3) 观察 IP 数据包的封装以及字段变化。

① 在实时模式下，单击 PC0，在命令行窗口输入 ping 192.168.3.1(PC4 的 IP 地址)，并回车，以测试连通性和初始化 ARP 表信息。

② 进入模拟工作模式，点击 Edit Filters 按钮，只勾选 ICMP 协议。

③ 再次单击 PC0，在命令行窗口输入 ping 192.168.3.1，并回车，PC0 将向 PC4 发送一个包含 ICMP 包的 IP 数据包。

④ 单击两次 Capture/Forward 按钮，观察数据包从 PC0 到达路由器 Router0，单击该数据包查看 Inbound PDU Details 选项卡下和 Outbound PDU Details 选项卡下 IP 数据包的内容，如图 6-15 所示。

可以观察到 IP 数据包中协议类型字段值为 1(PRO：0x1)，表明 IP 数据包封装了 ICMP 数据包。再对比 Inbound PDU Details 选项卡下和 Outbound PDU Details 选项卡下 IP 数据包的内容，可以发现 Outbound PDU 中 IP 数据包的 TTL 值被减掉 1(由 128 变成 127)。由于 Packet Tracer 没有计算校验和，因此无法观察到校验和的变化。另外，还可以观察到，源 IP 地址字段和目的 IP 地址字段在 IP 数据包的转发过程中始终没变，但源 MAC 地址和目的 MAC 地址发生了相应的变化。

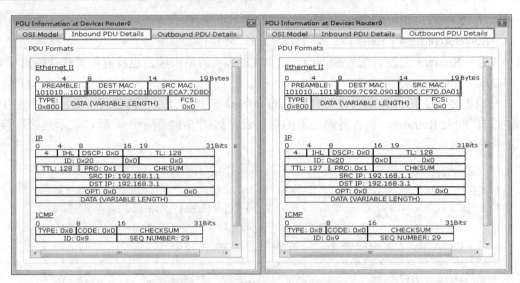

图 6-15　路由器 Router0 上的 PDU 信息

(4) 观察数据包从 PC0 到 PC2 的往返过程中，路由器转发 IP 数据包的情况。

① 在模拟模式下，单击 PC0，在命令行窗口输入 ping 192.168.2.1(PC2 的 IP 地址)，并回车。

② 单击两次 Capture/Forward 按钮，观察数据包从 PC0 到达路由器 Router0，单击该数据包查看 OSI Model 选项卡。在 Out Layers 中选择第三层，可以查看数据包的处理说明，并与 Router0 的路由表进行比较，如图 6-16 所示。

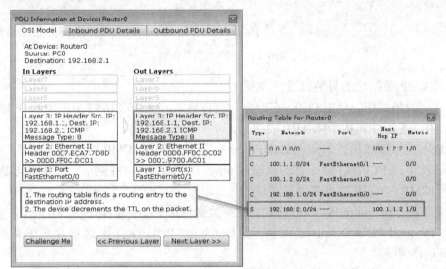

图 6-16　Router0 PDU OSI Model 选项卡

可以看到，PDU 信息表明 "The routing table finds a routing entry to the destination IP address"，这是由于 Router0 的路由表中有一个到目的网络 192.168.2.0/24 的路由项，并指明下一跳路由是 100.1.1.2(路由器 Router3 接口 Fa0/0 的 IP 地址)，而路由器 Router3 和网络 192.168.2.0/24 直连，也具有到网络 192.168.2.0/24 的路由项，因此可以把数据包递交到目的终端 PC2。

③ 继续点击 Capture/Forward 按钮可以看到数据包顺利到达 PC2 的过程。

④ 继续观察从 PC2 返回的数据包也可以顺利到达 PC0，因为 Router3 的路由表中有到目的网络 192.168.1.0/24 的路由项，并指明下一跳路由是 100.1.1.1(Router0 接口 Fa0/1 的 IP 地址)，如图 6-17 所示。

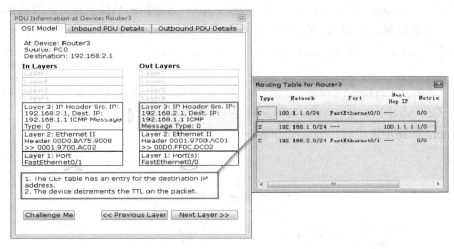

图 6-17　Router3 PDU OSI Model 选项卡

(5) 观察数据包从 PC0 到 PC4 的往返过程中，路由器转发 IP 数据包的情况。

① 在模拟模式下，单击 PC0，在命令行窗口输入 ping 192.168.3.1(PC4 的 IP 地址)，并回车。

② 单击两次 Capture/Forward 按钮，观察数据包从 PC0 到达路由器 Router0，单击该数据包查看 OSI Model 选项卡。在 Out Layers 中选择第三层，可以查看数据包的处理说明，并与 Router0 的路由表进行比较，如图 6-18 所示。

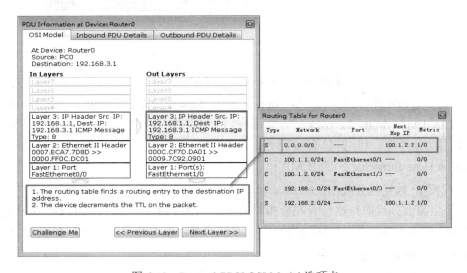

图 6-18　Router0 PDU OSI Model 选项卡

从上图中可以看到，PDU 信息表明 "The routing table finds a routing entry to the destination IP address"，虽然 Router0 的路由表中没有直接到目的网络 192.168.3.0/24 的路由

项，但是有一个到 100.1.2.2(路由器 Router1 的接口 Fa0/0 的 IP 地址)的默认路由项，所以数据包会被转发到 Router1。而路由器 Router1 中有一条到目的网络 192.168.3.0/24 的路由项，指向路由器 Router2，路由器 Router2 和网络 192.168.3.0/24 直连，也具有到网络 192.168.3.0/24 的路由项，因此可以把数据包递交到目的终端 PC4。

③ 继续点击 Capture/Forward 按钮可以观察到：从 PC4 返回的数据包也可以顺利到达 PC0。

(6) 观察数据包从 PC2 到 PC4 的往返过程中，路由器转发 IP 数据包的情况。

① 在模拟模式下，单击 PC2，在命令行窗口输入 ping 192.168.3.1(PC4 的 IP 地址)，并回车。

② 单击两次 Capture/Forward 按钮，观察数据包从 PC2 到达路由器 Router3，单击该数据包查看 OSI Model 选项卡。在 Out Layers 中选择第三层，可以查看数据包的处理说明，并与 Router3 的路由表进行比较，如图 6-19 所示。

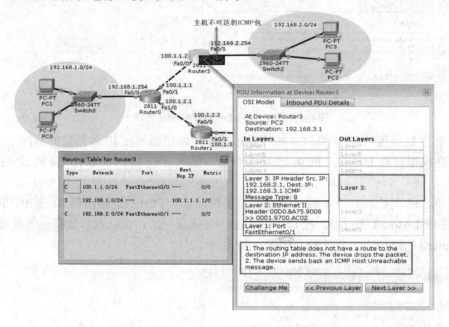

图 6-19　Router3 PDU OSI Model 选项卡

可以看到，PDU 信息表明"The routing table does not have a route to the destination IP address. The device drops the packet"，Router3 的路由表中没有到目的网络的路由项，也没有默认路由项，所以该数据包会被丢弃，同时 Router3 会向 PC2 回送目的主机不可达 (Destination Host unreachable)的 ICMP 包。

(7) 观察 IP 数据包分片情况。

① 产生需要分片的数据包。在模拟模式下，点击 PC0，进入 PC0 的 Desktop 选项卡，选择 Traffic Generator(流量产生器)按钮，在弹出的对话框中设置参数，如图 6-20 所示。

Select Application(选择应用)：ping。

Destination IP Address(目标 IP 地址)：192.168.2.1(PC2 的地址)。

Source IP Address(源 IP 地址)：192.168.1.1(PC0 的 IP 地址)。

Sequence Number(序列号)：1。

Size：2000(设置 ICMP 包的净载荷是 2000 个字节)。

Simulation Setting (模拟设置)：Single Shot。

其他采用默认设置。

图 6-20　Traffic Generator(流量产生器)参数设置

设置完毕后，点击 Send 按钮。

② 观察 IP 数据包的分片情况。可以看到 PC0 产生两个数据包，点击这两个数据包，查看分片说明，如图 6-21 所示。由于 IP 数据包的总长度为 2028 字节(2000 字节的净载荷 + 8 字节的 ICMP 首部 + 20 字节的 IP 首部)，大于以太网 MTU(1500 字节)，因此该 IP 数据包被拆分成两个 ID 一样的分片，第一个分片的总长度为 1500 字节(1480 字节的负载 + 20 字节的 IP 首部)，第二个分片的总长度为 548 字节(528 字节的负载 + 20 字节的 IP 首部)。

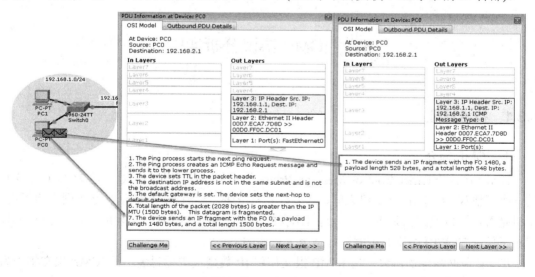

图 6-21　IP 分片说明

点击这两个 IP 分片的 PDU，可以查看具体的包格式字段的数值，如图 6-22 所示。

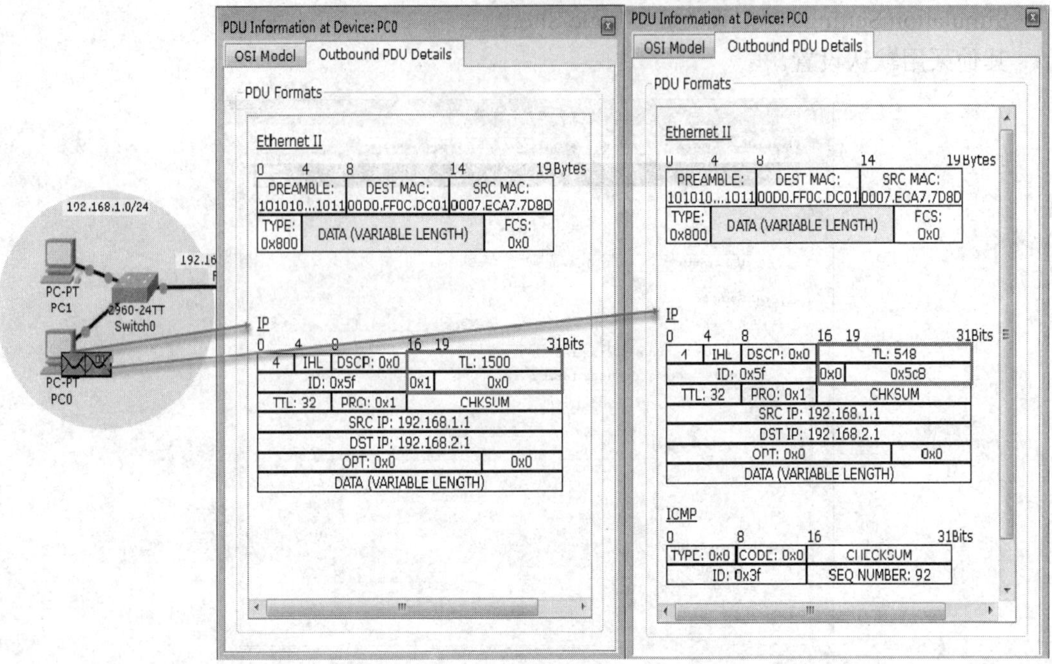

图 6-22　IP 分片数据包字段变化

可以看到，第一个分片的总长度为 1500 字节；标志为 0x1，即 MF = 1，表示后面还有分片数据包；片偏移为 0x0。第二个分片的总长度为 548 字节；标志为 0x0，即 MF = 0，表示这是最后一个分片数据包；片偏移为 0x548(十进制为 1480)。

(8) 实验过程中注意思考以下问题。

① IP 分组经过路由器转发后，哪些字段会发生变化？

② 产生更大的数据包，数据包会如何进行分片？每个分片的哪些字段会发生变化？如何变化？

6.3　ICMP 协议分析实验

6.3.1　技术原理

1. ICMP 简介

ICMP 协议(Internet Control Message Protocol，网际控制报文协议)，是 TCP/IP 协议族的一个子协议，用于在 IP 主机之间、路由器之间传递控制消息。控制消息是指网络通不通、主机是否可达以及路由是否可用等网络本身的消息。这些控制消息虽然并不传输用户数据，但对于保证 TCP/IP 协议的可靠运行是至关重要的。

ICMP 是网络层的协议，但 ICMP 报文使用 IP 数据包进行封装，即 ICMP 报文将作为 IP 数据包的负载，加上 IP 数据包首部，组成 IP 数据包发送。

2. ICMP 报文格式

ICMP 报文格式如图 6-23 所示。ICMP 报文有一个 8 字节长的首部，其中前 4 个字节是固定的格式，包含 8 位类型字段，8 位代码字段和 16 位的校验和字段；后 4 个字节根据 ICMP 包的类型而取不同的值。最后面是数据字段，其长度取决于 ICMP 的类型。

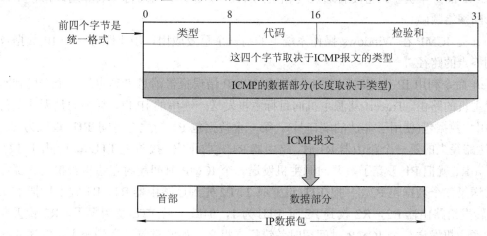

图 6-23　ICMP 报文格式

ICMP 常见的报文类型包括 5 种差错报告报文和 4 种询问报文，如表 6-3 所示。

表 6-3　常见的 ICMP 报文类型

ICMP 报文类型	类型值	说　明
差错报告报文	3	目的主机不可达，当路由器或主机不能交付数据包时就向源主机发送目的主机不可达报文
	4	源点抑制，当路由器或主机由于拥塞而丢弃数据包时，就向源主机发送源点抑制报文，使源主机知道应该把数据包的发送速率放慢
	5	路由重定向，路由器把改变路由报文发送给主机，让主机知道下次应将数据包发送给另外的路由器
	11	超时，当路由器收到生存时间为零的数据包时，除丢弃该数据包外，还要向源主机发送时间超时报文。当终点在预定的时间内不能收到一个数据包的全部数据分片时，就把已经收到的数据包分片都丢弃，并向源主机发送时间超时报文
	12	参数出错，当路由器或目标主机收到的数据包的首部中的字段的值不正确时，就丢弃该数据包，并向源主机发送参数出错报文
询问报文	8 或 0	回送请求(类型 = 8)或应答(类型 = 0)。ICMP 回送请求报文是由主机或路由器向一个特定的目的主机发出的询问。收到此报文的主机必须给源主机或路由器发送 ICMP 应答报文。这种询问报文用来测试目的站是否可达以及了解其有关状态
	13 或 14	时间戳请求或应答，ICMP 时间戳请求报文是请某个主机或路由器回答当前的日期和时间。时间戳请求或应答可用来进行时钟同步和测量时间

3．Ping 命令和 Tracert 命令

ICMP 一个重要的应用就是分组网间探测(PING，Packet InterNet Groper)，用来测试两个主机之间的连通性。PING 使用了 ICMP 回送请求和应答报文。PING 是应用层直接使用网络层 ICMP 的一个例子，它没有通过传输层的 TCP 或 UDP，网络管理员和用户常使用该命令来诊断网络故障。

Tracert 是 ICMP 在 Windows 操作系统下的另一个重要应用，用于跟踪一个 IP 数据包从源点到终点的路径。

Tracert 命令利用 IP 生存时间(TTL)字段和 ICMP 错误报告消息来确定从一个主机到网络上其他主机的路由。Tracert 从源主机向目标主机发送一连串的 IP 包，封装的是无法交付的 UDP 用户数据包(使用了非法的端口号)。第一个数据包 P1 的生存时间 TTL 设置为 1，当 P1 到达路径上的第一个路由器 R1 时，路由器 R1 先收下它，接着把 TTL 减 1。由于 TTL 等于零了，R1 就把 P1 丢弃了，并向源主机发送一个 ICMP 时间超时差错报告报文。源主机接着发送第二个数据包 P2，并把 TTL 设置成 2。P2 先到达路由器 R1，R1 收下后把 TTL 减 1，再转发给路由器 R2，R2 收到 P2 时 TTL 为 1，但减 1 后 TTL 变为零了。R2 就丢弃 P2，并向源主机发送一个 ICMP 时间超时差错报告报文。如此重复，直到源主机发送的数据包到达目的主机为止，这些路由器和最后的目的主机发来的 ICMP 报文给出了源主机想知道的路由信息——到达目的主机所经过的路由器的 IP 地址，以及到达每一个路由器的往返时间。

6.3.2　实验目的

(1) 掌握 ICMP 报文的格式和常见的 ICMP 报文类型；
(2) 掌握 ICMP 报文的封装方式；
(3) 学习利用 ping 命令和 tracert 命令，熟悉 ICMP 的工作原理；
(4) 进一步理解 ICMP 的作用。

6.3.3　实验拓扑

本实验利用图 6-11 所示的 IP 协议分析实验中所搭建的网络环境。

6.3.4　实验步骤

(1) 在实时模式下，利用 ping 命令测试 PC0 和 PC2 之间的连通性。
单击 PC0，在 PC0 的命令行窗口输入 ping 192.168.2.1，并回车。
可以看到 PC0 一连发出四个 ICMP 回送请求报文，PC2 响应这些 ICMP 回送请求报文，给 PC0 发回 ICMP 应答报文。由于往返的 ICMP 报文上都有时间戳，因此很容易得出往返时间。最后显示出的是统计结果：发送到哪个设备(IP 地址)；发送的、收到的和丢失的分组(但不给出分组丢失的原因)；往返时间的最小值、最大值和平均值。如图 6-24 所示。

图 6-24 ping 命令测试连通性结果

(2) 在模拟模式下，利用 ping 命令观察 ICMP 的回送请求和应答报文。

① 进入模拟工作模式，点击 Edit Filters 按钮，勾选 ICMP 协议。

② 在 PC0 命令行窗口输入 ping 192.168.2.1，并回车。观察到 PC0 产生一个 ICMP 回送请求报文，点击该 ICMP 回送请求报文，打开 PDU Information 窗口，单击 OSI Model 选项卡中的第三层和 Outbound PDU Details 选项卡，查看 ICMP 回送请求报文处理说明、报文内容及封装格式，如图 6-25 所示。

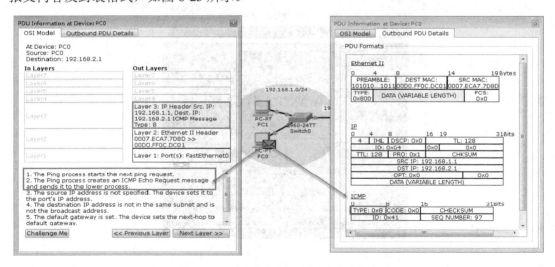

图 6-25 PC0 产生 ICMP 回送请求报文

③ 连续点击 Capture/Forward 按钮，观察 ICMP 回送请求报文被发送到 PC2，PC2 产生一个 ICMP 回送应答报文，点击该报文，打开 PDU Information 窗口，单击 OSI Model 选项卡中的第三层和 Outbound PDU Details 选项卡，查看 ICMP 回送应答报文处理说明、

报文内容及封装格式，如图 6-26 所示。

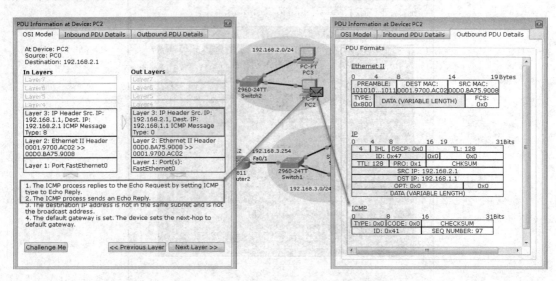

图 6-26　PC2 产生 ICMP 回送应答报文

(3) 利用 ping 命令观察主机无法到达的 ICMP 应答报文。

① 先在实时模式下，在 PC2 的命令行窗口，输入 ping 命令：ping 192.168.3.1(PC4 的 IP 地址)或 ping192.168.5.1(任意一个无法到达的 IP 地址)。可以看到 PC0 一连发出四个 ICMP 回送请求报文，但由于 Router3 的路由表中没有到目的网络的路由项，也没有默认路由项，所以该数据包会被丢弃，同时路由器会向 PC2 回送目的主机不可达(Destination Host Unreachable)的 ICMP 报文，如图 6-27 所示。

图 6-27　实时模式下，目的主机不可达 ICMP 报文结果

② 在模拟模式下，利用 ping 命令观察 ICMP 的目的主机不可达报文。

在 PC2 的命令行窗口输入 ping 192.168.3.1，并回车，观察到 PC0 产生一个 ICMP 回送请求报文。连续点击 Capture/Forward 按钮，观察 ICMP 回送请求报文被发送到 Router3，由于 Router3 的路由表中没有到目的网络的路由项，也没有默认路由项，所以 Router3 丢弃该 ICMP 回送请求报文，同时产生一个类型值为 3(Type = 0x3) 的目的主机不可达(Destination Host Unreachable) 的 ICMP 报文，并回送给 PC2，点击该报文，打开 PDU Information 窗口，单击 OSI Model 选项卡中的第三层和 Outbound PDU Details 选项卡，查看 ICMP 目的主机不可达的 ICMP 报文处理说明、报文内容及封装格式，如图 6-28 所示。

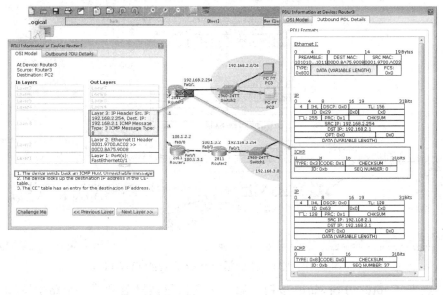

图 6-28　Router3 产生的 ICMP 目的主机不可达报文

(4) 利用 Tracert 命令观察 ICMP。

① 在实时模式下，单击 PC0，在命令行窗口分别输入 tracert 192.168.2.1(PC2 的 IP 地址)和 tracert 192.168.3.1(PC4 的 IP 地址)，观察 IP 数据包分别从 PC0 到 PC2，从 PC0 到 PC4 的转发路径。将命令的输出结果与网络图及设备的 IP 地址进行对比，如图 6-29 所示。

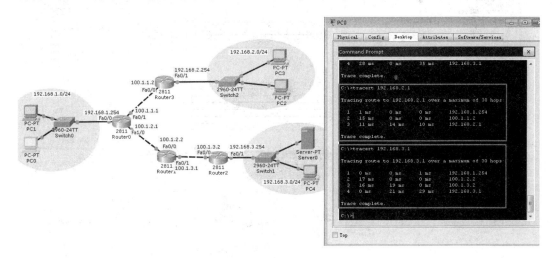

图 6-29　实时模式下 Tracert 命令执行结果

② 在模拟模式下，观察学习 tracert 命令的工作原理。

在 PC0 的命令行窗口输入 ping 192.168.3.1，并回车，观察 PC0 产生第一个 ICMP 回送请求报文，该报文被封装成 IP 数据包，其生存时间 TTL 设置为 1，点击该报文，观察其报文格式，如图 6-30 所示。

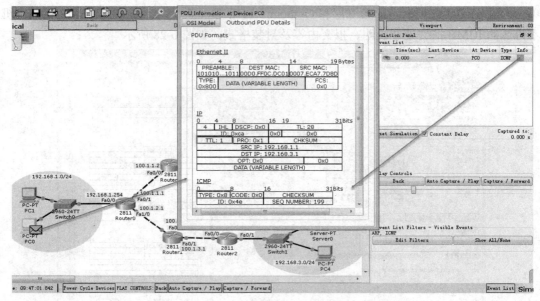

图 6-30　PC0 产生的第一个 IP 数据包(TTL = 1)

继续点击 Capture/Forward 按钮，第一个数据包被发送到第一个路由器 Router0，Router0 先收下它，接着把 TTL 减 1。由于 TTL 等于零了，Router0 就把该数据包丢弃，并向源主机发送一个类型值为 12(Type = 0xb)的 ICMP 时间超时差错报告报文，点击该报文，观察其报文格式，如图 6-31 所示。

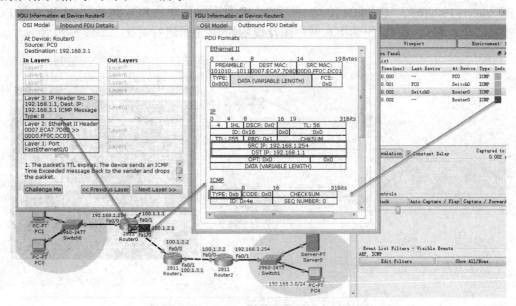

图 6-31　Router0 产生的 ICMP 时间超时差错报告报文

Tracert 命令中，源主机对于每个 TTL 值都要重复进行 3 次探测，点击 Capture/Forward 按钮，继续观察，直到 PC0 产生 TTL 值为 2 的 IP 数据包，点击该报文，观察其报文格式，如图 6-32 所示。

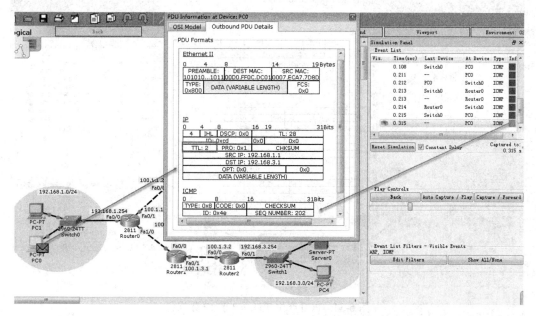

图 6-32　PC0 产生 TTL = 2 的 IP 数据包

继续点击 Capture/Forward 按钮，观察 TTL = 2 的数据包被发送到第一个路由器 Router0，Router0 把 TTL 减 1 后继续发送到第二个路由器 Router1，Router1 把 TTL 减 1 后，TTL 等于 0 了，Router1 就把该数据包丢弃，并向源主机发送一个类型值为 12(Type = 0xb)的 ICMP 时间超时差错报告报文，点击该报文，观察其报文格式，如图 6-33 所示。

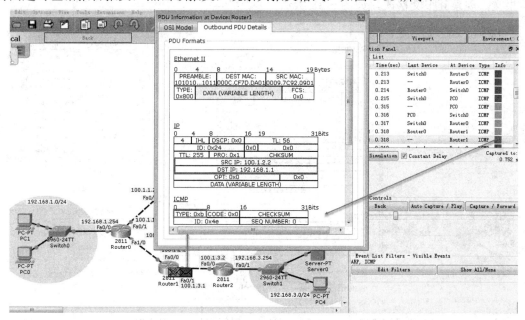

图 6-33　Router0 产生的 ICMP 时间超时差错报告报文

继续点击 Capture/Forward 按钮，直到 PC0 产生 TTL 值为 3 的 IP 数据包，点击该报文，观察其报文格式，如图 6-34 所示。

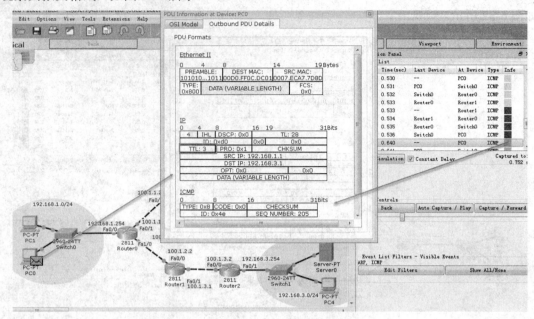

图 6-34 PC0 产生 TTL = 3 的 IP 数据包

继续点击 Capture/Forward 按钮，观察 TTL = 3 的数据包被发送到第一个路由器 Router0，Router0 把 TTL 减 1 后继续发送到第二个路由器 Router1，Router1 把 TTL 减 1 后继续发送到第三个路由器 Router2，Router2 把 TTL 减 1 后，TTL 等于 0 了，Router2 就把该数据包丢弃，并向源主机发送一个类型值为 12(Type = 0xb)的 ICMP 时间超时差错报告报文，点击该报文，观察其报文格式，如图 6-35 所示。

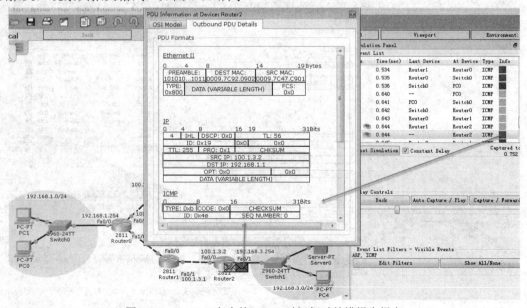

图 6-35 Router2 产生的 ICMP 时间超时差错报告报文

　　继续点击 Capture/Forward 按钮，直到 PC0 产生 TTL 值为 4 的 IP 数据包，点击该报文，观察其报文格式，如图 6-36 所示。

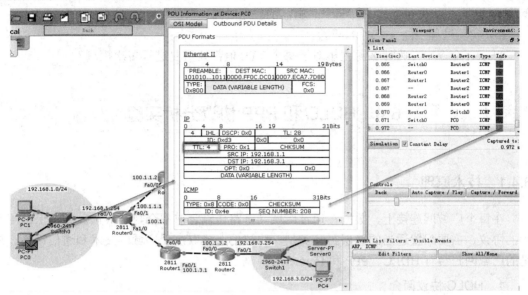

图 6-36　PC0 产生 TTL = 4 的 IP 数据包

　　继续点击 Capture/Forward 按钮，观察 TTL = 4 的数据包被发送到第一个路由器 Router0，Router0 把 TTL 减 1 后继续发送到第二个路由器 Router1，Router1 把 TTL 减 1 后继续发送到第三个路由器 Router2，Router2 把 TTL 减 1 后，TTL 不等于 0，Router2 就把该数据包发送到目标网络 192.168.3.0/24，数据包成功到达目的主机 PC4，此时数据包的 TTL = 1，PC4 向源主机发送一个类型值为 0(Type = 0x0) 的 ICMP 回送请求应答报文，点击该报文，观察其报文格式，如图 6-37 所示。

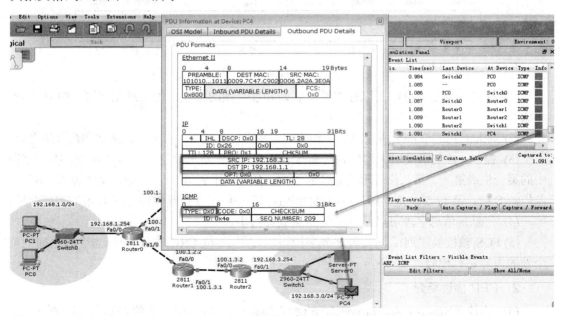

图 6-37　PC4 产生的 ICMP 回送请求应答报文

通过以上过程可以看到，路由器 Router0、Router1、Router2 和最后的目的主机 PC4 发来的 ICMP 报文给出了源主机 PC0 想知道的路由信息——到达目的主机 PC4 所经过的路由器的 IP 地址，以及到达其中每一个路由器的往返时间。

(5) 实验过程中注意思考的问题。

Tracert 命令中，为什么源主机对于每个 TTL 值都要重复进行多次探测？

6.4 HDLC 和 PPP 协议分析实验

6.4.1 技术原理

在每个广域网连接上，数据在通过广域网链路传输之前都会封装成帧。要确保使用正确的协议，需要配置适当的二层封装类型。协议的选择取决于广域网技术和通信设备。常见的广域网封装有 HDLC、PPP 和 Frame-relay 等。

1．HDLC 协议简介

HDLC(High-level Data Link Control Protocol，高级数据链路控制协议)是由国际标准化组织(ISO)开发的、面向比特的同步数据链路层协议，用来连接点到点(Point to Point)的串行设备。思科路由器的串行接口上默认配置了 HDLC 协议，可以用 show interface serial 2/0 命令查看运行的 HDLC 协议。

HDLC 不能提供认证，缺少对链路的安全保护。

HDLC 帧结构如图 6-38 所示。

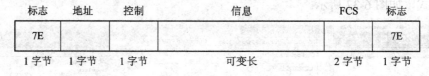

图 6-38 HDLC 帧结构

(1) 标志：帧定界符，用以标志帧的起始和前一帧的终止，由二进制序列"01111110"组成。

(2) 地址：内容取决于所采用的操作方式。在操作方式中，有主站、从站和组合站之分。

(3) 控制：控制字段用于构成各种命令和响应，以便对链路进行监视和控制。控制字段中的第一位或第一、第二位表示传输帧的类型，HDLC 中有信息帧(I 帧：第 1 位是"0")、监控帧(S 帧：第 1、2 位是"10")和无编号帧(U 帧：第 1、2 位是"11")三种不同类型的帧。

(4) 信息：信息字段可以是任意的二进制比特串。

(5) FCS(帧校验序列)：帧校验序列字段可以使用 16 位 CRC，对两个标志字段之间的整个帧的内容进行校验。

2．PPP 协议简介

PPP 协议(Point-to-Point Protocol，点到点协议)是一种应用广泛的点到点链路协议，主要用于点到点连接的路由器间的通信。PPP 设计目的主要是通过拨号或专线方式建立点对点连接来发送数据，使其成为各种主机、网桥和路由器之间简单连接的一种共同的解决方案。PPP 为不同厂商的设备互连提供了可能。

PPP 协议支持认证功能，默认情况下不使用认证，此时只要在两端配置了 PPP 封装就可以进行通信。认证的目的是防止未经授权用户的接入。配置了认证功能后，在建立 PPP 连接时，服务端会核实客户端的身份，如果身份合法，则可以建立 PPP 连接。

如图 6-39 所示，路由器 R0 和 R1 通过串行接口互连建立 PPP 链路时，可以相互鉴别对方身份，即只在两个互相信任的路由器之间建立 PPP 链路，并通过该链路传输 IP 分组。

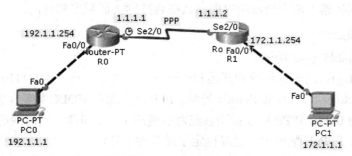

图 6-39　PPP 链路

3. PPP 协议支持的两种认证方法

PPP 协议支持两种认证方法：口令认证协议(PAP，Password Authentication Protocol)和挑战-握手认证协议(CHAP，Challenge Handshake Authentication Protocol)。认证可以配置为双向的，两端都需要认证对方的身份，只有双方的认证都通过了，PPP 连接才会建立。

(1) 口令认证协议 PAP。

利用简单的两次握手方法进行身份认证，如图 6-40 所示。PPP 链路建立后，源节点在链路上不停地发送用户名和密码，直到认证通过。PAP 发送的用户名和密码是以明文的方式在链路上传输的，而且由源节点控制认证重试频率和次数，因此 PAP 不能防范重放攻击和重复尝试攻击。

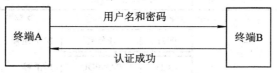

图 6-40　PAP 认证过程

(2) 挑战-握手认证协议 CHAP。

挑战-握手认证协议(CHAP)，通过 3 次握手，周期性地认证对端的身份，如图 6-41 所示。CHAP 认证在初始链路建立时完成，可以在链路建立之后的任何时候重复进行。CHAP 定期执行消息询问，以确保远程节点仍然拥有有效的口令值。

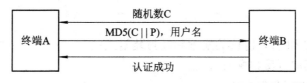

图 6-41　CHAP 认证过程

① 链路建立阶段结束之后，认证者向对端点发送挑战随机数 C。

② 对端点用该挑战随机数 C 与密码 P 经过单向哈希函数 MD5 计算出来的 HASH 值做应答。

③ 认证者根据它自己计算的哈希值来检查应答，如果值匹配，认证得到承认；否则，连接应该终止。

④ 经过一定的随机间隔，认证者发送一个新的挑战随机数给端点，重复步骤①到③。

通过递增改变的标识符和可变的询问值，CHAP 防止了来自端点的重放攻击，使用重复校验可以限制暴露于单个攻击的时间。认证者控制认证频度和时间。

4．PPP 帧结构

PPP 帧结构如图 6-42 所示。

(1) 标志(Flag)：用于标识帧的开始和结束，由二进制序列"01111110"组成。

(2) 地址(Addr)：用于标识 Station 地址。PPP 帧发源自 HDLC 帧，保留了此字段。PPP 帧的地址位恒为 0xFF。(PPP 协议被用在点对点链路上，不需要知道对端的链路地址，因为点对点链路，如 PPPoE 帧头中，已经确定了对端的地址)。

(3) 控制(Control)：在 DHLC 帧中，Control 位用来标识帧的顺序和重传行为，但由于该功能在 PPP 协议中并没有普遍实现，因此 PPP 帧中，Control 值固定为 0x03(二进制序列为 00000011)。

(4) 协议(Protocol)：标识所携带报文的类型。如 0x0021 时，表示 PPP 帧的信息字段是 IP 数据报文。不同的 Protocol 标识 Data 字段的不同含义。常用的几种 Protocol 取值见图 6-42。

(5) 信息(Data)：PPP 帧的负载。信息域缺省时最大长度不能超过 1500 字节，其中包括填充域的内容。

(6) 帧校验序列(FCS)：用于检查 PPP 帧的比特级错误，采用循环冗余码。覆盖了两个 Flag(不包括)之间的字段。

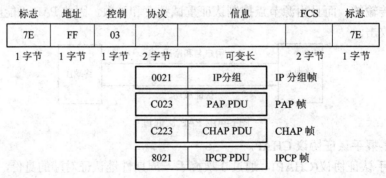

图 6-42 PPP 帧结构

6.4.2 实验目的

(1) 学习 HDLC 和 PPP 协议的配置和帧封装格式；

(2) 学习路由器串行接口配置过程；

(3) 验证建立 PPP 链路过程；

(4) 验证路由表与 IP 分组传输路径之间的关系；

(5) 验证 IP 分组端到端传输过程；

(6) 验证不同类型网络将 IP 分组封装成该传输网络对应的帧格式的过程；

(7) 学习路由器上封装 PPP 协议命令；

(8) 学习 PAP 验证配置；

(9) 学习 CHAP 验证配置。

6.4.3 实验拓扑

本实验所用的网络拓扑如图 6-39 所示。路由器 R0 和 R1 通过串行接口互连建立 PPP 链路。

6.4.4 实验步骤

(1) 实验环境搭建。

① 启动 Packet Tracer 软件，在逻辑工作区根据图 6-39 中的网络拓扑图放置和连接设备。使用设备包括：2 台 General 型路由器，2 台 PC 机，分别命名为 PC0 和 PC1，并且用合适连线将各设备依次连接起来，各终端 PC 和路由器接口的 IP 地址情况如表 6-4 所示。

表 6-4 IP 地址配置表

设备	接口	IP 地址	子网掩码	默认网关
PC0	FastEthernet0	192.1.1.1	255.255.255.0	192.1.1.254
PC1	FastEthernet0	172.1.1.1	255.255.255.0	172.1.1.254
R0	FastEthernet0/0	192.1.1.254	255.255.255.0	—
	Serial 2/0	1.1.1.1	255.255.255.0	—
R1	FastEthernet0/0	172.1.1.254	255.255.255.0	—
	Serial 2/0	1.1.1.2	255.255.255.0	—

说明：为了配置 PPP，路由器之间必须使用 serial 串行接口。在图 6-39 中，使用的路由器是 General Router-PT，该路由器提供 2 个 Serial 接口和 4 个 FastEthernet 接口。

② 根据表 6-4 配置各个 PC 终端和路由器接口的 IP 地址。

✧ 路由器 R0 的接口基本配置命令：

Router>enable

Router#configure terminal

Router(config)#hostname R0   //设置路由器名称为 R0

R0(config)#interface FastEthernet0/0

R0(config-if)#ip address 192.1.1.254 255.255.255.0

R0(config-if)#no shutdown   //默认端口是关闭的，要用 no shutdown 启动端口

R0(config-if)#exit

R0(config)#interface Serial2/0   //进入路由器串行接口配置模式

R0(config-if)#ip address 1.1.1.1 255.255.255.0

R0(config-if)#clock rate 64000   //指定串行接口的实际传输速率为 64000 bps

R0(config-if)#no shutdown

◇ 路由器 R1 的接口基本配置：

Router>enable

Router#configure terminal

Router(config)#hostname R1   //设置路由器名称为 R1

R1(config)#interface FastEthernet0/0

R1(config-if)#ip address 172.1.1.254 255.255.255.0

R1(config-if)#no shutdown

R1(config-if)#exit

R1(config)#interface Serial2/0

R1(config-if)#ip address 1.1.1.2 255.255.255.0

R1(config-if)#no shutdown

(2) 配置路由器 R0 和 R1 之间的静态路由。

◇ 路由器 R0 上配置 R0 到 R1 的静态路由：

R0(config)#ip route 172.1.1.0 255.255.255.0 1.1.1.2

◇ 路由器 R1 上配置 R1 到 R0 的静态路由：

R1(config)#ip route 192.1.1.0 255.255.255.0 1.1.1.1

(3) 测试网络连通性。

在实时模式下，在 PC0 和 PC1 之间使用 ping 命令测试网络是否连通。

(4) 查看 HDLC 帧的封装，观察数据包的封装变化。

① 进入模拟工作模式，勾选协议类型为 ICMP。在 PC0 命令行窗口输入 ping 172.1.1.1，启动 PC0 至 PC1 的传输过程。点击 Capture/Forward 按钮，观察 IP 分组从 PC0 传输至 R0，点击该数据包查看该数据包封装情况，如图 6-43 所示。

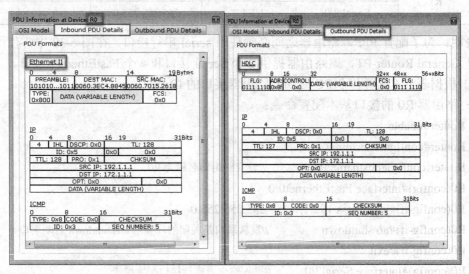

图 6-43　R0 的 Inbound PDU 和 Outbound PDU

可以看到 IP 分组从 PC0 至路由器 R0 的传输过程中，被封装成以 PC0 的 MAC 地址为源地址，以 R0 的以太网接口 FastEthernet0/0 的 MAC 地址为目的地址的 Ethernet 帧。IP 分组从路由器 R0 至 R1 传输过程中，被封装成 HDLC 帧，观察 HDLC 帧结构。

② 点击 Capture/Forward 按钮，观察 IP 分组从 R0 传输至 R1，再从 R1 传输至 PC1，点击该数据包查看该数据包封装情况，如图 6-44 所示。

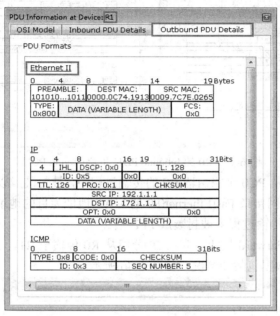

图 6-44 R1 Outbound PDU

可以看到，IP 分组从路由器 R1 至 PC1 传输过程中被封装成以 R1 的以太网接口 FastEthernet0/0 的 MAC 地址为源地址，以 PC1 的 MAC 地址为目的 MAC 地址的 Ethernet 帧。

(5) 配置路由器 R0 和 R1 之间的 PPP 连接(无认证)。

① 路由器 R0 上 PPP 协议配置。

R0(config)#interface Serial2/0

R0(config-if)#encapsulation ppp //指定该接口采用 PPP 协议封装,表示串行接口将需要传输的
　　　　　　　　　　　　　　　　//上层协议数据单元封装成 PPP 帧格式。(默认封装的是 HDLC
　　　　　　　　　　　　　　　　//协议)

R0(config-if)#exit

② 路由器 R1 上 PPP 协议配置。

R1(config)#interface Serial2/0

R1(config-if)#encapsulation ppp

R1(config-if)#exit

(6) 观察数据包的 PPP 封装。

① 进入模拟工作模式，勾选协议类型为 ICMP，在 PC0 命令行窗口输入 ping 172.1.1.1，点击 Capture/Forward 按钮，观察 IP 分组从 PC0 传输至 R0，点击该数据包查看包的封装情况，如图 6-45 所示。

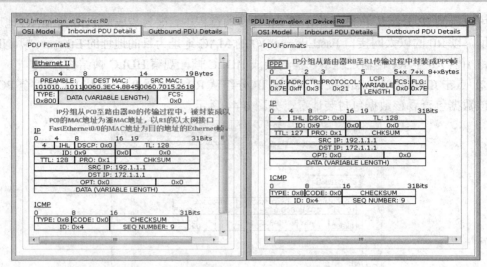

图 6-45　R0 的 Inbound PDU 和 Outbound PDU

可以看到 IP 分组从 PC0 至路由器 R0 的传输过程中，被封装成以 PC0 的 MAC 地址为源地址，以 R0 的以太网接口 FastEthernet0/0 的 MAC 地址为目的地址的 Ethernet 帧。IP 分组从路由器 R0 至 R1 传输过程中被封装成 PPP 帧。

② 点击 Capture/Forward 按钮，观察 IP 分组从 R0 传输至 R1，再从 R1 传输至 PC1，点击该数据包查看该数据包封装情况，如图 6-46 所示。

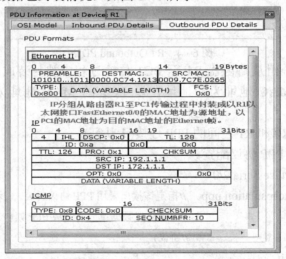

图 6-46　R1 Outbound PDU

可以看到，IP 分组从路由器 R1 至 PC1 传输过程中被封装成以 R1 以太网接口 FastEthernet0/0 的 MAC 地址为源地址，以 PC1 的 MAC 地址为目的地址的 Ethernet 帧。

(7) 配置 PAP 认证。

PPP 身份认证保证只与授权建立 PPP 链路的路由器建立 PPP 链路。因此，每个路由器需要定义与其建立 PPP 链路的授权路由器的名称和口令的本地验证数据库，同时，需要定义自己的路由器名。建立 PPP 链路时，点对点信道两端路由器都需要通过向对方提供自己的路由器名称和口令证明自己是授权路由器。

只有当对方提供的路由器名称和口令与自己配置的其中一个授权路由器的路由器名称和口令相同时，才能确定对方是授权路由器。

本实验中，R0 和 R1 之间的 PPP 连接采用 PAP 验证，验证的用户名为对方主机名，口令都为 123。在上述配置路由器 R0 和 R1 之间的 PPP 连接(无认证)配置的基础上继续进行如下配置。

① R0 路由器的 PAP 身份认证配置。路由器 R0 的身份认证配置命令如下：

```
R0(config)#username R1 password 123     //建立本地验证数据库，存放的是对方路由器 R1 的用户
                                        //名和口令 123，因此，只有用户名为 R1，口令为 123 的
                                        //路由器才能通过该路由器的身份认证
R0(config)#interface s2/0
R0(config-if)#encapsulation ppp
R0(config-if)#ppp pap sent-username R0 password 123    //配置发送自己的用户名 R0 和口令
                                                       //123 到对方路由器上验证
R0(config-if)#ppp authentication pap     //配置使用 PAP 协议进行身份认证
R0(config-if)#exit
```

② R1 路由器的 PAP 身份认证配置。R1 路由器的身份认证配置命令如下：

```
R1>enable
R1#configure terminal
R1(config)#username R0 password 123      //建立本地验证数据库，存放的是对方路由器 R0 的
                                         //用户名和密码
R1(config)#interface s2/0
R1(config-if)#encapsulation ppp
R1(config-if)#ppp pap sent-username R2 password 123   //配置发送自己的用户名和密码到
                                                      //对方路由器
R1(config-if)#ppp authentication pap     //配置使用 PAP 协议进行身份认证
R1(config-if)#exit
```

如果双方路由器配置正确，则认证通过，R0 和 R1 之间可建立 PPP 通路，此时 PC0 可以 ping 通 PC1。

如果验证双方路由器没有配置本地验证数据库，或者用户名或密码错误，则会导致验证失败，路由器之间无法建立 PPP 通路，此时，如果用 PC0 ping PC1，则显示目标不可达(Destination host unreachable)的错误信息，如图 6-47 所示。

```
Command Prompt
C:\>ping 172.1.1.1

Pinging 172.1.1.1 with 32 bytes of data:

Reply from 192.1.1.254: Destination host unreachable.
Reply from 192.1.1.254: Destination host unreachable.
Reply from 192.1.1.254: Destination host unreachable.
Reply from 192.1.1.254: Destination host unreachable.

Ping statistics for 172.1.1.1:
    Packets: Sent = 4, Received = 0, Lost = 4 (100% loss),
```

图 6-47　配置错误时，PC0 不能 ping 通 PC1

(8) 配置 CHAP 双向认证。

CHAP 认证配置为双向时，两端都需认证对方的身份，只有双方的认证都通过了，PPP 连接才会建立。

① R0 路由器的 CHAP 鉴别协议配置。

路由器 R0 的 CHAP 鉴别协议配置命令如下：

R0(config)#interface Serial2/0

R0 (config-if)# ppp authentication chap

R0 (config-if)# username R1 password 123456　　//指定用户名和口令，注意这里的用户名及
　　　　　　　　　　　　　　　　　　　　　　　　 //口令是为通信的对方路由器的相匹配，即用
　　　　　　　　　　　　　　　　　　　　　　　　 //户名为对方的用户名，双方密码相同

② R1 路由器的 CHAP 鉴别协议配置。

路由器 R1 的 CHAP 鉴别协议配置命令如下：

R1(config)#interface Serial2/0

R1 (config-if)# ppp authentication chap

R1 (config-if)# username R0 password 123456

为了简化 CHAP 验证的配置，通常把两端验证的用户名和密码设置成相同的。如果一台路由器需要配置多个接口的 CHAP 验证，通常也只配置一个公用用户名和公用密码，这已经可以起到验证效果，而配置过程可以简化许多。

说明：在配置验证时，也可以选择同时使用 PAP 和 CHAP 进行认证，命令行为

R2(config-if)#ppp authentication chap pap

或

R2(config-if)#ppp authentication pap chap

如果选择使用两种方式进行认证，则在链路协商阶段先用第一种验证方式进行验证，如果对方建议使用第二种认证方式或只是简单拒绝使用第一种认证方式，那么将采用第二种方式进行认证。

(9) 在做实验过程中注意思考的问题。

为什么要在 PPP 连接中配置认证协议？

第7章

网络应用协议分析及系统配置实验

7.1　DNS 实验

7.1.1　技术原理

DNS(Domain Name System，域名系统)为互联网应用(WWW、FTP 及 Email 等)提供域名与 IP 地址的相互转换服务，是互联网网络服务的重要基础设施。

DNS 作为万维网上域名和 IP 地址相互映射的一个分布式数据库，能够使用户更方便地访问互联网，而不用去记住能够被机器直接读取的 IP 数串。把域名转换为对应的 IP 地址的过程叫做域名解析(或主机名解析)。域名解析的工作主要由域名服务器 DNS 完成。DNS 协议运行在 UDP 协议之上，使用端口号 53。

域名解析方法主要有两种：递归查询与迭代查询。

(1) 递归查询：本机向本地域名服务器发出一次查询请求后，就静待最终结果。如果本地域名服务器无法解析，它会以 DNS 客户机的身份向其他域名服务器继续查询，直到得到最终的 IP 地址告诉本机。

(2) 迭代查询：本地域名服务器向根域名服务器查询，根域名服务器告诉它下一步到哪里去查询，然后本地域名服务器再去查，每次它都是以客户机的身份去各个服务器查询。

为了提高解析效率，并减轻根域名服务器的负荷和减少因特网上的 DNS 查询报文的数量，在域名服务器以及主机中都广泛使用了高速缓存，用来存放最近解析过的域名信息。当然，缓存中的信息是有时效的，因为域名和 IP 地址之间的映射关系并不总是一成不变的，因此，必须定期删除缓存中过期的映射关系。

7.1.2　实验目的

(1) 掌握 DNS 的工作原理和工作过程；
(2) 熟悉递归查询与迭代查询的理论体系；
(3) 学习 DNS 服务器的搭建和配置；
(4) 验证域名解析过程；
(5) 理解 DNS 缓存的作用。

7.1.3 实验拓扑

本实验的拓扑结构如图 7-1 所示。该域名系统包括一个根域名服务器 root_dns，两个顶级域名服务器：com 域域名服务器 com_dns 和 edu 域域名服务器 edu_dns；com 域包含一个子域 a.com 域域名服务器 a.com_dns，edu 域包含一个子域 b.edu 域域名服务器 b.edu_dns。此外，系统设置两台 Web 服务器，分别用 www.a.com 和 www.b.edu 进行标识。终端 A 选择 a.com 域域名服务器 a.com_dns 作为本地域名服务器，终端 B 选择 b.edu 域域名服务器 b.edu_dns 作为本地域名服务器。本域名解析系统实现将域名 www.a.com 和 www.b.edu 解析成其对应的 IP 地址 192.1.1.5 和 192.1.5.5。

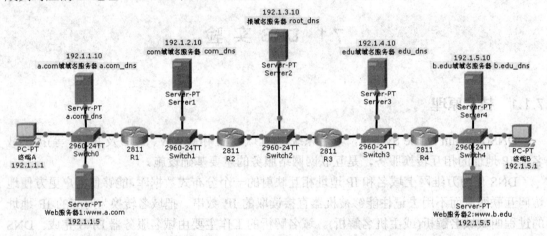

图 7-1 DNS 实验拓扑结构

7.1.4 实验步骤

(1) 实验环境搭建。

根据图 7-1 所示的网络拓扑结构放置连接好设备，并按照表 7-1 配置各终端主机和服务器的 IP 地址信息。

表 7-1 主机/服务器 IP 地址及服务等信息配置表

设　备	IP地址	默认网关	子网掩码	DNS服务器
终端A	192.1.1.1	192.1.1.254	255.255.255.0	192.1.1.10
终端B	192.1.5.1	192.1.5.254	255.255.255.0	192.1.5.10
a.com域域名服务器　a.com_dns	192.1.1.10	192.1.1.254	255.255.255.0	—
b.edu域域名服务器　b.edu_dns	192.1.5.10	192.1.5.254	255.255.255.0	—
com域域名服务器　com_dns	192.1.2.10	192.1.2.254	255.255.255.0	—
edu域域名服务器　edu_dns	192.1.4.10	192.1.4.254	255.255.255.0	—
根域名服务器　root_dns	192.1.3.10	192.1.3.254	255.255.255.0	—
Web服务器1 www.a.com	192.1.1.5	192.1.1.254	255.255.255.0	—
Web服务器2 www.b.edu	192.1.5.5	192.1.5.254	255.255.255.0	—

(2) 配置路由器各接口的 IP 地址信息及路由协议。

路由器各接口的 IP 地址信息如表 7-2 所示。为简单起见，采用路由协议 RIP 配置各路由器。配置完成后，通过 ping 命令测试各设备之间的连通性。

表 7-2　路由器各接口的 IP 地址信息

设　备	接口	IP地址	子网掩码
路由器 R1	FastEthernet0/0	192.1.1.254	255.255.255.0
	FastEthernet0/1	192.1.2.254	255.255.255.0
路由器 R2	FastEthernet0/0	192.1.2.253	255.255.255.0
	FastEthernet0/1	192.1.3.254	255.255.255.0
路由器 R3	FastEthernet0/0	192.1.3.253	255.255.255.0
	FastEthernet0/1	192.1.4.254	255.255.255.0
路由器 R4	FastEthernet0/0	192.1.4.253	255.255.255.0
	FastEthernet0/1	192.1.5.254	255.255.255.0

① 路由器 R1 的配置命令如下：

```
Router>enable
Router#configure terminal
Router(config)hostname R1
R1(config)#interface FastEthernet0/0
R1(config-if)#ip address 192.1.1.254 255.255.255.0
R1(config-if)#no shutdown
R1(config-if)#exit
R1(config)#interface FastEthernet0/1
R1(config-if)#ip address 192.1.2.254 255.255.255.0
R1(config-if)#no shutdown
R1(config-if)#exit
R1(config)#router rip
R1(config-router)#network 192.1.1.0
R1(config-router)#network 192.1.2.0
R1config-router)# exit
```

② 路由器 R2 的配置命令如下：

```
Router>enable
Router#configure terminal
Router(config)hostname R2
R2(config)#interface FastEthernet0/0
R2(config-if)#ip address 192.1.2.253 255.255.255.0
R2(config-if)#no shutdown
R2(config-if)#exit
R2(config)#interface FastEthernet0/1
R2(config-if)#ip address 192.1.3.254 255.255.255.0
```

R2(config-if)#no shutdown

R2(config-if)#exit

R2(config)#router rip

R2(config-router)#network 192.1.2.0

R2(config-router)#network 192.1.3.0

R2(config-router)# exit

③ 路由器 R3 的配置命令如下：

Router>enable

Router#configure terminal

Router(config)#hostname R3

R3(config)#interface FastEthernet0/0

R3(config-if)#ip address 192.1.3.253 255.255.255.0

R3(config-if)#no shutdown

R3(config-if)#exit

R3(config)#interface FastEthernet0/1

R3(config-if)#ip address 192.1.4.254 255.255.255.0

R3(config-if)#no shutdown

R3(config-if)#exit

R3(config)#router rip

R3(config-router)#network 192.1.3.0

R3(config-router)#network 192.1.4.0

R3(config-router)#exit

④ 路由器 R4 的配置命令如下：

Router>enable

Router#configure terminal

Router(config-if)#hostname R4

R4(config)#interface FastEthernet0/0

R4(config-if)#ip address 192.1.4.253 255.255.255.0

R4(config-if)#no shutdown

R4(config-if)#exit

R4(config)#interface FastEthernet0/1

R4(config-if)#ip address 192.1.5.254 255.255.255.0

R4(config-if)#no shutdown

R4(config-if)#exit

R4(config)#router rip

R4(config-router)#network 192.1.4.0

R4(config-router)#network 192.1.5.0

R4(config-router)# exit

完成上述配置后，各路由器的路由表如图 7-2 所示。

Routing Table for R1

Type	Network	Port	Next Hop IP	Metric
C	192.1.1.0/24	FastEthernet0/0	---	0/0
C	192.1.2.0/24	FastEthernet0/1	---	0/0
R	192.1.3.0/24	FastEthernet0/1	192.1.2.253	120/1
R	192.1.4.0/24	FastEthernet0/1	192.1.2.253	120/2
R	192.1.5.0/24	FastEthernet0/1	192.1.2.253	120/3

Routing Table for R2

Type	Network	Port	Next Hop IP	Metric
R	192.1.1.0/24	FastEthernet0/0	192.1.2.254	120/1
C	192.1.2.0/24	FastEthernet0/0	---	0/0
C	192.1.3.0/24	FastEthernet0/1	---	0/0
R	192.1.4.0/24	FastEthernet0/1	192.1.3.253	120/1
R	192.1.5.0/24	FastEthernet0/1	192.1.3.253	120/2

Routing Table for R3

Type	Network	Port	Next Hop IP	Metric
R	192.1.1.0/24	FastEthernet0/0	192.1.3.254	120/2
R	192.1.2.0/24	FastEthernet0/0	192.1.3.254	120/1
C	192.1.3.0/24	FastEthernet0/0	---	0/0
C	192.1.4.0/24	FastEthernet0/1	---	0/0
R	192.1.5.0/24	FastEthernet0/1	192.1.4.253	120/1

Routing Table for R4

Type	Network	Port	Next Hop IP	Metric
R	192.1.1.0/24	FastEthernet0/0	192.1.4.254	120/3
R	192.1.2.0/24	FastEthernet0/0	192.1.4.254	120/2
R	192.1.3.0/24	FastEthernet0/0	192.1.4.254	120/1
C	192.1.4.0/24	FastEthernet0/0	---	0/0
C	192.1.5.0/24	FastEthernet0/1	---	0/0

图 7-2　各路由器的路由表

(3) 分别设置 www.a.com 服务器和 www.b.edu 服务器。

① 单击 www.a.com 服务器，选择 Services(服务)配置选项卡，在左侧的 SERVICES 栏中选择 HTTP 服务，在右侧的配置界面，开启 HTTP 和 HTTPS 服务；

② 点击 index.html 主页项对应的 edit 按钮，可编辑 index.html 主页，更改主页显示信息，如图 7-3 所示；

③ 按同样操作完成 www.b.edu 服务器的配置。

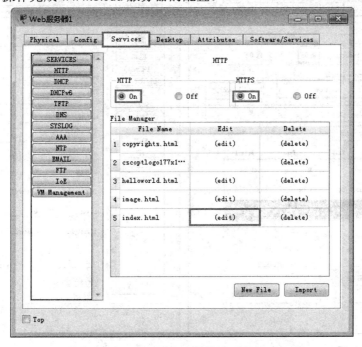

图 7-3　www.a.com 服务器的 HTTP 服务配置界面

(4) 配置各 DNS 服务器。

主要是开启 DNS 服务，并填写资源记录。Packet Tracer 7.0 中，DNS 资源记录有 4 种类型，如表 7-3 所示。

表 7-3　资源记录类型

记录类型	记录名称	说　　明
A	主机记录	建立主机域名与 IP 地址之间的映射关系，实现通过域名找到服务器
NS	名称服务器记录	用来表明由哪台服务器对该域名进行解析
CNAME	别名记录	为一个主机设置别名
SOA	起始授权记录	定义该区域哪个名称服务器是授权域名服务器

单击各域名服务器选择 Services 配置选项卡，在左侧的 SERVICES 栏中选择 DNS 服务，在右侧的配置界面，点击 On 按钮，开启 DNS 服务，在 Resource Records(资源记录)界面输入各个资源记录：

① Name(名称)框：输入域名；

② Type(类型)框：输入资源记录类型；

③ Address(地址)框：输入域名对应的 IP 地址；

④ 点击 Add 按钮添加一条资源记录。

完成资源记录输入过程后，各个域名服务器的 DNS 配置界面分别如图 7-4 至 7-8 所示。

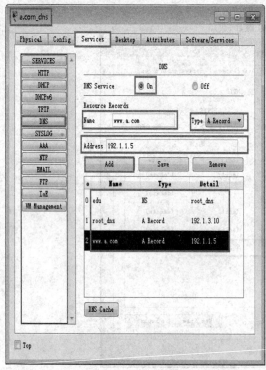
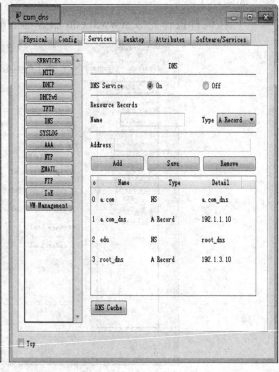

图 7-4　域名服务器 a.com_dns 的 DNS 配置界面　　图 7-5　域名服务器 com_dns 的 DNS 配置界面

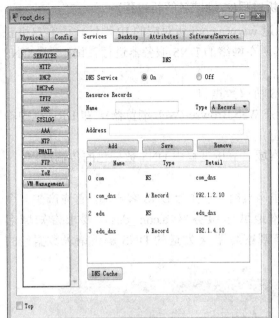

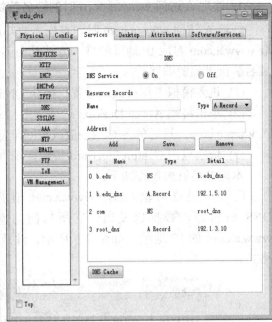

图 7-6　域名服务器 root_dns 的 DNS 配置界面　　　图 7-7　域名服务器 edu_dns 的 DNS 配置界面

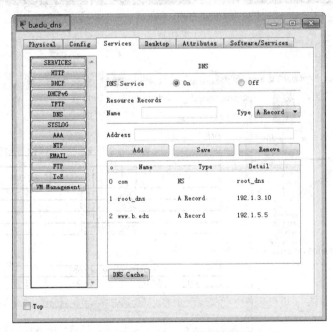

图 7-8　域名服务器 b.edu_dns 的 DNS 配置界面

7.1.5　DNS 域名解析过程分析验证

在 Packet Tracer 的模拟模式下观察分析 PC0 分别访问 www.a.com 和 www.b.edu 时的域名解析过程以及解析请求和应答数据包的传输过程。

1. 终端 A 访问 www.a.com 时的域名解析过程(本地域名解析过程)

终端 A 访问 www.a.com 时,首先需要知道 www.a.com 所对应的 IP 地址,而客户机获取 www.a.com 对应 IP 地址的唯一方法是向其所在网络的 DNS 服务器进行查询,一次 DNS 域名解析过程随即展开。

(1) 进入模拟工作模式,设置仅捕获 DNS 协议数据包;

(2) 单击终端 A,在 Desktop 选项卡中打开 Web Browser(Web 浏览器),在 URL 框中输入 www.a.com,然后单击 Go 按钮(或按回车键);

(3) 依次点击 Capture/Forward 按钮,观察域名解析过程中 DNS 数据包的传输过程。

本地域名解析过程如下:

① 当在终端 A 输入域名 www.a.com 请求网页时,它作为 DNS 客户端,首先产生一个 DNS 解析请求数据包发送给它所指向的本地域名服务器 a.com_dns,要求告知域名 www.a.com 的 IP 地址,如图 7-9 所示。注意观察终端 A 发送的 DNS 解析请求数据包的格式。

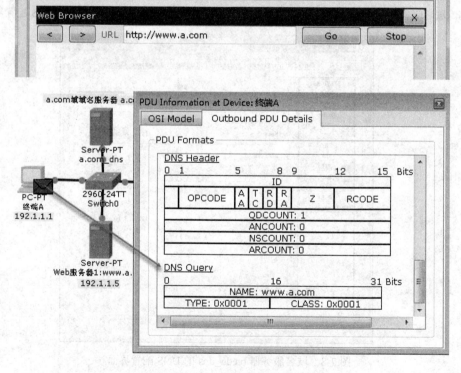

图 7-9 终端 A 发送解析请求数据包

② 本地域名服务器 a.com_dns 接收到终端 A 的 DNS 解析请求,首先查询自己的 DNS 数据库,发现存在相应的资源记录<www.a.com A Record 192.1.1.5>,于是将域名 www.a.com 对应的 IP 地址 192.1.1.5 放入 DNS 应答报文中,并向终端 A 的浏览器回复解析结果,如图 7-10 所示。注意观察 a.com_dns 服务器解析应答数据包的格式。

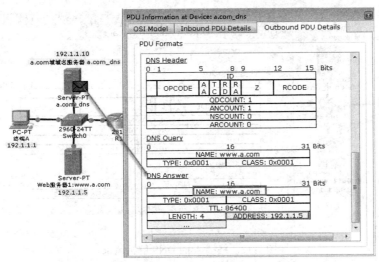

图 7-10 a.com_dns 服务器解析应答数据包

③ 终端 A 收到本地域名服务器 a.com_dns 的应答数据包，取出解析出的 IP 地址 192.1.1.5，域名解析完成，PC0 就可以访问 www.a.com 服务器了，返回的 Web 页面如图 7-11 所示。

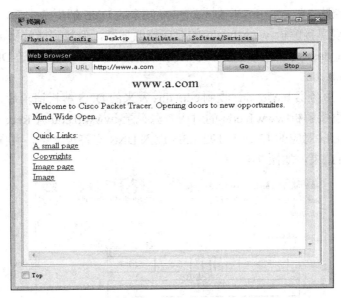

图 7-11 终端 A 域名解析成功，访问www.a.com服务器结果图

2. 终端 A 访问 www.b.edu 时的域名解析过程(外网域名解析过程)

(1) 在终端 A 的浏览器中输入 www.b.edu 并回车，在模拟模式下，可以看到终端 A 生成一个 DNS 解析请求数据包(如图 7-12 所示)，该解析请求被发送给本地域名服务器 a.com_dns。

(2) 本地域名服务器 a.com_dns 收到终端 A 的 DNS 解析请求后，查询自己的 DNS 数据库，没有发现对应的资源记录，于是 a.com_dns 作为 DNS 客户端向根域名服务器 root_dns 发送 DNS 解析请求包，请求解析域名 www.b.edu。

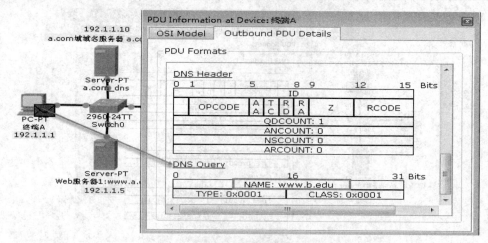

图 7-12　终端 A 的 DNS 解析请求

(3) 根域名服务器 root_dns 收到 a.com_dns 发来的 DNS 解析请求，查询自己的 DNS 数据库，没有发现直接解析 www.b.edu 的对应资源记录，但找到能解析.edu 后缀的顶级域名服务器 edu_dns，于是 root_dns 向顶级域名服务器 edu_dns 发送 DNS 解析请求，请求解析域名 www.b.edu。

(4) 顶级域名服务器 edu_dns 收到 root_dns 发来的 DNS 解析请求后，查询自己的 DNS 数据库，没有发现直接解析 www.b.edu 的对应资源记录，但找到能解析 b.edu 后缀的权限域名服务器 b.edu_dns，于是 edu_dns 向权限域名服务器 b.edu_dns 发送 DNS 解析请求，请求解析域名 www.b.edu。

(5) 权限域名服务器 b.edu_dns 收到 edu_dns 发来的 DNS 解析请求后，查询自己的 DNS 数据库，发现可直接解析 www.b.edu 的对应资源记录<www.b.edu A Record 192.1.5.5>，于是将域名 www.b.edu 对应的 IP 地址 192.1.5.5 放入 DNS 应答报文中，并向顶级域名服务器 edu_dns 回复解析结果，如图 7-13 所示。

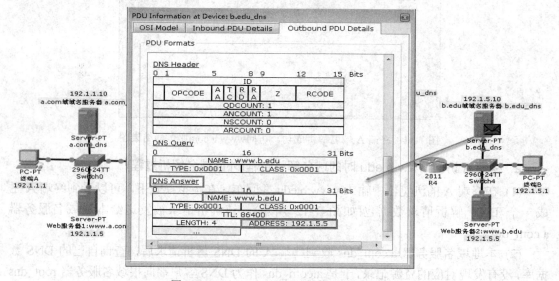

图 7-13　b.edu_dns 服务器解析应答数据包

(6) 顶级域名服务器 edu_dns 收到权限域名服务器 b.edu_dns 的 DNS 解析应答报文后，将 www.b.edu 对应的 IP 地址 192.1.5.5 存储到其高速缓存中，如图 7-14 所示。此后在一段时间内，其他客户机再次访问 www.b.edu 时，就可以不需要再次转发解析请求，而直接从缓存中提取记录向客户端返回 IP 地址，这是为减少 Internet 上 DNS 通信量的一种设计。此外，顶级域名服务器 edu_dns 将 IP 地址 192.1.5.5 写入 DNS 应答报文发送给根域名服务器 root_dns。

图 7-14　edu_dns 服务器 DNS 高速缓存信息

(7) 根域名服务器 root_dns 收到顶级域名服务器 edu_dns 的 DNS 应答报文后，同样会将 www.b.edu.对应的 IP 地址 192.1.5.5 存储到其高速缓存中，同时将 IP 地址 192.1.5.5 写入 DNS 应答报文发送给本地域名服务器 a.com_dns。

(8) 本地域名服务器 a.com_dns 收到根域名服务器 root_dns 的 DNS 应答报文后，将 www.b.edu 对应的 IP 地址 192.1.5.5 存储到其高速缓存中，同时将 IP 地址 192.1.5.5 写入 DNS 应答报文发送给终端 A。

(9) 终端 A 收到本地域名服务器 a.com_dns 的应答数据包，取出 IP 地址 192.1.5.5，域名解析完成，此后，终端 A 就能访问 www.b.edu 服务器了，返回的 Web 页面如图 7-15 所示。

图 7-15　终端 A 域名解析成功，成功访问 www.b.edu 服务器效果图

由上述模拟过程和结果分析可知，终端 A 向本地 DNS 服务器 a.com_dns 请求解析时，本地 DNS 服务器会最终答复它，终端 A 与本地 DNS 服务器之间的解析是递归查询；同样 DNS 服务器与 DNS 服务器之间的解析也是递归查询。

7.2 DHCP 配置分析实验

7.2.1 技术原理

1. DHCP 简介

DHCP(Dynamic Host Configuration Protocol，动态主机配置协议)是一个应用层协议。当将客户机 IP 地址设置为动态获取方式时，DHCP 服务器就会根据 DHCP 协议给客户端分配 IP 地址，使得客户端能够利用这个 IP 地址访问网络。

在局域网中，对于网络规模较大的用户，系统管理员给每台计算机分配 IP 地址的工作量会很大，而且常常会因为用户不遵守规则而出现错误，例如导致 IP 地址的冲突等，DHCP 就因此应运而生。采用 DHCP 协议为计算机配置 IP 地址的方案称为动态 IP 地址方案。在动态 IP 地址方案中，每台计算机并不设定固定的 IP 地址，而是在计算机开机时才被分配一个 IP 地址，当计算机关机后，该 IP 地址可以收回，提高了 IP 地址的利用率。

在 DHCP 网络中，有三类对象，分别是 DHCP 客户端、DHCP 服务器和 DHCP 数据库。

被分配 IP 地址的计算机称为 DHCP 客户端；负责给 DHCP 客户端分配 IP 地址的设备称为 DHCP 服务器；DHCP 数据库是 DHCP 服务器上的数据库，存储了 DHCP 服务配置的各种信息。因此，DHCP 采用客户端/服务器模式，有明确的客户端和服务器角色的划分。

2. DHCP 报文格式

DHCP 报文格式如图 7-16 所示。

字节 1	1	1	1
OP (报文类型)	Htype (硬件类别)	Hlen (硬件长度)	Hops (跳数)
Xid (请求标识 ID)			
Seconds (请求持续时间)		Flags (标志字段，如广播/单播)	
Ciaddr (客户端的 IP 地址)			
Yiaddr (服务器分配给客户端的 IP 地址)			
Siaddr (客户端获取 IP 地址等信息的服务器的 IP 地址)			
Giaddr (中继器的 IP 地址)			
Chaddr (客户端的硬件地址)　16 字节			
Sname (服务器名)　64 字节			
File (启动配置文件)　128 字节			
Options (选项字段)　可变长			

图 7-16　DHCP 报文格式

(1) OP(报文类型)：报文的操作类型。分为请求报文和响应报文。1—请求报文；2—应答报文。即 DHCP Client 送给 DHCP Server 的封包设为 1，反之为 2。

请求报文主要包括：DHCP Discover、DHCP Request、DHCP Release、DHCP Inform 和

DHCP Decline。

应答报文主要包括：DHCP Offer、DHCP ACK 和 DHCP NAK。

(2) Htype(硬件类别)：DHCP 客户端的 MAC 地址类型。MAC 地址类型其实是指明网络类型，Htype 值为 1 时，表示最常见的以太网 MAC 地址类型。

(3) Hlen(硬件长度)：DHCP 客户端的 MAC 地址长度。以太网 MAC 地址长度为 6 个字节，即以太网时 Hlen 值为 6。

(4) Hops(跳数)：DHCP 报文经过的 DHCP 中继的数目，默认为 0。DHCP 请求报文每经过一个 DHCP 中继，该字段就会增加 1。没有经过 DHCP 中继时值为 0。(若数据包需经过 Router 传送，每站加 1，若在同一网内，为 0。)

(5) Xid(请求标识 ID)：客户端通过 DHCP Discover 报文发起一次 IP 地址请求时选择的随机数，相当于请求标识，用来标识一次 IP 地址请求过程。在一次请求中所有报文的 Xid 都是一样的。

(6) Seconds(请求持续时间)：DHCP 客户端从获取 IP 地址或者续约过程开始到现在所消耗的时间，以秒为单位。在没有获得 IP 地址前该字段始终为 0。(DHCP 客户端开始 DHCP 请求后所经过的时间。目前尚未使用，固定为 0。)

(7) Flags(标志字段，如广播/单播)：标志位，只使用第 0 比特位，是广播应答标识位，用来标识 DHCP 服务器应答报文是采用单播还是广播发送。0 表示采用单播发送方式，1 表示采用广播发送方式。其余位尚未使用。(即从 0～15 bits，最左 1 bit 为 1 时表示服务器将以广播方式传送封包给客户端。)

注意：在客户端正式分配了 IP 地址之前的第一次 IP 地址请求过程中，所有 DHCP 报文都是以广播方式发送的，包括客户端发送的 DHCP Discover 和 DHCP Request 报文，以及 DHCP 服务器发送的 DHCP Offer、DHCP ACK 和 DHCP NAK 报文。当然，如果是由 DHCP 中继器转发的报文，则都是以单播方式发送的。另外，IP 地址续约和 IP 地址释放的相关报文都是采用单播方式进行发送的。

(8) Ciaddr(客户端的 IP 地址)：DHCP 客户端的 IP 地址。仅在 DHCP 服务器发送的 ACK 报文中显示，在其他报文中均显示 0，因为在得到 DHCP 服务器确认前，DHCP 客户端还没有分配到 IP 地址。只有客户端是 Bound、Renew 和 Rebinding 状态，并且能响应 ARP 请求时，才能被填充。

(9) Yiaddr：DHCP 服务器分配给客户端的 IP 地址。仅在 DHCP 服务器发送的 Offer 和 ACK 报文中显示，其他报文中显示为 0。

(10) Siaddr：下一个为 DHCP 客户端分配 IP 地址等信息的 DHCP 服务器 IP 地址。仅在 DHCP Offer 和 DHCP ACK 报文中显示，其他报文中显示为 0。

(11) Giaddr：DHCP 客户端发出请求报文后经过的第一个 DHCP 中继的 IP 地址。如果没有经过 DHCP 中继，则显示为 0。

(12) Chaddr：DHCP 客户端的 MAC 地址。在每个报文中都会显示对应 DHCP 客户端的 MAC 地址。

(13) Sname：为 DHCP 客户端分配 IP 地址的 DHCP 服务器名称(DNS 域名格式)。在 Offer 和 ACK 报文中显示发送报文的 DHCP 服务器名称，其他报文显示为 0。

(14) File：DHCP 服务器为 DHCP 客户端指定的启动配置文件名称及路径信息。仅在

DHCP Offer 报文中显示,其他报文中显示为空。

(15) Options:可选项字段,长度可变,格式为"代码+长度+数据"。

3. DHCP 的工作过程

DHCP 协议采用 UDP 作为传输协议,主机发送请求消息到 DHCP 服务器的 67 号端口,DHCP 服务器回应应答消息给主机的 68 号端口。详细的交互过程如图 7-17 所示。

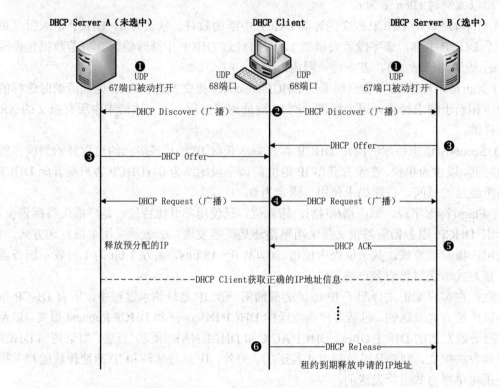

图 7-17 DHCP 客户端和服务器的交互过程

(1) DHCP 服务器被动打开 UPD 67 端口,等待客户端发来的报文;

(2) 发现阶段:即 DHCP 客户端寻找 DHCP 服务器阶段。DHCP 客户端以广播方式(因为此时 DHCP 服务器的 IP 地址对于客户端来说是未知的)从 UDP 68 端口发起一个 DHCP Discover 报文,目的是想发现能够给它提供 IP 地址的 DHCP Server。网络上每台按照 TCP/IP 协议的主机都会接收到该广播包,但只有 DHCP 服务器才会作出响应。

(3) 提供阶段:DHCP 服务器提供 IP 地址阶段。所有能够接收到 DHCP Discover 报文的 DHCP 服务器都会给出响应,从尚未分配的 IP 地址中挑选一个分配给 DHCP 客户端,然后向 DHCP 客户端发送一个 DHCP Offer 报文,意在告诉客户端它可以提供 IP 地址。DHCP Offer 报文中"Your(Client) IP Address"字段就是 DHCP 服务器能够提供给 DHCP 客户端使用的 IP 地址,且 DHCP 服务器会将自己的 IP 地址放在"option"字段中以便 DHCP 客户端区分不同的 DHCP 服务器。DHCP 服务器在发出此报文后会存在一个已分配 IP 地址的记录。

(4) 选择阶段:DHCP 客户端选择某台 DHCP 服务器提供的 IP 地址的阶段。如果有多台 DHCP 服务器向 DHCP 客户端发送了 DHCP Offer 报文,则客户端接受并处理最先收到的 DHCP Offer 报文,然后 DHCP 客户端会以广播方式应答一个 DHCP Request 报文,在选项字段中会加入选中的 DHCP 服务器的 IP 地址和需要的 IP 地址。之所以要以广播方式应答，是为了通知所有的 DHCP 服务器，它将选择某台 DHCP 服务器所提供的 IP 地址。

(5) 确认阶段：DHCP 服务器确认所提供的 IP 地址阶段。当 DHCP 服务器收到 DHCP Request 报文后，判断选项字段中的 IP 地址是否与自己的地址相同。如果不相同，DHCP 服务器不做任何处理只清除相应 IP 地址分配记录；如果相同，DHCP 服务器就会向 DHCP 客户端响应一个 DHCP ACK 报文，并在选项字段中增加 IP 地址的使用租期信息。

DHCP 客户端接收到 DHCP ACK 报文后，检查 DHCP 服务器分配的 IP 地址是否能够使用。如果可以使用，则 DHCP 客户端成功获得 IP 地址并根据 IP 地址使用租期自动启动续延过程；如果 DHCP 客户端发现分配的 IP 地址已经被使用，则向 DHCP 服务器发出 DHCP Decline 报文，通知 DHCP 服务器禁用这个 IP 地址，然后 DHCP 客户端开始新的 IP 地址申请过程。

(6) DHCP 客户端在成功获取 IP 地址后，随时可以通过发送 DHCP Release 报文释放自己的 IP 地址。DHCP 服务器收到 DHCP Release 报文后，会回收相应的 IP 地址并重新分配。

在使用租期超过 50%时刻处，DHCP 客户端会以单播形式向 DHCP 服务器发送 DHCP Request 报文来续租 IP 地址。如果 DHCP 客户端成功收到 DHCP 服务器发送的 DHCP ACK 报文，则按相应时间延长 IP 地址租期；如果没有收到 DHCP 服务器发送的 DHCP ACK 报文，则 DHCP 客户端继续使用这个 IP 地址。

在使用租期超过 87.5%时刻处，DHCP 客户端会以广播形式向 DHCP 服务器发送 DHCP Request 报文来续租 IP 地址。如果 DHCP 客户端成功收到 DHCP 服务器发送的 DHCP ACK 报文，则按相应时间延长 IP 地址租期；如果没有收到 DHCP 服务器发送的 DHCP ACK 报文，则 DHCP 客户端继续使用这个 IP 地址，直到 IP 地址使用租期到期时，DHCP 客户端才会向 DHCP 服务器发送 DHCP Release 报文来释放这个 IP 地址，并开始新的 IP 地址申请过程。

需要说明的是：DHCP 客户端可以接收到多个 DHCP 服务器的 DHCP Offer 报文，然后可能接受任何一个 DHCP Offer 报文，但客户端通常只接受收到的第一个 DHCP Offer 报文。另外，DHCP 服务器的 DHCP Offer 报文中指定的地址不一定为最终分配的地址，通常情况下，DHCP 服务器会保留该地址直到客户端发出正式请求。

正式请求 DHCP 服务器分配 IP 地址的 DHCP Request 报文采用广播包，是为了让其他所有发送 DHCP Offer 报文的 DHCP 服务器也能够接收到该报文，然后释放已经 Offer(预分配)给客户端的 IP 地址。

如果发送给 DHCP 客户端的地址已经被其他 DHCP 客户端使用，客户端会向服务器发送 DHCP Decline 报文拒绝接受已经分配的地址信息。

在协商过程中，如果 DHCP 客户端发送的 Request 消息中的地址信息不正确，如客户端已经迁移到新的子网或者租约已经过期，DHCP 服务器会发送 DHCP NAK 消息给 DHCP 客户端，让客户端重新发起地址请求过程。

7.2.2　DHCP 服务器为内网主机动态分配 IP 地址实验

1. 实验目的

(1) 理解 DHCP 的作用；

(2) 学习 DHCP 的工作原理和工作过程；

(3) 学习 DHCP 的报文格式；

(4) 学习 DHCP 服务器的配置；

(5) 学习验证 DHCP 客户端自动获取网络配置信息过程。

2. 实验拓扑

本实验所用的网络拓扑如图 7-18 所示。局域网中的 DHCP Server 负责为本网络中的主机动态分配 IP 地址。

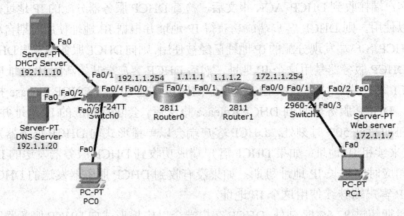

图 7-18   DHCP 服务器为内网主机动态分配 IP 地址实验拓扑图

3. 实验步骤

(1) 实验环境搭建。

① 启动 Packet Tracer 软件，在逻辑工作区根据图 7-18 中的网络拓扑图放置和连接设备。使用设备包括：2 台 2811 型路由器；2 台 2960 型交换机；2 台 PC 机，分别命名为 PC0 和 PC1；3 台服务器，分别为 DHCP 服务器 DHCP Server、DNS 服务器 DNS Server 和 www 服务器 Web Server，并且用合适连线将各设备依次连接起来。

② 根据表 7-4 配置各个服务器的 IP 地址信息。

表 7-4   IP 地址信息表

设　备	接口	IP 地址	子网掩码	网　关
DHCP 服务器 DHCP Server	FastEthernet0	192.1.1.10	255.255.255.0	192.1.1.254
DNS 服务器 DNS Server	FastEthernet0	192.1.1.20	255.255.255.0	192.1.1.254
www 服务器 Web Server	FastEthernet0	172.1.1.7	255.255.255.0	172.1.1.254
路由器 Router 0	FastEthernet0/0	192.1.1.254	255.255.255.0	—
	FastEthernet0/1	1.1.1.1	255.255.255.0	—
路由器 Router 1	FastEthernet0/0	172.1.1.254	255.255.255.0	—
	FastEthernet0/1	1.1.1.2	255.255.255.0	—

(2) 配置路由器各接口的 IP 地址信息及路由协议。

路由器各接口的 IP 地址信息如表 7-4 所示。为简单起见，采用路由协议 RIP 配置各路由器。

路由器 Router0 的配置命令如下：

```
Router>enable
Router#configure terminal
Router(config)hostname Router0
Router0(config)#interface FastEthernet0/0
Router0(config-if)#ip address 192.1.1.254 255.255.255.0
Router0(config-if)#no shutdown
Router0(config-if)#exit
Router0(config)#interface FastEthernet0/1
Router0(config-if)#ip address 1.1.1.1 255.255.255.0
Router0(config-if)#no shutdown
Router0(config-if)#exit
Router0(config)#router rip
Router0(config-router)#network 192.1.1.0
Router0(config-router)#network 1.1.1.0
Router0(config-router)#exit
```

路由器 Router1 的配置命令如下：

```
Router>enable
Router#configure terminal
Router(config)hostname Router1
Router1(config)#interface FastEthernet0/0
Router1(config-if)#ip address 172.1.1.254 255.255.255.0
Router1(config-if)#no shutdown
Router1(config-if)#exit
Router1(config)#interface FastEthernet0/1
Router1(config-if)#ip address 1.1.1.2 255.255.255.0
Router1(config-if)#no shutdown
Router1(config-if)#exit
Router1(config)#router rip
Router1(config-router)#network 172.1.0.0
Router1(config-router)#network 1.1.1.0
Router1(config-router)#exit
```

(3) 配置 DHCP 服务器。

单击 DHCP Server，进入 Config 面板，选择左栏 DHCP 服务，并按照图 7-19 所示进行相应参数的配置。其中：

① Pool name(IP 地址池名称)：Serverpool；
② Default Gateway(默认网关)：192.1.1.254；
③ DNS Server(DNS 服务器)：192.1.1.20；
④ Start IP Address(起始 IP 地址)：192.1.1.21；

⑤ Subnet Mask(子网掩码)：255.255.255.0；

⑥ Maximum number of Users(最大用户数)：20。

配置完成后点击 Save 按钮保存设置，并点击 On 按钮开启 DHCP 服务。

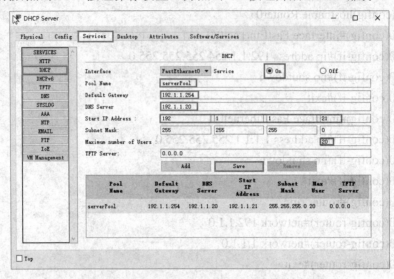

图 7-19　DHCP 服务器配置

(4) 配置 DNS 服务器。

单击 DNS Server，进入 Config 面板，选择面板左栏 DNS 服务，增加 Name 为 www.cisco.com，Type 为 A Record，Address 为 172.1.1.7 的资源记录，保存并开启 DNS 服务。配置界面如图 7-20 所示。

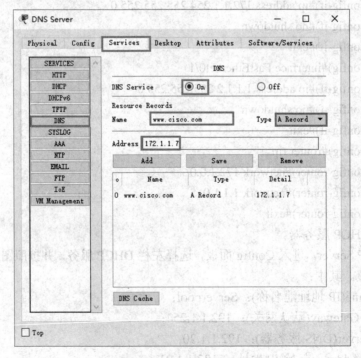

图 7-20　DNS 服务器配置

(5) 观察 PC0 自动获取 IP 地址配置信息的过程、DHCP 协议工作过程以及 DHCP 报文格式。

重点观察 DHCP 服务器为 PC0 动态分配 IP 地址的工作过程，此处可忽略交换机的转发过程，仅分析 DHCP 的请求和响应报文在 DHCP 服务器与 PC0 之间的交互情况。

① 进入模拟工作模式，设置要捕获的协议数据包类型仅为 DHCP。

② 单击 PC0，在 Desktop 选项卡下点击 IP Configuration，进入 IP 配置页面，选择 DHCP 单选按钮，观察到 PC0 产生第一个 DHCP 报文—DHCP Discover 报文，单击该报文观察其结构，如图 7-21 所示。

由于此时 PC0 还未设置 IP 地址信息，该报文的源 IP 地址为 0.0.0.0。同时可以看到 DHCP 协议采用 UDP 作为传输协议，DHCP 客户端采用 68 号端口，DHCP 服务器端采用 67 号端口。

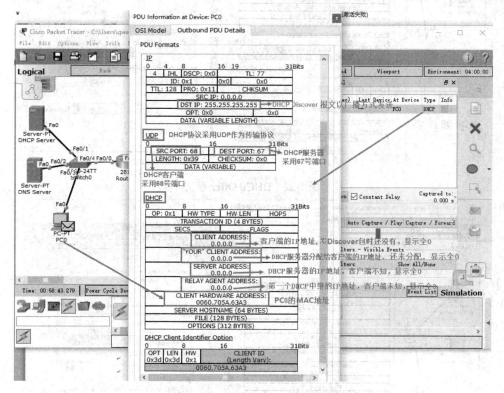

图 7-21　DHCP Discover 报文

③ 单击 Capture/Forword 按钮，观察 DHCP Discover 报文，以广播的形式进行发送，但只有 DHCP 服务器接受并处理该包。DHCP 服务器收到 DHCP Discover 报文后，发现未与 DHCP 客户端(即 PC0)进行绑定，于是从其地址池中找到第一个可用的 IP 地址封装成 DHCP Offer 报文。

④ 继续点击 Capture/Forword 按钮，可观察到 DHCP 服务器产生的 DHCP Offer 报文，点击该报文，查看该 DHCP Offer 报文结构，如图 7-22 所示。

⑤ 单击 Capture/Forword 按钮，观察 DHCP Offer 报文，以广播的形式进行发送，但只有 PC0 接受并处理该包。PC0 收到 DHCP Offer 报文后，将会产生一个 DHCP Request 报文，请求使用预分配的 IP 地址。

⑥ 继续点击 Capture/Forword 按钮，可观察到 PC0 产生的 DHCP Request 报文，点击该报文，查看该 DHCP Request 报文结构，如图 7-23 所示。

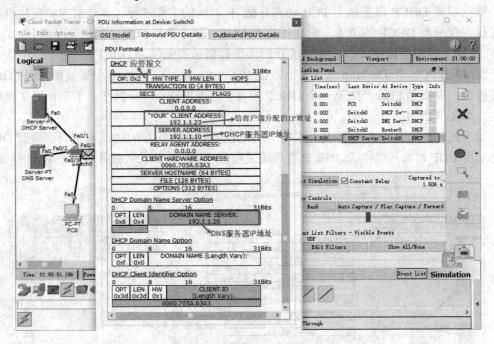

图 7-22　DHCP Offer 报文

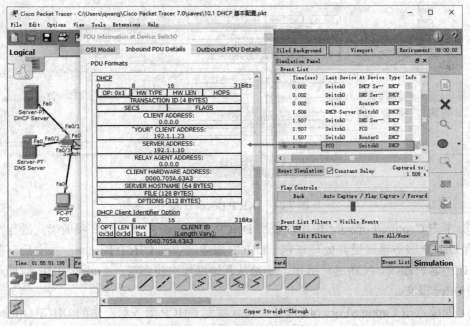

图 7-23　DHCP Request 报文

⑦ 单击 Capture/Forword 按钮，观察 DHCP Request 报文，以广播的形式进行发送，DHCP 服务器收到 DHCP 报文后，将被请求的 IP 地址在其地址池中与 DHCP 客户端(PC0)的 MAC 地址绑定，并封装 DHCP ACK 报文。

⑧ 继续点击 Capture/Forword 按钮，可观察到 DHCP 服务器产生的 DHCP ACK 报文，点击该报文，查看报文结构，如图 7-24 所示。

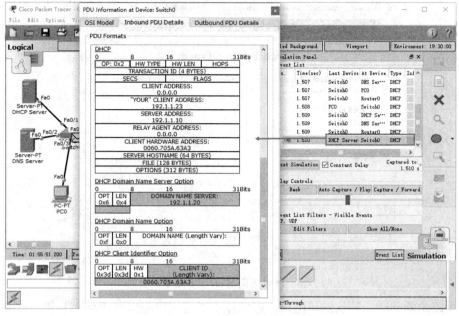

图 7-24　DHCP ACK 报文

⑨ 单击 Capture/Forword，观察 DHCP ACK 报文，以广播的形式进行发送，PC0 收到该报文后，在本机进行 IP 地址配置。

⑩ 进入 PC0 Desktop 选项卡下的 IP Configuration 面板，观察到 PC0 获得了网络配置信息，包括 IP 地址、子网掩码、默认网关地址和 DNS 服务器地址，如图 7-25 所示。

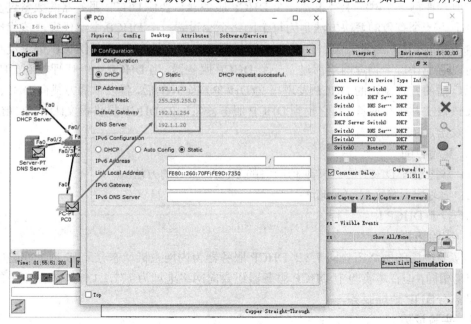

图 7-25　PC0 获得了网络配置信息

⑪ PC0 访问 Web 服务器，测试配置信息的正确性和网络连通性，结果如图 7-26 所示。

图 7-26 PC0 访问 Web 服务器返回页面

由于路由器的端口默认隔离广播，因此在上述过程中路由器 Router1 每次收到广播包后，均将其丢弃。

7.2.3 DHCP 服务器为外网主机动态分配 IP 地址实验(DHCP 中继)

使用一个 DHCP 服务器可以很容易地实现为一个网络中的主机动态分配 IP 地址等配置信息，但若在每一个网络上都设置一个 DHCP 服务器，会使 DHCP 服务器的数量过多，显然不合适。一个有效的解决方法是为每个网络至少设置一个 DHCP 中继代理，该代理可以是一台 Internet 主机或路由器。DHCP 中继代理可以用来转发跨网的 DHCP 请求及响应，因此可以避免在每个物理网络都建立一个 DHCP 服务器。当 DHCP 中继代理收到 DHCP 客户端以广播的方式发送的 DHCP 发现报文(DHCP Discover)后，就以单播方式向 DHCP 服务器转发该报文并等待应答；当它收到 DHCP 服务器发回的 DHCP 提供报文(DHCP Offer)后，将其转发给 DHCP 客户端。

1. 实验目的
(1) 掌握通过 DHCP 中继实现跨网络的 DHCP 服务的方法；
(2) 学习配置路由器中继地址；
(3) 验证 DHCP 中继过程。

2. 实验拓扑
本实验所用的网络拓扑同 7.2.2 DHCP 服务器为内网主机动态分配 IP 地址实验的拓扑(图 7-18)相同，但在本实验中 DHCP 服务器还要向网络地址为 172.1.1.0/24 的网段中的主机提供动态分配 IP 地址服务。

3. 实验步骤
(1) 在 DHCP 服务器上增加外网 IP 地址池。

在前一个实验的基础上，在 DHCP 服务器中增加外网 IP 地址池，配置参数如图 7-27 所示。

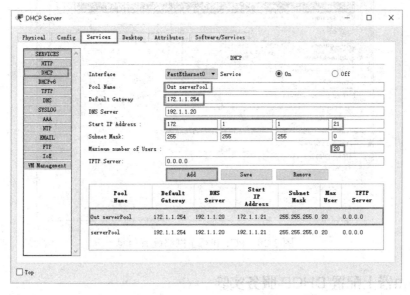

图 7-27 DHCP 服务器上增加外网 IP 地址池

(2) 配置 DHCP 中继。

DHCP 报文是以广播方式发送的，而路由器的端口默认是隔离广播的，若需要路由器 Router1 转发广播包，则必须在路由器 Router1 收到广播包的接口 FastEthernet0/0 配置 IP helper-address，才能转发 IP forward-protocol 中定义的广播包，并以单播方式送出，因此，需要为路由器 Router1 的 FastEthernet0/0 接口配置 DHCP 中继。

配置 DHCP 中继的命令为：IP helper-address   <DHCP 服务器 IP 地址>

本实验中要为 Router1 的 FastEthernet0/0 端口配置中继，命令行如下：

Router1>enable

Router1#configure terminal

Router1(config)#interface FastEthernet0/0

Router1(config-if)#ip helper-address 192.1.1.10   //配置中继地址，它是连接在另一个网络上的
                                                   //DHCP 服务器的 IP 地址

Router1(config-if)#exit

(3) 观察 PC1 自动获取 IP 地址配置信息的过程、DHCP 协议工作过程以及 DHCP 报文格式。

在 Router1 上配置好 DHCP 中继后，用同样的方法重新捕获 DHCP 报文，注意重点观察 DHCP 服务器为 PC1 动态分配 IP 地址的工作过程、Router1 对 DHCP 报文的处理方式以及 DHCP 报文的内容。最后 PC1 成功分配到 IP 地址，如图 7-28 所示。

观察时注意分析思考以下内容：

① 路由器 Router1 对 DHCP 广播包的处理；

② DHCP 的工作过程和前一个实验中的区别；

③ PC1 分配到的 IP 地址。

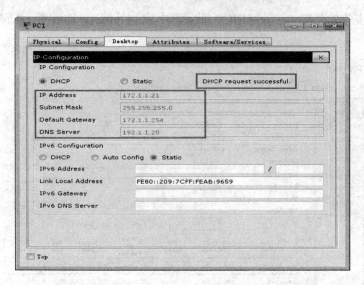

图 7-28 PC1 获得了网络配置信息

7.2.4 路由器上配置 DHCP 服务实验

1. 实验目的

(1) 学习路由器上配置 DHCP 服务的过程；

(2) 验证路由器匹配 DHCP 地址池原理；

(3) 验证终端自动获取网络配置信息过程。

2. 实验拓扑

本实验所用的网络拓扑如图 7-29 所示。在路由器 Router0 上配置 DHCP 服务，在路由器 Router1 上配置 DHCP 中继，从而实现为网络 LAN1 和 LAN2 中的主机动态分配 IP 地址。

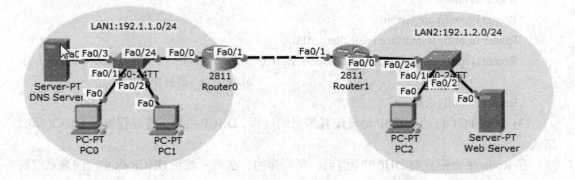

图 7-29 路由器上配置 DHCP 服务实验拓扑图

3. 实验步骤

(1) 实验环境搭建。

① 启动 Packet Tracer 软件，在逻辑工作区根据图 7-29 中的网络拓扑图放置和连接设备。使用设备包括：2 台 2811 型路由器；2 台 2960 型交换机；3 台 PC 机，分别命名为 PC0、

PC1 和 PC2；2 台服务器，分别为 DNS 服务器 DNS Server 和 WWW 服务器 Web Server，并且用合适连线将各设备依次连接起来。

② 根据表 7-5 配置各个服务器的 IP 地址信息。

表 7-5　IP 地址信息表

设　　备	接　口	IP 地址	子网掩码	网　关
DNS 服务器 DNS Server	FastEthernet0	192.1.1.20	255.255.255.0	192.1.1.254
www 服务器　Web Server	FastEthernet0	192.1.2.20	255.255.255.0	192.1.2.254
路由器 Router 0	FastEthernet0/0	192.1.1.254	255.255.255.0	—
	FastEthernet0/1	192.1.3.1	255.255.255.0	—
路由器 Router 1	FastEthernet0/0	192.1.3.2	255.255.255.0	—
	FastEthernet0/1	192.1.2.254	255.255.255.0	—

(2) 配置路由器各接口的 IP 地址信息及路由协议。

路由器各接口的 IP 地址信息如表 7-5 所示。为简单起见，采用路由协议 RIP 配置各路由器。

① 路由器 Router0 的接口地址及路由信息配置命令如下：

Router>enable

Router#configure terminal

Router(config)#hostname Router0

Router0(config)#interface FastEthernet0/0

Router0(config-if)#ip address 192.1.1.254 255.255.255.0

Router0(config-if)#no shutdown

Router0(config-if)#exit

Router0(config)#interface FastEthernet0/1

Router0(config-if)#ip address 192.1.3.1 255.255.255.0

Router0(config-if)#no shutdown

Router0(config-if)#exit

Router0(config)#interface FastEthernet0/1

Router0(config-if)#exit

Router0(config)#router rip

Router0(config-router)#network 192.1.1.0

Router0(config-router)#network 192.1.3.0

Router0(config-router)#exit

② 路由器 Router1 的接口地址及路由信息配置命令如下：

Router>enable

Router#configure terminal

Router(config)#hostname Router1

Router1(config)#interface FastEthernet0/0

Router1(config-if)#ip address 192.1.2.254 255.255.255.0

Router1(config-if)#no shutdown

Router1(config-if)#exit

Router1(config)#interface FastEthernet0/1

Router1(config-if)#ip address 192.1.3.2 255.255.255.0

Router1(config-if)#no shutdown

Router1(config-if)#exit

Router1(config)#router rip

Router1(config-router)#network 192.1.2.0

Router1(config-router)#network 192.1.3.0

Router1(config-router)#exit

(3) 在 Router0 上配置 DHCP 服务。

DHCP 服务配置命令如下：

Router0(config)#service dhcp   //开启 DHCP 服务，默认已经开启

Router0(config)#ip dhcp pool lan1   //定义 LAN1 的 DHCP 地址池，取名为 lan1

Router0(dhcp-config)#network 192.1.1.0 255.255.255.0 //定义 DHCP IP 地址池，动态
　　　　　　　　　　　　　　　　　　　　　　　　　//192.1.1.0/24 网段内的 IP 地址

Router0(dhcp-config)#dns-server 192.1.1.20   //定义 lan1 客户机的 DNS 服务器地址

Router0(dhcp-config)#default-router 192.1.1.254   //定义 lan1 客户机的默认网关

Router0(dhcp-config)#exit

Router0(config)#ip dhcp pool lan2   //配置 LAN2 的 DHCP 地址池，取名为 lan2

Router0(dhcp-config)#network 192.1.2.0 255.255.255.0 //定义 DHCP IP 地址池，动态分配
　　　　　　　　　　　　　　　　　　　　　　　　　//192.1.2.0/24 网段内的 IP 地址

Router0(dhcp-config)#dns-server 192.1.1.20   //定义 lan2 客户机的 DNS 服务器地址

Router0(dhcp-config)#default-router 192.1.2.254   //定义 lan2 客户机的默认网关

Router0(dhcp-config)#exit

Router0(config)#ip dhcp excluded-address 192.1.1.20   //在可分配的地址池中剔除 DNS
　　　　　　　　　　　　　　　　　　　　　　　　　　　//服务器地址

Router0(config)#ip dhcp excluded-address 192.1.1.254   //在可分配的地址池中剔除 lan1
　　　　　　　　　　　　　　　　　　　　　　　　　　　//客户机的默认网关

Router0(config)#ip dhcp excluded-address 192.1.2.254   //在可分配的地址池中剔除 lan2
　　　　　　　　　　　　　　　　　　　　　　　　　　　//客户机的默认网关

(4) Router1 上配置 DHCP 中继。

Router1 上配置 DHCP 中继命令行如下：

Router1(config)#interface FastEthernet0/0

Router1(config-if)#ip helper-address 192.1.3.1   //配置辅助寻址，指向 DHCP 服务器的
　　　地址，即路由器 Router0 接口 FastEthernet0/1 的 IP 地址

(5) 在模拟模式下，观察 DHCP 客户端自动获取网络配置信息过程。

在模拟模式下，观察 LAN1 内 DHCP 客户端和 LAN2 内的 DHCP 客户端自动获取网络

配置信息过程、DHCP 数据包的传输过程以及 DHCP 报文格式。如图 7-30 所示，LAN1 内终端 PC0 和 LAN2 内终端 PC2 都成功获取到 IP 地址。

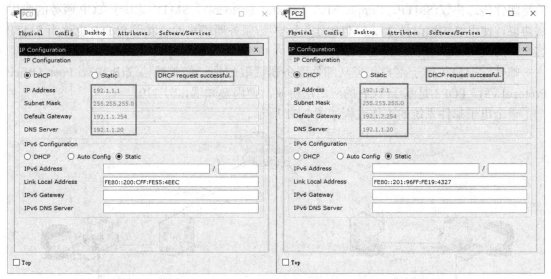

图 7-30　LAN1 内终端 PC0 和 LAN2 内终端 PC2 都成功获取到 IP 地址

(6) 实验调试。

可以通过以下命令进行调试。

① 客户端调试命令。

C:/>ipconfig /renew	//可以更新 IP 地址
C:/>ipconfig /all	//可以查看 IP 地址
C:/>ipconfig /release	//可以释放 IP 地址

② 服务器端调试命令。

Router#show ip dhcp pool	//查看 DHCP 地址池的信息
Router#show ip dhcp binding	//查看 DHCP 的地址绑定情况

7.3　电子邮件系统配置实验

7.3.1　技术原理

一个电子邮件系统包括三个组成部分：用户代理(UA，User Agent)、邮件服务器和邮件协议。

用户代理是用户与电子邮件系统的接口，主要是指运行在用户 PC 中用于收发电子邮件的程序，因此通常又称做电子邮件客户端软件，如 Outlook Express 和 Foxmail 等。

邮件服务器包括发送方邮件服务器和接收方邮件服务器，主要功能是发送和接收电子邮件，同时还要向发件人报告邮件传送的结果(已交付、被拒绝以及丢失等)，邮件服务器按照客户/服务器方式工作。

邮件协议包括邮件发送协议和邮件读取协议。

邮件发送协议用于用户代理向邮件服务器发送邮件或在邮件服务器之间发送邮件，如简单邮件传送协议(SMTP，Simple Mail Transfer Protocol)。SMTP 是基于 TCP 服务的应用层协议，使用熟知端口号 25。SMTP 是基于客服/服务器模式的，发送 SMTP 也称为 SMTP 客户，而接收 SMTP 也称为 SMTP 服务器。

邮件读取协议用于用户代理从邮件服务器读取邮件，如邮局协议(POP3，Post Office Protocol v3)。POP3 是基于 TCP 的应用层协议，使用熟知端口号 110。

整个电子邮件系统的工作过程如图 7-31 所示。

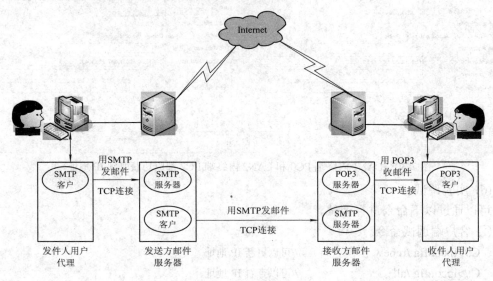

图 7-31　电子邮件工作过程

(1) 发件人调用 PC 机上的用户代理撰写和编辑要发送的邮件，点击发送邮件后将邮件交付给用户代理 UA。

(2) 用户代理和发送方邮件服务器建立 TCP 连接后，将邮件用 SMTP 协议发给发送方邮件服务器。用户代理充当 SMTP 客户，而发送方邮件服务器充当 SMTP 服务器。

(3) 发送方邮件服务器收到用户代理发来的邮件后，就把邮件临时存放在邮件缓存队列中，等待发送到接收方的邮件服务器(等待时间的长短取决于邮件服务器的处理能力和队列中待发送的邮件的数量)。

(4) 发送方邮件服务器的 SMTP 客户端与接收方邮件服务器的 SMTP 服务端建立 TCP 连接，然后把邮件缓存队列中的邮件用 SMTP 协议发送给接收方邮件服务器。

(5) 运行在接收方邮件服务器中的 SMTP 服务端进程收到邮件后，把邮件放入收件人的用户邮箱中，等待收件人进行读取。

(6) 收件人打算收邮件时，在 PC 机上运行 POP3 客户程序，与接收方邮件服务器上的 POP3 服务程序建立 TCP 连接，使用 POP3 协议读取发送给自己的邮件。

7.3.2　实验目的

(1) 正确掌握 Email 服务器和 DNS 服务器的配置过程；

(2) 掌握 Email 客户端的配置；

(3) 观察发送和接收邮件时的报文交换，验证 SMTP 和 POP3 协议的工作过程；

(4) 验证终端发送和接收邮件的过程。

7.3.3　实验拓扑

电子邮件系统配置实验的网络拓扑如图 7-32 所示。它是在 7.1 节 DNS 实验拓扑结构图 7-1 的基础上增加了两台邮件服务器：Email 服务器 1 和 Email 服务器 2，域名分别为 a.com 和 b.edu。需要通过域名系统完成域名到邮件服务器 IP 地址的解析。分别在本地域名服务器 a.com_dns 和 b.edu_dns 中增加资源记录，用于将域名 a.com 和 b.edu 解析成对应的 IP 地址。本实验中，为了验证邮件通信过程，在域名为 a.com 的 Email 服务器 1 上注册电子邮箱 Alice@a.com，在域名为 b.edu 的 Email 服务器 2 上注册电子邮箱 Bob@b.edu，终端 A 和终端 B 分别通过这两个电子邮箱完成发送和接收邮件过程。

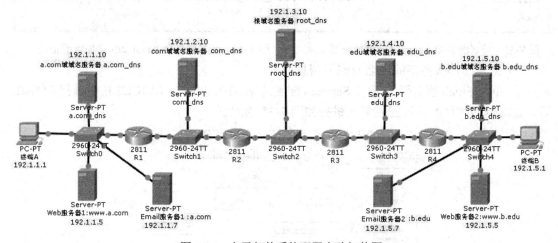

图 7-32　电子邮件系统配置实验拓扑图

7.3.4　实验步骤

(1) 实验环境搭建。

根据图 7-32 所示的网络拓扑放置连接好设备，并按照表 7-6 中的信息配置两台邮件服务器的 IP 地址信息。

表 7-6　服务器 IP 地址及服务等信息配置表

设　备	IP 地址	默认网关	子网掩码	DNS 服务器
Email 服务器 1	192.1.1.7	192.1.1.254	255.255.255.0	192.1.1.10
Email 服务器 2	192.1.5.7	192.1.5.254	255.255.255.0	192.1.5.10

(2) 在本地域名服务器 a.com_dns 和 b.edu_dns 上增加资源记录。

在本地域名服务器 a.com_dns 和 b.edu_dns 上增加资源记录，建立域名 a.com 和 b.edu 与两个邮件服务器的 IP 地址之间的关联，如图 7-33 和 7-34 所示。

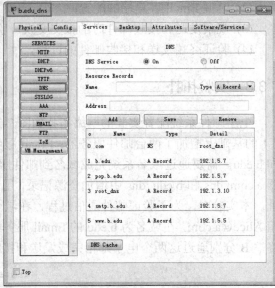

图 7-33　域名服务器 a.com_dns 增加资源记录　　图 7-34　域名服务器 b.edu_dns 增加资源记录

(3) 配置邮件服务器的域名及账号信息。

① 单击 Email 服务器 1，选择 Services 配置选项，在左侧的 SERVICES 栏中选择 EMAIL 后，在右侧的邮件服务器配置界面进行如图 7-35 的配置。

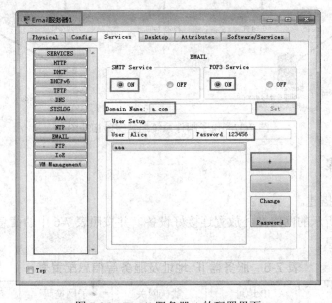

图 7-35　Email 服务器 1 的配置界面

分别在 SMTP Service 和 POP3 Service 一栏中勾选 ON；在 Domain Name(域名)输入框中输入域名 a.com，并单击 Set 按钮。

在 User Setup(用户设置)栏中完成用户注册：在 User (用户)输入框中输入用户名 Alice，在 Password(口令)输入框中输入口令 123456，单击 +(添加)按钮，完成一个用户名为 Alice、口令为 123456 的用户的注册，同时创建了邮箱 Alice@a.com。

② 以同样的方式完成 Email 邮件服务器 2 的配置。完成用户名为 Bob，口令为 654321 的用户的注册，同时创建邮箱 Bob@b.edu。Email 邮件服务器 2 的配置界面如图 7-36 所示。

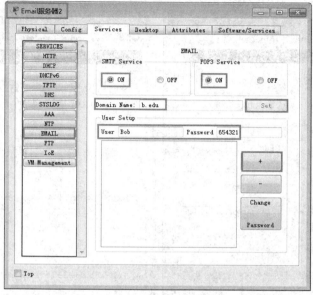

图 7-36 Email 服务器 2 的配置界面

(4) 配置用户终端(邮件客户端)的邮件账号。

① 单击终端 A，选择 Desktop 选项卡，启动图 7-37 中的 Email 实用程序，出现邮箱登录界面。

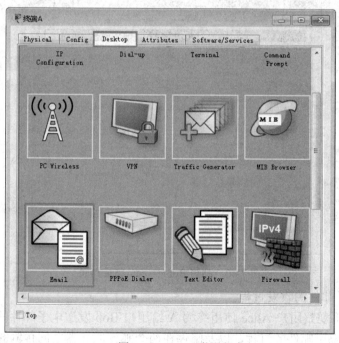

图 7-37 Email 实用程序

② 在对应的输入框中输入如图 7-38 所示的与邮箱 Alice@a.com 相关的信息，并单击 Save 按钮，完成邮箱 Alice@a.com 的登录过程。

如果登录成功，出现如图 7-39 所示的邮箱 Alice@a.com 的使用界面，可以进行邮件的 Compose(编辑)，Receive(接收)，Reply(回复)和 Delete(删除)等操作。

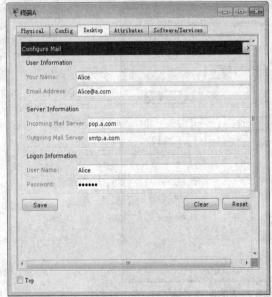

图 7-38　邮箱 Alice@a.com 登录界面　　　　图 7-39　邮箱 Alice@a.com 的使用界面

③ 用同样的方式完成终端 B 的邮件账号 Bob@b.edu 的配置，配置界面如图 7-40 所示。

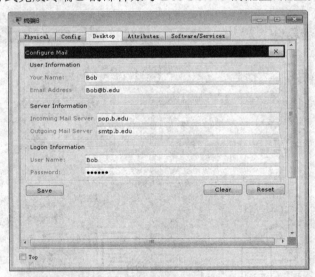

图 7-40　邮箱 Bob@b.edu 登录界面

(5) 分析电子邮件的收发过程。

在模拟模式下观察用户 Alice 使用终端 A 给用户 Bob 发送电子邮件的过程，用户 Bob 使用终端 B 接收电子邮件的过程，以及邮件在两个邮件服务器之间传输的过程。

① 分析用 SMTP 发送邮件的工作过程。

在模拟模式下，单击 Edit Filters，设置要捕获的数据包为 TCP、SMTP 和 POP3。

单击终端 A，在 Desktop 选项卡，单击 Email，打开 Mail Browser(邮件浏览器)窗口，单击 Compose(编辑)邮件按钮，打开 Compose Mail(编辑邮件)窗口，撰写新邮件信息如图 7-41 所示。

图 7-41　撰写新邮件信息

新邮件撰写完成后，单击 Send(发送)按钮，并点击 Auto Capture/Play 或 Capture/Forward 按钮逐步观察邮件的发送过程，重点观察终端 A 与 Email 服务器 1，Email 服务器 1 与 Email 服务器 2 之间的 SMTP 报文的交互过程，忽略交换机和路由器的转发过程。当捕获结束出现 Buff Full(缓冲区满)的对话框时，单击 View Previous Events(查看历史事件)按钮。

SMTP 发送电子邮件完整过程(含 TCP 连接及释放过程)如下：

邮件从终端 A 到 Email 服务器 1：

• 终端 A 中的电子邮件客户端软件充当发件人用户代理 UA，该代理充当 SMTP 客户，建立一条到 Email 服务器 1 的 25 端口的 TCP 连接；

• 终端 A 中的 SMTP 客户程序向 Email 服务器 1 的 SMTP 服务器发送 SMTP 请求报文；

• Email 服务器 1 的 SMTP 服务器向终端 A 的 SMTP 客户回复 SMTP 响应报文；

• 终端 A 的 SMTP 客户收到 SMTP 响应报文后释放与 Email 服务器 1 之间的 TCP 连接。

邮件从 Email 服务器 1 到 Email 服务器 2：

• Email 服务器 1 上的 SMTP 客户建立一条到 Email 服务器 2 的 TCP 连接；

• Email 服务器 1 充当 SMTP 客户角色，向 Email 服务器 2 发送 SMTP 请求报文；

• Email 服务器 2 作为 SMTP 服务器向 Email 服务器 1 回发 SMTP 响应报文；

• Email 服务器 1 收到 SMTP 响应报文后释放与 Email 服务器 2 之间的 TCP 连接。

至此，SMTP 发送邮件的过程完全结束。

② 分析用 POP3 接收邮件的工作过程。

保持模拟模式下的设置不变，单击终端 B，在 Desktop 选项卡中单击 Email，打开 Mail Browser(邮件浏览器)窗口，单击 Receive(接收)邮件按钮，并点击 Auto Capture/Play 或 Capture/Forward 按钮逐步观察邮件的接收过程，重点观察终端 B 与 Email 服务器 2 之间的

POP3 报文的交互过程。当捕获结束出现 Buff Full(缓冲区满)的对话框时,单击 View Previous Events(查看历史事件)按钮。

POP3 接收电子邮件的完整过程(含 TCP 连接及释放过程)如下:

· 终端 B 建立一条到 Email 服务器 2 的 TCP 连接;

· 终端 B 中的电子邮件客户端软件充当收件人用户代理,该代理充当 POP3 客户角色,向 Email 服务器 2 发送 POP3 请求报文;Email 服务器 2 充当 POP3 服务器角色;

· Email 服务器 2 收到 POP3 请求后,将缓存的邮件封装到 POP3 响应报文中发送给终端 B;

· 终端 B 收到 Email 服务器 2 的 POP3 响应报文后释放与 Email 服务器 2 之间的 TCP 连接。

终端 B 成功接收到的邮件如图 7-42 所示。

(6) 观察分析 SMTP 报文中的内容。

① 观察终端 A 向本地 Email 服务器 1 发送邮件时,终端 A 及 Email 服务器 1 使用的端口号。

在 Event List(事件列表)中,点击终端 A 发送给 Email 服务器 1 的 SMTP 数据包,观察包格式如图 7-43 所示。可以看到终端 A 的端口号为 1041,Email 服务器 1 的端口号为 25。

图 7-42　终端 B 成功接收到的邮件　　图 7-43　终端 A 发送给 Email 服务器 1 的 SMTP 包格式

② 观察 Email 服务器 1 作为 SMTP 客户端向 Email 服务器 2 发送邮件时,Email 服务器 1 和 Email 服务器 2 使用的端口号。

点击 Email 服务器 1 发送给 Email 服务器 2 的 SMTP 数据包,观察包格式如图 7-44 所示。可以看到 Email 服务器 1 的端口号为 1032,Email 服务器 2 的端口号为 25。

(7) 观察分析 POP3 报文中的内容。

观察终端 B 作为 POP3 客户端向接收方邮件服务器 Email 服务器 2 读取邮件时,终端 B 及 Email 服务器 2 使用的端口号。

点击终端 B 发送给 Email 服务器 2 的 POP3 数据包,观察包格式如图 7-45 所示。可以看到 Email 服务器 2 的端口号为 110，终端 B 的端口号为 1038。

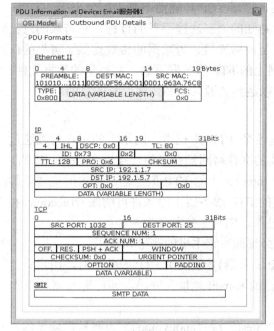

图 7-44　Email 服务器 1 发送给 Email 服务器 2 的　　图 7-45　终端 B 发送给 Email 服务器 2 的
　　　　　SMTP 包格式　　　　　　　　　　　　　　　　　　POP3 包格式

7.4　文件传输系统配置与协议分析实验

7.4.1　技术原理

1．FTP 简介

FTP(File Transfer Protocol)，文件传输协议，是 TCP/IP 协议族中的协议之一，该协议是 Internet 文件传送的基础，它由一系列规格说明文档组成，目标是提高文件的共享性，提供非直接使用远程计算机，使存储介质对用户透明和可靠高效地传送数据。简单地说，FTP就是完成两台计算机之间的拷贝，从远程计算机拷贝文件至自己的计算机上，称之为"下载(download)"文件。若将文件从自己计算机中拷贝至远程计算机上，则称之为"上载(upload)"文件。在 TCP/IP 协议中，FTP 标准命令 TCP 端口号为 21，Port 方式数据端口号为 20。

同大多数 Internet 服务一样，FTP 也是一个客户/服务器系统。用户通过一个客户机程序连接至在远程计算机上运行的服务器程序。依照 FTP 协议提供服务，进行文件传送的计算机就是 FTP 服务器，而连接 FTP 服务器，遵循 FTP 协议与服务器传送文件的计算机就是 FTP 客户端。用户要连上 FTP 服务器，就要用到 FTP 的客户端软件。通常 Windows 自带"ftp"命令，这是一个命令行的 FTP 客户程序，另外常用的 FTP 客户程序还有 CuteFTP、

Ws_FTP、Flashfxp、LeapFTP 以及流星雨-猫眼等。

FTP 工作在 OSI 模型的第七层，即应用层，使用 TCP 传输而不是 UDP，这样 FTP 客户在和服务器建立连接前就要经过一个被广为熟知的"三次握手"的过程，它带来的意义在于客户与服务器之间的连接是可靠的，而且是面向连接，为数据的传输提供了可靠的保证。采用 FTP 协议可使 Internet 用户高效地从网上的 FTP 服务器下载大信息量的数据文件，将远程主机上的文件拷贝到自己的计算机上，以达到资源共享和传递信息的目的。

2．FTP 服务器登录方式的分类

FTP 服务实际上就是将各种可用资源放在各个 FTP 主机中，网络上的用户可以通过 Internet 连到这些主机上，并且使用 FTP 将想要的文件拷回到自己的计算机中。在使用 FTP 传送文件之前，最主要的步骤就是如何连入各 Internet 上的 FTP 服务器。连入的主要步骤也就是登录(Login)的过程。通常用户在欲下载的 FTP 服务器上输入许可的账号(account)和密码(password)，得到该服务器许可后，即可进入。FTP 服务器分为两种：

(1) 一般 FTP 服务器，进入这种服务器时必须拥有该主机的账号和密码；

(2) 匿名 FTP 服务器(称为 anonymous FTP 服务器)登录此类 FTP 服务器时，用户只要以"guest"或"anonymous"为账号，并以自己的 E-mail 地址为密码，即可进入该 FTP 服务器，浏览和下载文件。

当用户登录某个 FTP 服务器时，如果用"guest"或"anonymous"为账号，均无法进入，则表明该服务器不是匿名 FTP 服务器。实际上，匿名 FTP 只是 FTP 中的一种，它是一种开放式账号的 FTP 服务器，它可以为网络上的任何使用者所利用，与非匿名的 FTP 不同的只是登录时的账号为"anonymous"，而密码为任一用户的 Email 地址。现在，某些站点还明确要求使用电子邮件地址作为匿名用户密码，而不接受"guest"这样的密码。提供电子邮件地址，有助于让站点的拥有者了解到是哪些人在使用他们的服务。

3．FTP 协议工作原理

FTP 有两个过程：一个是命令连接，一个是数据传输，如图 7-46 所示。

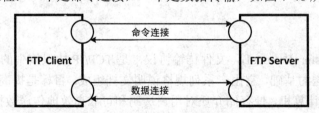

图 7-46　FTP 工作原理

● 命令连接：又称控制连接，生命周期是整个 FTP 会话。

● 数据连接：在数据传输时建立，数据传输完成后断开，每次建立的连接端口都不尽相同。

FTP 协议不像 HTTP 协议一样需要一个端口作为连接(默认时 HTTP 端口是 80，FTP 端口是 21)。FTP 协议需要两个端口，一个端口是作为控制连接端口，也就是 FTP 的 21 端口，用于发送指令给服务器以及等待服务器响应；另外一个端口用于数据传输端口，端口号为 20(仅用于 PORT 模式)，是用来建立数据传输通道的，主要作用是从客户向服务器发送一个文件、从服务器向客户发送一个文件以及从服务器向客户发送文件或目录列表。

4．FTP 的工作模式

FTP 支持两种模式，一种是 Standard 模式(也就是 PORT 模式，主动模式)，一种是 Passive 模式(也就是 PASV 模式，被动模式)。Standard 模式 FTP 客户端发送 PORT 命令到 FTP 服务器。Passive 模式 FTP 客户端发送 PASV 命令到 FTP 服务器。

(1) PORT 模式：FTP 客户端首先动态选择一个端口(一般大于 1024，记为 X)和 FTP 服务器的 21 端口建立 TCP 连接，并通过这个通道发送控制命令。客户端需要接收数据的时候在这个通道上发送 PORT 命令，PORT 命令包含了客户端选定的用于接收数据的端口 X+1。在传输数据时，服务器端通过自己的 20 端口与客户端的 X+1 端口建立一个新的 TCP 连接，用这个新的连接来发送数据。主动传输模式的工作原理如图 7-47 所示。主动传输模式下，FTP 服务器使用 20 端口与客户端的暂时端口进行连接，并传输数据，客户端只是处于接收状态。

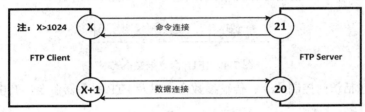

图 7-47　FTP 主动模式工作原理

(2) PASV 模式：在建立控制通道的时候和 Standard 模式类似，FTP 客户端仍然先随机选定一个端口 X(X>1024)和 FTP 服务器的 21 端口建立 TCP 连接，并通过这个通道发送控制命令，但建立连接后客户端需要接收数据的时候，在这个通道上发送的不是 Port 命令，而是 Pasv 命令。FTP 服务器收到 Pasv 命令后，随机打开一个高端端口 Y(Y>1024)并且通知客户端在这个端口上传送数据的请求，客户端用 X+1 端口连接 FTP 服务器的 Y 端口，然后 FTP 服务器将通过这个端口进行数据的传输，此时 FTP 服务器不再需要建立一个新的和客户端之间的连接。FTP 被动传输模式的工作原理如图 7-48 所示。

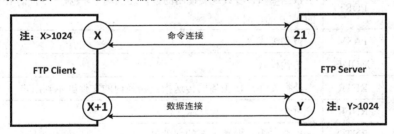

图 7-48　FTP 被动模式工作原理

被动传输模式下，FTP 服务器打开一个暂态端口等待客户端对其进行连接，并传输数据，服务器并不参与数据的主动传输，只是被动接收。

注： 具体 FTP 工作在主动模式还是被动模式，取决于客户端 Client。

① 当 Client 监听 X+1 端口，然后发送"port X+1"到 Server，即通知 Server 主动来连接自己，即主动模式；

② 当 Client 不监听本地端口，并发送 PASV 命令到 Server，则工作在被动模式下，并获得 Server 端监听的 Y 端口。

PORT 模式建立数据连接是由 FTP 服务器端发起的，且服务器使用 20 端口连接客户端的某个大于 1024 的端口；而在 PASV 模式下，数据连接的建立是由 FTP 客户端发起的，且客户端使用一个大于 1024 的端口连接服务器端某个大于 1024 的端口。

很多防火墙在设置的时候都是不允许接受外部发起的连接的，所以许多位于防火墙后或内网的 FTP 服务器不支持 PASV 模式，因为客户端无法穿过防火墙打开 FTP 服务器的高端端口；而许多内网的客户端不能用 PORT 模式登录 FTP 服务器，因为从服务器的 20 端口无法和内部网络的客户端建立一个新的 TCP 连接，造成无法工作。

5．FTP 的报文格式

FTP 的报文包括命令报文和响应(应答)报文，具体格式如下。

(1) FTP 命令报文。

Packet Tracer 中 FTP 的命令报文格式比较简单，如图 7-49 所示。

命令码	参数或说明

图 7-49　FTP 命令报文格式

FTP 命令包括访问控制命令、传输参数命令以及 FTP 服务器命令，其中，常用的命令如表 7-7 所示。

表 7-7　FTP 常用命令

FTP命令类型	命令码	说　　明
访问控制命令	USER	用户名，参数是用户的用户名
	PASS	口令，参数是用户的口令
	QUIT	退出登录，终止 USER，如果没有数据传输，服务器关闭控制连接，如果有数据传输，在得到传输响应后服务器关闭控制连接
传输参数命令	PORT	数据端口，参数是要使用的数据连接端口，包括 32 位的 IP 地址和 16 位的 TCP 端口号
	PASV	被动模式
	MODE	传输模式
FTP服务命令	RETR	获得文件，使服务器传送指定路径内的文件副本到用户
	RNFR	重命名
	RNTO	重命名为，参数为新的文件名
	DELE	删除，删除指定路径下的文件
	LIST	列表，返回指定路径下的文件列表或指定文件的当前信息

(2) FTP 响应(应答)报文。

PacketTracer 中 FTP 的响应报文格式也比较简单，如图 7-50 所示。

响应码	参数或说明

图 7-50　FTP 响应(应答)报文格式

FTP 响应(应答)报文是为了对数据传输请求和过程进行同步，也是为了让用户了解服务器的状态。每个命令必须至少有一个响应。FTP 响应由三个数字构成，后面是一些文本。常用的响应见表 7-8 所示。

表 7-8　FTP 常用响应

响应码	含　　义
125	数据连接已打开，准备传送
220	对新用户服务准备好
221	服务关闭控制连接，可以退出登录
227	进入被动模式
230	用户登录
250	请求的文件操作完成
331	用户名正确，需要口令
350	请求的文件操作需要进一步命令

6. TFTP(Trivial File Transfer Protocol)小文件传输协议

TFTP 是一个传输文件的简单协议，它比 FTP 简单，也比 FTP 功能少。它在不需要用户权限或目录可见的情况下使用，它使用 UDP 协议而不是 TCP 协议。

TFTP 协议设计的时候是进行小文件传输的，因此它不具备通常的 FTP 的许多功能，它只能从文件服务器上获得或写入文件，不能列出目录，不进行认证，它传输 8 位数据。传输中有三种模式：netascii，这是 8 位的 ASCII 码形式；另一种是 octet，这是 8 位源数据类型；最后一种 mail 已经不再支持，它将返回的数据直接返回给用户而不是保存为文件。

7.4.2　实验目的

(1) 学习 FTP 服务器的基本配置；
(2) 熟悉 FTP 客户端常用命令的使用；
(3) 分析 FTP 报文的格式与内容，并理解它们之间的关系；
(4) 观察 FTP 协议的工作过程，分析 FTP 客户是以 PORT 模式还是 PASV 模式连接服务器，观察连接的建立过程和释放过程。

7.4.3　实验拓扑

FTP 系统配置实验的拓扑结构如图 7-51 所示。它是在 7.3 节电子邮件系统配置实验拓扑图 7-32 的基础上增加了两台 FTP 服务器：FTP Server1 和 FTP Server 2，域名分别为 ftp.a.com 和 ftp.b.edu，需要通过域名系统完成域名到 FTP 服务器 IP 地址的解析。分别在本地域名服务器 a.com_dns 和 b.edu_dns 中增加资源记录，用于将域名 ftp.a.com 和 ftp.b.edu 解析成对应 FTP 服务器的 IP 地址。

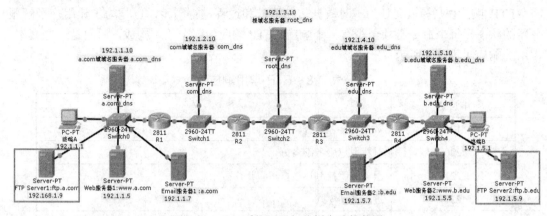

图 7-51 FTP 系统配置与分析实验拓扑图

7.4.4 实验步骤

(1) 实验环境搭建。

根据图 7-51 所示的网络拓扑结构放置连接好设备，并按照表 7-9 中的信息配置两台 FTP 服务器的 IP 地址信息。

表 7-9 FTP 服务器 IP 地址信息配置表

设　备	IP地址	默认网关	子网掩码	DNS服务器
FTP服务器FTP Server 1	192.1.1.9	192.1.1.254	255.255.255.0	192.1.1.10
FTP服务器FTP Server 2	192.1.5.9	192.1.5.254	255.255.255.0	192.1.5.10

(2) 在本地域名服务器 a.com_dns 和 b.edu_dns 上增加资源记录。

在本地域名服务器 a.com_dns 和 b.edu_dns 上增加资源记录，建立域名 ftp.a.com 和 ftp.b.edu 与两个 FTP 服务器的 IP 地址之间的关联，如图 7-52 和 7-53 所示。

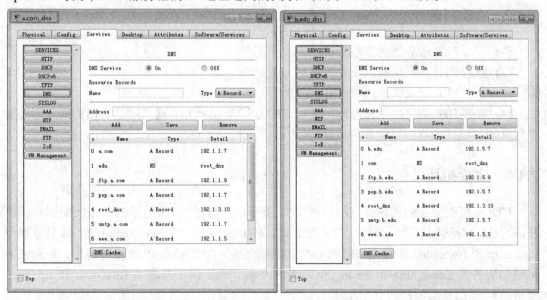

图 7-52 a.com_dns 域名服务器增加资源记录　　　图 7-53 b.edu_dns 域名服务器增加资源记录

(3) 配置 FTP 服务器及账号信息。

① 单击 FTP Server1，选择 Services 选项卡，在左侧的 SERVICES 栏中选择 FTP，在右侧的 FTP 服务配置界面进行如图 7-54 的配置。

• 在 FTP Service 一栏中勾选 On；

• 在 User Setup(用户设置)栏中完成用户注册：在 User (用户)输入框输入用户名 Alice，在 Password(口令)输入框输入口令 123456，并勾选用户权限，包括：Write(写)、Read(读)、Delete(删除)、Rename(重命名)和 List(列表)，最后单击 Add(添加)按钮，完成一个用户名为 Alice、口令为 123456 的用户的注册。

② 以同样的方式完成 FTP Server2 的配置，注册用户名为 Bob，口令为 654321 的用户。FTP Server2 的配置界面如图 7-55 所示。

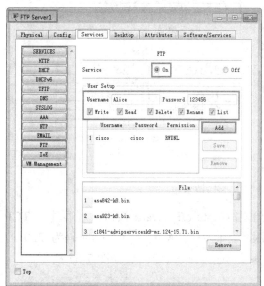
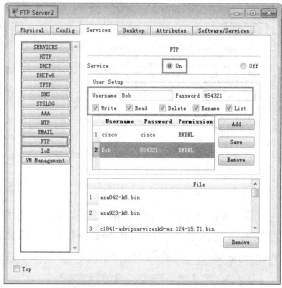

图 7-54　FTP Server1 的配置　　　　　　　图 7-55　FTP Server2 的配置

(4) 分析用户登录 FTP Server 过程中 FTP 协议的工作过程。

在模拟模式下观察用户登录 FTP Server 的过程，以及用户上传和下载文件的过程。

① 在模拟模式下，单击 Edit Filters，设置要捕获的数据包为 TCP 和 FTP。

② 单击终端 A，在 Desktop 选项卡下打开 Command Prompt(命令行提示)窗口。登录 FTP Server 的过程需要在 PC 的 Command Prompt 窗口和 Simulation Panel(模拟面板)之间进行多次切换。

③ 在用户 A 的 Command Prompt 窗口输入命令：ftp ftp.a.com(或者 ftp 192.1.1.9)，并回车。

④ 返回 Simulation Panel(模拟面板)，单击 Capture/Forward 按钮进行数据包捕获，观察数据包的传输。可以看到，用户 A 首先发送一个 TCP 连接请求包，要求和 FTP Server1 的 21 端口建立 TCP 连接。在 Event List(事件列表)中的 Info(信息)列，单击彩色正方形打开 PDU 信息窗口，在 OSI Model 选项卡中选择 Layer 4 观察下方的说明。还可以使用 Outbound PDU Details 选项卡查看报文的详细信息，如图 7-56 所示。可以看到：用户 A(FTP 客户端)使用

的端口号为 1043；FTP 服务器的端口号为 21。

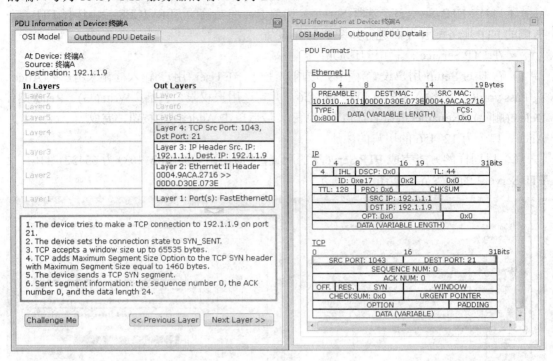

图 7-56　用户 A 发送的 TCP 连接请求包

⑤ 返回 Simulation Panel(模拟面板)，继续单击 Capture/Forward 按钮，观察建立 TCP
连接的三次握手之后，FTP Server1 作为 FTP 服务器向终端 A 发送一个响应码为 220 的
Welcome Message(欢迎消息)报文。点击该 FTP 报文观察其报文结构，如图 7-57 所示。

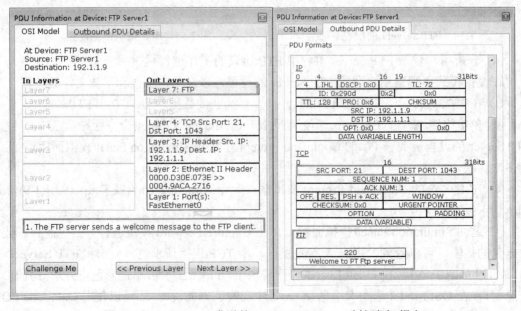

图 7-57　FTP Server1 发送的 Welcome Message(欢迎消息)报文

⑥ 继续单击 Capture/Forward 按钮，观察该 Welcome Message(欢迎消息)报文到达用户 A，切换到用户 A 的 Command Prompt(命令行提示)窗口，此时出现 Username 提示符，要求输入用户名，如图 7-58 所示，输入用户名 Alice，并回车。

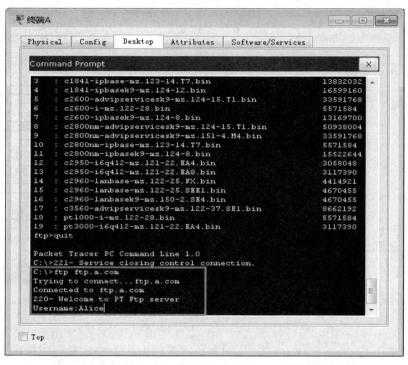

图 7-58　用户 A 的命令行提示窗口，出现 Username 提示符

⑦ 观察终端 A 生成一个命令码为 USER 的 FTP 命令报文，把用户名 Alice 发送给 FTP 服务器，点击该 FTP 报文，查看报文结构，如图 7-59 所示。

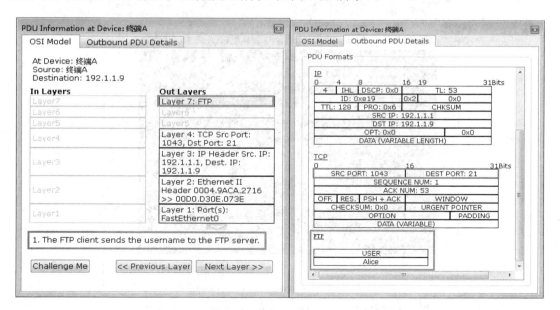

图 7-59　终端 A 生成的命令码为 USER 的 FTP 命令报文

⑧ 继续单击 Capture/Forward 按钮，观察该命令码为 User 的 FTP 报文到达 FTP Server1，FTP Server1 收到用户名后，产生一个响应码为 331 的响应报文，告知终端 A 用户名合法并需要登录密码，点击该 FTP 响应报文，查看报文结构，如图 7-60 所示。

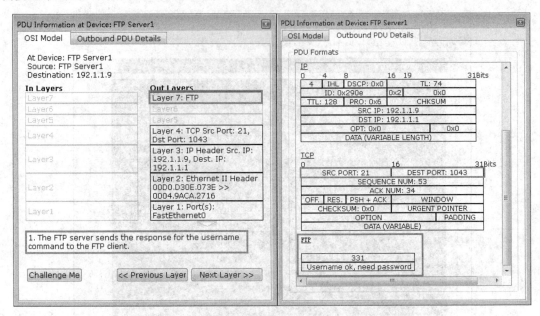

图 7-60　FTP Server1 产生响应码为 331 的响应报文

⑨ 继续单击 Capture/Forward 按钮，观察该应答码为 331 的 FTP 响应报文到达用户 A，切换到用户 A 的 Command Prompt(命令行提示)窗口，此时出现 Password 提示符，要求输入密码，如图 7-61 所示，输入密码 123456，并回车。

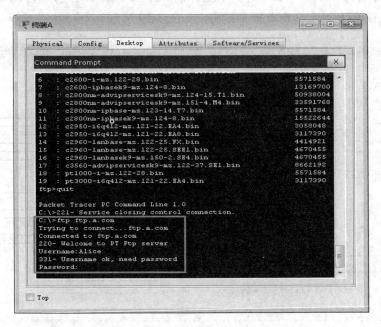

图 7-61　终端 A 的命令行提示窗口出现 Password 提示符

⑩ 观察终端 A 生成一个命令码为 PASS 的 FTP 命令报文，把密码 123456 发送给 FTP 服务器，点击该 FTP 报文，查看报文结构，如图 7-62 所示。

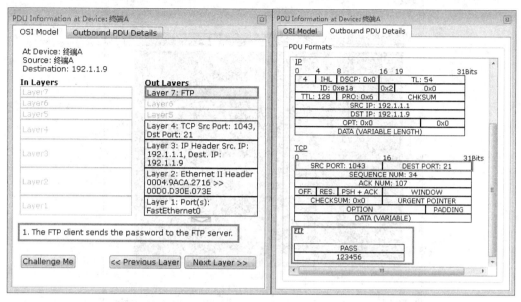

图 7-62　终端 A 生成命令码为 PASS 的 FTP 命令报文

⑪ 继续单击 Capture/Forward 按钮，观察该命令码为 PASS 的 FTP 报文到达 FTP Server1，FTP Server1 收到密码后，产生一个响应码为 230 的响应报文，告知终端 A 密码合法并已经登录成功，点击该 FTP 响应报文，查看报文结构，如图 7-63 所示。

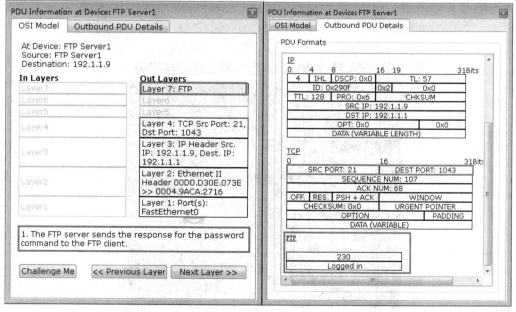

图 7-63　FTP Server1 产生响应码为 230 的响应报文

⑫ 继续单击 Capture/Forward 按钮，观察该响应码为 230 的 FTP 响应报文到达用户 A，切换到用户 A 的 Command Prompt(命令行提示)窗口，此时出现登录成功说明，并出现 ftp>

命令提示符，如图 7-64 所示，此时终端 A 可以正常访问 FTP 服务器上的资源了。

图 7-64　登录成功页面

附：FTP 常用命名的使用

切换到用户 A 的命令行提示窗口，输入 ? 或 help，回车后可以看到常用的 FTP 命令，如图 7-65 所示。

图 7-65　常用的 FTP 命令

(5) 分析从 FTP Server 下载文件的工作过程和 FTP 报文结构。

① 在终端 A 的 Command Prompt(命令行提示)窗口，输入 dir 命令并回车后，查看 FTP 服务器端的文件列表，此时，在终端 A 产生一个 Binary(二进制)类型的 TYPE Command(类型命令)报文，表示希望使用二进制模式传输文件，点击该报文，查看报文结构，如图 7-66 所示。

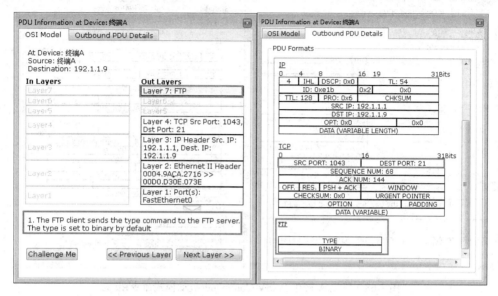

图 7-66　终端 A 产生类型的 TYPE Command(类型命令)报文

② 继续单击 Capture/Forward 按钮，观察 FTP Server1 收到该类型命令报文后，产生一个响应码为 200 的响应报文，接受终端 A 的请求，点击该 FTP 响应报文，查看报文结构，如图 7-67 所示。

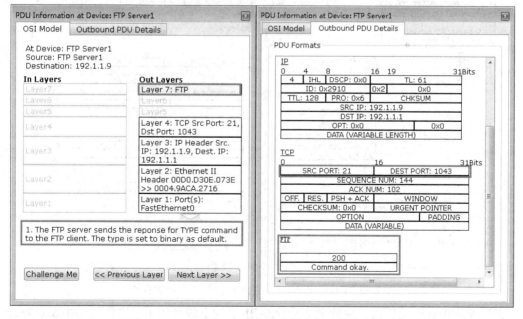

图 7-67　FTP Server1 产生响应码为 200 的响应报文

③ 继续单击 Capture/Forward 按钮,观察终端 A 收到响应码为 220 的 FTP 响应报文后,继续产生一个 PASV Command(被动模式命令)报文,表示希望使用 PASSIVE(被动)模式,即 FTP 服务器被动地等待客户端连接数据端口。点击该 FTP 响应报文,查看报文结构,如图 7-68 所示。

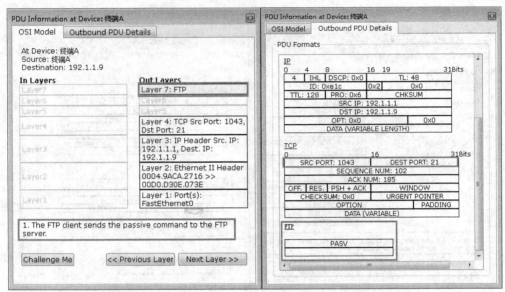

图 7-68　终端 A 产生 PASV Command(被动模式命令)报文

④ 继续单击 Capture/Forward 按钮,观察 FTP Server1 收到该 PASV 命令报文后,产生一个响应码为 227 的响应报文,告知终端 A 要使用的数据端口,点击该响应报文,查看报文结构,如图 7-69 所示。

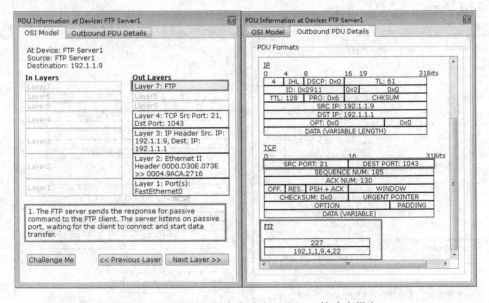

图 7-69　FTP Server1 产生响应码为 227 的响应报文

227 表示进入被动模式,参数是 6 个 ASCII 中的十进制数字,它们之间由逗点隔开,前面 4 个数字指明服务器的 IP 地址，即 192.1.1.9，后面两位指明 16 bit 端口号，由于 16 bit 的端口号是从这两个数字计算得来，所以其数值在本例中就是 4×256+22=1046，表示服务器将在 1046 端口进行数据的传输。

⑤ 继续单击 Capture/Forward 按钮，观察终端 A 收到响应码为 227 的 FTP 响应报文后，继续产生一个 LIST Command(列表命令)报文，表示希望 FTP 服务器返回指定路径下的文件列表信息。点击该 FTP 命令报文，查看报文结构，如图 7-70 所示。

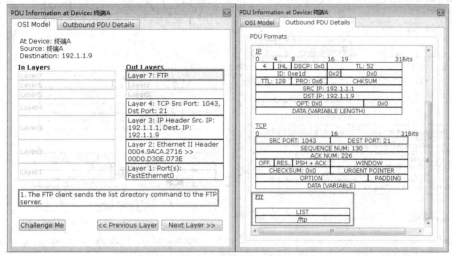

图 7-70　终端 A 产生 LIST Command(列表命令)报文

⑥ 继续单击 Capture/Forward 按钮，观察 FTP Server1 收到该 PASV 命令报文后，产生一个响应码为 125 的响应报文，告知终端 A 数据连接已打开，准备传输数据，点击该 FTP 响应报文，查看报文结构，如图 7-71 所示。

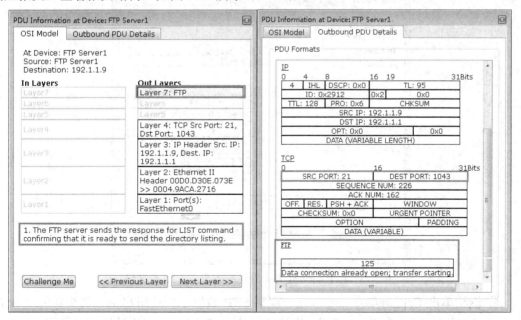

图 7-71　FTP Server1 产生响应码为 125 的响应报文

⑦ 继续单击 Capture/Forward 按钮，观察终端 A 收到响应码为 125 的 FTP 响应报文后，产生 TCP 连接请求报文，开始用新的端口 1044 和服务器的端口 1046 建立 TCP 连接，点击该 TCP 连接请求报文，查看报文结构，如图 7-72 所示。

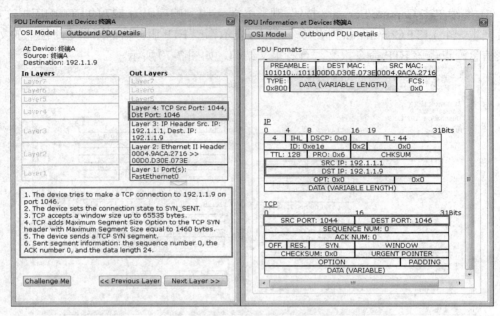

图 7-72　终端 A 产生 TCP 连接请求报文

⑧ 继续单击 Capture/Forward 按钮，观察建立 TCP 连接的"三次握手"之后，FTP Server1 开始向终端 A 发送 FTP 数据包，点击观察其数据包结构，如图 7-73 所示。

图 7-73　FTP Server1 开始向终端 A 发送 FTP 数据包

⑨ 继续单击 Capture/Forward 按钮，观察 FTP 数据包到达用户 A，切换到用户 A 的 Command Prompt(命令行提示)窗口，此时已列出了 FTP Server1 上的所有文件信息，如图 7-74 所示。

图 7-74　列出 FTP Server1 上的所有文件信息

⑩ 接着输入 get asa842-k8.bin 命令，并回车，观察并分析从 FTP 服务器上下载文件过程跟上述过程类似，但是客户端和服务器端使用新端口开启了一个新的 TCP 连接，连接建立后，使用新端口进行数据传输，数据传输终端 A 所使用的端口变成了 1045，服务器端变成了 1048，如图 7-75 所示。

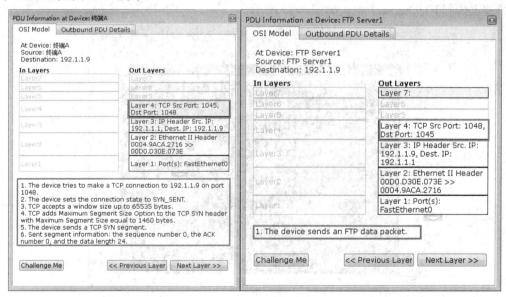

图 7-75　客户端和服务器端使用新端口开启了一个新的 TCP 连接

⑪ 验证已下载的文件。切换到 Realtime(实时)模式，返回到用户 A 的 Command Prompt (命令行提示)窗口，使用 Quit 命令退出 FTP 登录状态，再用 dir 命令查看本地文件列表，结果如图 7-76 所示。

可以看到，此时终端 A 已经存在了一个文件 asa842-k8.bin，表明文件下载成功。

图 7-76 本地文件列表

(6) 分析从终端 A 上传文件到 FTP 服务器的工作过程和 FTP 报文结构。

使用 put 命令将终端 A 的文件 test.txt 上传到 FTP 服务器，捕获相关的 FTP 报文，并分析文件上传中 FTP 的工作过程(参考从 FTP Server 下载文件的工作过程的分析步骤)。

保持 FTP 的登录状态，使用 dir 命令查看 FTP 服务器端的文件列表，看到 test.txt 文件已经被上传到 FTP Server1 上，如图 7-77 所示。

图 7-77 文件上传成功

练习：

重命名(rename)及删除(delete)FTP 服务器上的文件并分析其过程。

第 8 章

网络地址转换实验

8.1　技术原理

1．NAT 的定义

网络地址转换(NAT，Network Address Translation)属于接入广域网(WAN)技术，是一种将内部网络的私有(保留)IP 地址转换为合法(公有)IP 地址的转换技术，它被广泛应用于各种类型的 Internet 接入方式和各种类型的网络中。NAT 不仅完美地解决了 IP 地址不足的问题，而且还能够有效地避免来自网络外部的攻击，隐藏并保护网络内部的计算机。

默认情况下，内部 IP 地址是无法被路由到外网的。例如，内部主机 10.1.1.1 要与外部 Internet 通信，IP 包到达 NAT 路由器时，IP 包头的私有源 IP 地址 10.1.1.1 被替换成一个合法的外网 IP，并在 NAT 转发表中保存这条记录。当外部主机发送一个应答数据包到内网时，NAT 路由器收到后，查看当前 NAT 转换表，用 10.1.1.1 替换掉这个外网地址。

NAT 将网络划分为内部网络和外部网络两部分，局域网主机利用 NAT 访问外部网络时，是将局域网内部的本地地址转换为全局地址(互联网合法的 IP 地址)后转发数据包。

2．三类私有地址的范围

[RFC 1918]指明了一些局域网专用私有地址，规定它们只能用作本地地址而不能作为因特网地址，这些地址不会注册给任何机构。专用私有地址的范围如表 8-1 所示，因特网中的路由器对目的地址为专用地址的数据包一律不进行转发。

表 8-1　专用私有地址的范围

IP 地址范围	网络类型	网络个数
10.0.0.0～10.255.255.255	A	1
172.16.0.0～172.31.255.255	B	16
192.168.0.0～192.168.255.255	C	256

私有地址不需要经过注册就可以使用，这导致这些地址是不唯一的。所以私有地址只能限制在局域网内部使用，不能把它们路由到外网中。

3．NAT 的分类

NAT 的实现方式有三种：静态网络地址转换(静态 NAT)、动态网络地址转换(动态 NAT)

和端口地址转换(PAT，Port Address Translation)。

(1) 静态 NAT：将内部网络的私有 IP 地址一对一地转化为公有 IP 地址。要求申请到的合法 IP 地址足够多，能够和内网 IP 一一对应。现实中，一般用于服务器 IP 地址的映射，将服务器置于内部网络，使它能够受到防火墙的保护，又不影响外部主机对它的访问。内网中的 E-mail、FTP 和 Web 等服务器往往要同时为内网和外网用户提供服务，要为外网用户提供服务就必须采用静态 NAT。

(2) 动态 NAT：将内部网络中某个网段的 IP 地址动态映射到一个或多个公共网络中的合法 IP 地址，使用的是多对多的映射，使该网段中的主机可以共享一个合法 IP 地址访问互联网。动态 NAT 将多个外网合法的 IP 地址组织起来，形成一个可用的 NAT 池，当内网主机需要上网时，从 NAT 池中获取一个可用的外网 IP 地址，当主机用完后，就归还该地址。

动态 NAT 与静态 NAT 的区别在于动态 NAT 的地址转换是临时的。

注意：使用动态 NAT 时，多个内网 IP 可以共享少数的外网 IP 地址池，但不能完全同时上网。

(3) PAT：将内部网络的 IP 地址映射到一个公网 IP 地址的不同端口上，用不同的端口号区分各个内部地址，从而最大限度地节约 IP 地址资源，同时又可隐藏网络内部的所有主机，有效避免来自 Internet 的攻击。PAT 是目前网络中应用最多的方式。

4．相关术语

(1) 内部本地地址(Inside Local Address)：内网中设备所使用的 IP 地址，此地址通常是一个私有地址。

(2) 内部全局地址(Inside Global Address)：当内部主机流量流出 NAT 路由器时分配给内部主机的有效公有地址，此地址通常是公网地址。

(3) 外部本地地址(Outside Local Address)：分配给外部网络上主机的本地 IP 地址。大多数情况下，此地址与外部设备的外部全局地址相同。

(4) 外部全局地址(Outside Global Address)：分配给 Internet 上主机的可达 IP 地址，是外网设备所使用的真正的地址，是公网地址。

8.2　静态网络地址转换 NAT 实验

8.2.1　实验目的

(1) 理解 NAT 网络地址转换的原理及功能；
(2) 掌握静态 NAT 的配置，实现内部局域网访问互联网；
(3) 验证静态 NAT，并查看 IP 地址的转换情况；
(4) 观察静态 NAT 路由器对数据包的处理。

8.2.2　实验拓扑

本实验所用的网络拓扑如图 8-1 所示。该实验的背景是：假设某公司的网络管理员欲发布公司的 WWW 服务器和 FTP 服务器。现要求将内网 Web 服务器和 FTP 服务器的 IP 地址映射为全局 IP 地址，实现外部网络可以访问公司内部的 Web 服务器和 FTP 服务器。公司申请到的公有 IP 地址为 200.10.1.11～200.10.1.13。

路由器 R0 为公司出口路由器，它与外部服务提供商 ISP 路由器之间通过串口连接，配置其时钟频率为 64 000。

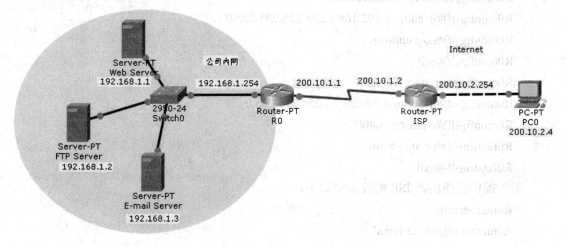

图 8-1　静态网络地址转换 NAT 实验拓扑图

8.2.3　实验步骤

(1) 实验环境搭建。

① 启动 Packet Tracer 软件，在逻辑工作区根据图 8-1 中的静态网络地址转换 NAT 实验拓扑图放置和连接设备。使用设备包括：2 台 Generic 型路由器，1 台 2960 型交换机，1 台 PC 机，3 台服务器，分别为 WWW 服务器 Web Server、FTP 服务器 FTP Server 和 E-mail 服务器 E-mail Server，并且用直连线/交叉线/串行线将各设备依次连接起来。

② 根据表 8-2 配置各 PC 终端和服务器的 IP 地址、子网掩码和默认网关，配置路由器接口 IP 地址。

表 8-2　IP 地址分配情况表

设　　备	接口	IP 地址	子网掩码	默认网关
PC0	FastEthernet0	200.10.2.4	255.255.255.0	200.10.2.254
Web Server	FastEthernet0	192.168.1.1	255.255.255.0	192.168.1.254
FTP Server	FastEthernet0	192.168.1.2	255.255.255.0	192.168.1.254
E-mail Server	FastEthernet0	192.168.1.3	255.255.255.0	192.168.1.254
R0	FastEthernet0/0	192.168.1.254	255.255.255.0	—
	Serial2/0	200.10.1.1	255.255.255.0	—
ISP	FastEthernet0/0	200.10.2.254	255.255.255.0	—
	Serial2/0	200.10.1.2	255.255.255.0	—

公司出口路由器 R0 的配置命令如下：

Router>enable

Router#configure terminal

R0(config)#hostname R0

R0(config)#interface FastEthernet0/0

R0(config-if)#ip address 192.168.1.254 255.255.255.0

R0(config-if)#no shutdown

R0(config-if)#exit

R0(config)#interface Serial2/0

R0(config-if)#ip address 200.10.1.1 255.255.255.0

R0(config-if)#clock rate 64000

R0(config-if)#no shutdown

R0(config-if)#exit

服务提供商路由器 ISP 配置命令如下：

Router>enable

Router#configure terminal

Router(config)#hostname ISP

ISP (config)#interface FastEthernet0/0

ISP (config-if)#ip address 200.10.2.254 255.255.255.0

ISP (config-if)#no shutdown

ISP (config-if)#exit

ISP (config)#interface Serial2/0

ISP (config-if)#ip address 200.10.1.2 255.255.255.0

ISP (config-if)#no shutdown

ISP (config-if)#exit

(2) 在公司出口路由器 R0 上配置静态 NAT。

① 设置内部接口。内部接口一般为路由器连接内部网络的接口，此处设置连接服务器所在网络的接口为内部接口，配置命令如下：

R0(config)#interface FastEthernet0/0

R0(config-if)#ip nat inside   //设置内部接口，指明这个接口是对内的接口

R0(config-if)#exit

② 设置外部接口。外部接口一般为接入运营商的接口，使用的是公有 IP 地址，配置命令如下：

R0(config)#interface Serial2/0

R0(config-if)#ip nat outside   //设置外部接口，指明这个端口是对外的端口

R0(config-if)#exit

③ 在内部 IP 地址与公有 IP 地址之间建立静态地址转换。内部 IP 地址是服务器的地址。本实例中，申请到的公有 IP 地址为 200.10.1.11～200.10.1.13，配置命令如下：

R0(config)#ip nat inside source static 192.168.1.1 200.10.1.11

　　　//配置 IP 地址映射，指明外界对 220.10.1.11 的访问被静态的转换到内网 192.168.1.1 上

R0(config)#ip nat inside source static 192.168.1.2 200.10.1.12

R0(config)#ip nat inside source static 192.168.1.3 200.10.1.13

(3) 在路由器 R0 和 ISP 上配置静态路由。

路由器 R0 配置静态路由的命令如下：

　　R0(config)#ip route 0.0.0.0 0.0.0.0 200.10.1.2　　//设置一条出去的路由(默认路由)

路由器 ISP 上配置静态路由的命令如下：

　　ISP(config)#ip route 0.0.0.0 0.0.0.0　　200.10.1.1

(4) 验证 NAT，并查看 IP 地址的转换情况。

① 在路由器 R0 的 CLI 面板输入命令 show ip nat translations，查看 IP 地址转换情况，如图 8-2 所示。

```
R0>en
R0#show ip nat translations
Pro  Inside global    Inside local     Outside local    Outside global
---  200.10.1.11      192.168.1.1      ---              ---
---  200.10.1.12      192.168.1.2      ---              ---
---  200.10.1.13      192.168.1.3      ---              ---
```

图 8-2　IP 地址转换情况

② 在实时模式中，单击 PC0，在 Desktop 选项卡中点击 Web Browser 按钮，在 URL 地址栏中输入 http://200.10.1.11(Web Server 的 IP 地址)并回车。此时可以看到返回的网页，说明 NAT 转换成功，如图 8-3 所示。

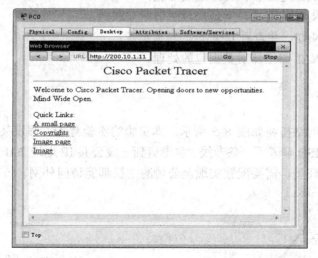

图 8-3　返回的 Web 页面

(5) 观察 NAT 路由器 R0 对数据包的处理。

① 进入模拟工作模式，设置 Edit Filters 只显示 HTTP 类型协议包。

② 在 PC0 的 Web Browser 中，输入 http://200.10.1.11(Web server 的 IP 地址)并回车，逐步单击 Capture/Forward 按钮控制模拟进程，观察 HTTP 报文到达 NAT 路由器 R0，点击该数据包查看并对比 PDU 内容的区别。如图 8-4 所示，在 Inbound PDU Details 中，目的地

址是 200.10.1.11，而在 Outbound PDU Details 中，目的地址已经变为 192.168.1.1。

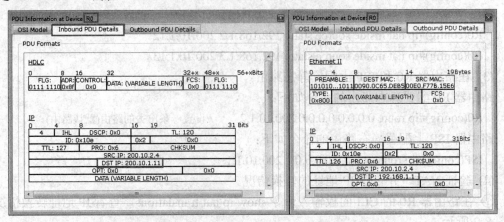

图 8-4　路由器 R0 的 Inbound PDU Details 和 Outbound PDU Details

8.3　动态网络端口地址转换实验

8.3.1　实验目的

(1) 理解 NAT 网络地址转换的原理及功能；
(2) 掌握动态 NAT 的配置，实现局域网访问互联网；
(3) 验证动态 NAT，并查看 IP 地址的转换情况；
(4) 观察动态 NAT 路由器对数据包的处理。

8.3.2　实验拓扑

本实验所用的网络拓扑如图 8-5 所示。本实验的实验背景：假设某公司办公网需要接入互联网，公司向 ISP 申请了一条专线，并申请到一段公共 IP 地址 200.10.1.5~200.10.1.7，作为公司的网络管理员，需要配置实现全公司的主机都能访问外网。

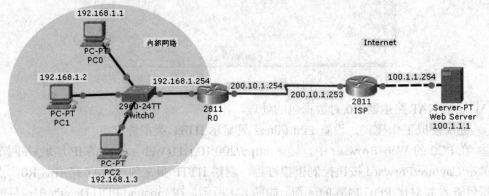

图 8-5　动态网络端口地址转换实验拓扑图

8.3.3　实验步骤

(1) 实验环境搭建。

① 启动 Packet Tracer 软件，在逻辑工作区根据图 8-5 中的动态网络端口地址转换实验拓扑图放置和连接设备。使用设备包括：2 台 2811 型路由器，1 台 2960 型交换，3 台 PC 机，分别命名为 PC0、PC1 和 PC2，1 台 WWW 服务器，命名为 Web Server，并且用直连线/交叉线/串行线将各设备依次连接起来。

② 根据表 8-3 配置各 PC 终端和服务器的 IP 地址、子网掩码和默认网关，配置路由器接口的 IP 地址。

表 8-3　IP 地址分配情况表

设备	接口	IP 地址	子网掩码	默认网关
PC0	FastEthernet0	192.168.1.1	255.255.255.0	192.168.1.254
PC1	FastEthernet0	192.168.1.2	255.255.255.0	192.168.1.254
PC2	FastEthernet0	192.168.1.3	255.255.255.0	192.168.1.254
Web Server	FastEthernet0	100.1.1.1	255.255.255.0	100.1.1.254
R0	FastEthernet0/0	192.168.1.254	255.255.255.0	—
R0	Serial0/3/0	200.10.1.254	255.255.255.0	—
ISP	FastEthernet0/0	100.1.1.254	255.255.255.0	—
ISP	Serial0/3/0	200.10.1.253	255.255.255.0	—

公司出口路由器 R0 的配置命令如下：

Router>enable

Router#configure terminal

R0(config)#hostname R0

R0(config)#interface FastEthernet0/0

R0(config-if)#ip address 192.168.1.254 255.255.255.0

R0(config-if)#no shutdown

R0(config-if)#exit

R0(config)#interface Serial0/3/0

R0(config-if)#ip address 200.10.1.254 255.255.255.0

R0(config-if)#clock rate 64000

R0(config-if)#no shutdown

R0(config-if)#exit

服务提供商路由器 ISP 配置 IP 命令如下：

Router>enable

Router#configure terminal

Router(config)#hostname ISP

ISP (config)#interface FastEthernet0/0

ISP (config-if)#ip address 100.1.1.254 255.255.255.0

ISP (config-if)#no shutdown

ISP (config-if)#exit

ISP (config)#interface Serial0/3/0

ISP (config-if)#ip address 200.10.1.253 255.255.255.0

ISP (config-if)#no shutdown

ISP (config-if)#exit

(2) 在路由器 R0 和 ISP 上配置静态路由。

路由器 R0 配置静态路由命令如下：

R0(config)#ip route 0.0.0.0 0.0.0.0 200.10.1.253   //设置一条出去的路由(默认路由)

路由器 ISP 上配置静态路由命令如下：

ISP(config)#ip route 0.0.0.0 0.0.0.0   200.10.1.254

(3) 在公司出口路由器 R0 上配置动态 NAT。

① 设置内部接口。

配置命令如下：

R0(config)#interface FastEthernet0/0

R0(config-if)#ip nat inside   //设置内部接口，指明这个端口是对内的端口

R0(config-if)#exit

② 设置外部接口。

配置命令如下：

R0(config)#interface Serial0/3/0

R0(config-if)#ip nat outside   //设置外部接口，指明这个端口是对外的端口

R0(config-if)#exit

③ 定义合法 IP 地址池。合法 IP 地址池是指一段公共 IP 地址，由开始地址和结束地址来表示，本实例中，申请到的公有 IP 地址池为 200.10.1.5～200.10.1.7。

配置命令如下：

R0(config)#ip nat pool out-pool 200.10.1.5 200.10.1.7 netmask 255.255.255.0   //建立外部地址池

④ 定义内部网络中允许访问 Internet 的访问列表。

配置命令如下：

R0(config)#access-list 1 permit 192.168.1.0 0.0.0.255   //设置内部被转换的 IP 地址

⑤ 实现动态网络地址转换。将由 access-list 指定的内部地址与指定的合法地址池进行地址转换。

配置命令如下：

R0(config)#ip nat inside source list 1 pool out-pool   //建立被转换的内部 IP 和地址池之间的关系

(4) 验证 NAT，并查看 IP 地址的转换。

在 PC0、PC1 和 PC2 的命令行窗口 ping 外部服务器 100.1.1.1。选择工具栏中的 Inspect 工具，点击 R0，在弹出菜单中选择 NAT Table，查看 NAT 转换结果，如图 8-6 所示。

NAT Table for R0				
Protocol	Inside Global	Inside Local	Outside Local	Outside Global
icmp	200.10.1.5:5	192.168.1.1:5	100.1.1.1:5	100.1.1.1:5
icmp	200.10.1.5:6	192.168.1.1:6	100.1.1.1:6	100.1.1.1:6
icmp	200.10.1.5:7	192.168.1.1:7	100.1.1.1:7	100.1.1.1:7
icmp	200.10.1.5:8	192.168.1.1:8	100.1.1.1:8	100.1.1.1:8
icmp	200.10.1.6:5	192.168.1.2:5	100.1.1.1:5	100.1.1.1:5
icmp	200.10.1.6:6	192.168.1.2:6	100.1.1.1:6	100.1.1.1:6
icmp	200.10.1.6:7	192.168.1.2:7	100.1.1.1:7	100.1.1.1:7
icmp	200.10.1.6:8	192.168.1.2:8	100.1.1.1:8	100.1.1.1:8
icmp	200.10.1.7:5	192.168.1.3:5	100.1.1.1:5	100.1.1.1:5
icmp	200.10.1.7:6	192.168.1.3:6	100.1.1.1:6	100.1.1.1:6
icmp	200.10.1.7:7	192.168.1.3:7	100.1.1.1:7	100.1.1.1:7
icmp	200.10.1.7:8	192.168.1.3:8	100.1.1.1:8	100.1.1.1:8
---	200.10.1.5	192.168.1.1	---	---
---	200.10.1.6	192.168.1.2	---	---
	200.10.1.7	192.168.1.3	---	---

图 8-6　路由器的 NAT Table

可以看到，PC0 的内部本地地址 192.168.1.1 被转换为内部全球地址 200.10.1.5；PC1 的内部本地地址 192.168.1.2 被转换为内部全球地址 200.10.1.6；PC2 的内部本地地址 192.168.1.3 被转换为内部全球地址 200.10.1.7。

(5) 观察 NAT 路由器 R0 对数据包的处理。

① 进入模拟工作模式，设置 Edit Filters 只显示 HTTP 类型协议包。

② 在 PC0 的 Web Browser 中，输入 http://100.1.1.1(Web server 的 IP 地址)并回车，逐步单击 Capture/Forward 按钮控制模拟进程，观察 HTTP 报文到达 NAT 路由器 R0，点击该数据包查看对比 PDU 内容的区别。如图 8-7 所示，在 Inbound PDU Details 中，源地址是 192.168.1.1，而在 Outbound PDU Details 中，源地址已经变为 200.10.1.5。

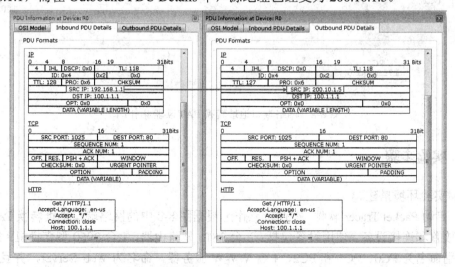

图 8-7　路由器 R0 的 Inbound PDU Details 和 Outbound PDU Details

8.4 网络端口地址转换 PAT 实验

8.4.1 实验目的

(1) 理解 PAT 网络端口地址转换的原理及功能;
(2) 掌握 PAT 的配置,实现局域网访问互联网;
(3) 验证 PAT,并查看 IP 地址的转换情况;
(4) 观察 PAT 路由器对数据包的处理。

8.4.2 实验拓扑

本实验所用的网络拓扑如图 8-8 所示。实验背景为:假设某公司办公网需要接入互联网,公司只向 ISP 申请了一条专线,该专线分配了一个公司 IP 地址 200.10.1.1,作为公司的网络管理员,需要配置实现全公司的主机都能访问外网。

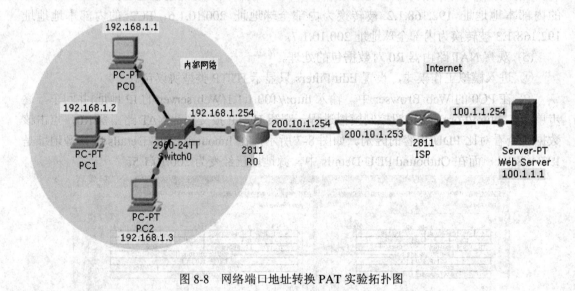

图 8-8   网络端口地址转换 PAT 实验拓扑图

8.4.3 实验步骤

(1) 实验环境搭建。
① 启动 Packet Tracer 软件,在逻辑工作区根据图 8-8 中的网络端口地址转换 PAT 实验拓扑图放置和连接设备。使用设备包括:2 台 2811 型路由器,1 台 2960 型交换机,3 台 PC 机,分别命名为 PC0、PC1 和 PC2,1 台 WWW 服务器,命名为 Web Server,并且用直连线/交叉线/串行线将各设备依次连接起来。

② 根据表 8-3 配置各 PC 终端和服务器的 IP 地址、子网掩码和默认网关，配置路由器接口 IP 地址。路由器配置命令和实验 8.3 中的一样。

(2) 在路由器 R0 和 ISP 上配置静态路由。

路由器 R0 配置静态路由的命令如下：

R0(config)#ip route 0.0.0.0 0.0.0.0 200.10.1.253　　//设置一条出去的路由(默认路由)

路由器 ISP 上配置静态路由的命令如下：

ISP(config)#ip route 0.0.0.0 0.0.0.0 200.10.1.254

(3) 在公司出口路由器 R0 上配置 PAT。

① 设置内部接口。

配置命令如下：

R0(config)#interface FastEthernet0/0

R0(config-if)#ip nat inside　　//设置内部接口，指明这个端口是对内的端口

R0(config-if)#exit

② 设置外部接口。

配置命令如下：

R0(config)#interface Serial0/3/0

R0(config-if)#ip nat outside　　//设置外部接口，指明这个端口是对外的端口

R0(config-if)#exit

③ 定义合法 IP 地址池。本实例中，申请到一个公有 IP 地址为 200.10.1.1。

配置命令如下：

R0(config)#ip nat pool pat-pool 200.10.1.1 200.10.1.1 netmask 255.255.255.0

//创建地址池，地址池的名字为 pat-pool，地址池中起始地址为 200.10.1.1，结束地址为 200.10.1.1，
//子网掩码为 255.255.255.0，这个地址池中只有一个地址

④ 定义内部网络中允许访问 Internet 的访问列表。

配置命令如下：

R0(config)#access-list 1 permit 192.168.1.0 0.0.0.255　　//设置内部被转换的 IP 地址

⑤ 实现网络端口地址转换。将由 access-list 指定的内部地址与指定的合法地址池进行地址转换。

配置命令如下：

R0(config)#ip nat inside source list 1 pool pat-pool overload

//(无 overload 表示多对多，有 overload 表示多对一)。把允许被 NAT 的 access-list 1 和地址池
//pat-pool 关联起来，这里的 overload 是超载的意思，尤其在内网上网主机多于地址池中合法
//IP 地址的时候(多对一)，这个关键字不能忘

(4) 验证 PAT，并查看 IP 地址和端口的转换。

在 PC0、PC1 和 PC2 的 Web Browser 访问外部服务器 100.1.1.1，查看路由器的 NAT Table，查看 PAT 转换结果，如图 8-9 所示。

结合 NAT 地址转换表，查看 NAT 路由器上经过的数据包的源、目的地址和端口的转换情况。

Protocol	Inside Global	Inside Local	Outside Local	Outside Global
tcp	200.10.1.1:1025	192.168.1.1:1025	100.1.1.1:80	100.1.1.1:80
tcp	200.10.1.1:1026	192.168.1.1:1026	100.1.1.1:80	100.1.1.1:80
tcp	200.10.1.1:1024	192.168.1.2:1025	100.1.1.1:80	100.1.1.1:80
tcp	200.10.1.1:1027	192.168.1.3:1025	100.1.1.1:80	100.1.1.1:80

NAT Table for R0

图 8-9 路由器的 NAT Table

(5) 观察 NAT 路由器 R0 对数据包的处理。

按照 8.3.3 实验中的步骤(4)和步骤(5)观察 PAT 路由器 R0 对数据包的处理及包格式。

第 9 章

无线网络实验

9.1 技术原理

1. 无线局域网

无线局域网(WLAN，Wireless Local Area Network)是计算机网络与无线通信技术相结合的产物。它以无线多址信道作为传输媒介，利用电磁波完成数据交互，实现传统有线局域网的功能。作为传统布线网络的一种替代方案或延伸，无线局域网把个人从办公桌边解放了出来，使人们可以随时随地获取信息，提高了员工的办公效率。

2. IEEE 802.11

IEEE 802.11 是无线局域网通用的标准。基于 IEEE 802.11 标准的无线局域网允许在局域网环境中使用非授权的 ISM 频段中的 2.4 GHz 或 5 GHz 射频波段进行无线连接。它们被广泛应用，从家庭到企业再到 Internet 接入热点。

IEEE 802.11 使用星型拓扑，其中心叫做接入点(AP，Access Point)，在 MAC 层使用 CSMA/CA 协议。凡是使用 802.11 系列协议的局域网又称为 Wi-Fi。

802.11 标准规定无线局域网的最小构件是基本服务集(BSS，Basic Service Set)。一个基本服务集 BSS 包括一个基站和若干移动站，所有站点在本 BSS 内都可以直接通信，但在和本 BSS 以外的站点通信时都必须通过本 BSS 的基站。

BSS 中的基站就是接入点 AP，当网络管理员安装 AP 时，必须为该 AP 分配一个不超过 32 字节的服务集标识符(SSID，Service Set Identifier)和一个信道。

一个 BSS 所覆盖的地理范围叫做一个基本服务区(BSA，Basic Service Area)，直径一般不超过 100 米。

一个 BSS 可以是孤立的，也可以通过接入点 AP 连接到一个分配系统(DS，Distribution System)，然后再连接到另一个 BSS，这样就构成了一个扩展服务集(ESS，Extended Service Set)。ESS 还可以为无线用户提供到非 802.x(非 802.11 无线局域网)的接入。这种接入是通过 Portal 来实现的。Portal 的作用就相当于一个网桥。

3. IEEE 802.11 的帧格式

802.11 帧共有三种类型，即控制帧、数据帧和管理帧，其数据帧结构如图 9-1 所示。

MAC 首部

2 字节	2 字节	6 字节	6 字节	6 字节	2 字节	6 字节	0~2312 字节	4 字节
帧控制	持续期	地址 1	地址 2	地址 3	序号控制	地址 4	帧主体	FCS

图 9-1　802.11 数据帧

802.11 数据帧由三大部分组成：

(1) MAC 首部：共 30 个字节。帧的复杂性都在帧的首部。

(2) 帧主体：帧的数据部分，不超过 2312 字节。这个值比以太网的最大长度长很多。不过 802.11 帧长度通常都小于 1500 字节。

(3) FCS(帧校验序列)：尾部，共 4 个字节。

4. IEEE 802.11 数据帧的地址

802.11 数据帧最特殊的地方就是四个地址字段。前三个地址的内容取决于帧控制字段中的"到 DS"(到分配系统)和"从 DS"(从分配系统)这两个子字段的数值。这两个字段各占 1 位，合起来共有四种组合，用于定义 802.11 帧中几个地址字段的含义。地址 4 用于自组织网络。

表 9-1 给出了 802.11 帧的地址字段最常用的两种情况(都只使用前三种地址，而不使用地址 4)。

表 9-1　802.11 帧的地址字段最常用的两种情况

方　向	到 DS	从 DS	地址 1	地址 2	地址 3	地址 4
终端把数据发送给 AP	1	0	AP 地址	源地址	目的地址	—
AP 把数据发送给终端	0	1	目的地址	AP 地址	源地址	—

9.2　基本服务集实验

9.2.1　实验目的

(1) 学习终端无线网卡的安装；

(2) 学习基本服务集的搭建；

(3) 学习验证终端与 AP 之间建立关联的过程；

(4) 验证 Windows 的自动私有 IP 地址分配(APIPA，Automatic Private IP Addressing)机制；

(5) 学习验证基本服务集终端之间的通信过程；

(6) 观察验证无线局域网 MAC 帧格式和地址字段值。

9.2.2　实验拓扑

本实验所用的网络拓扑如图 9-2 所示。

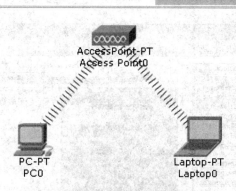

图 9-2 基本服务集实验网络拓扑图

9.2.3 实验步骤

(1) 实验环境搭建。

启动 Packet Tracer 软件,在逻辑工作区根据图 9-2 中的基本服务集实验网络拓扑图放置和连接设备。使用设备包括:1 台 Generic 型 AP;1 台 PC 机,命名为 PC0;1 台 Laptop-PT 笔记本,命名为 Laptop0。完成设备放置后的逻辑工作区界面如图 9-3 所示。

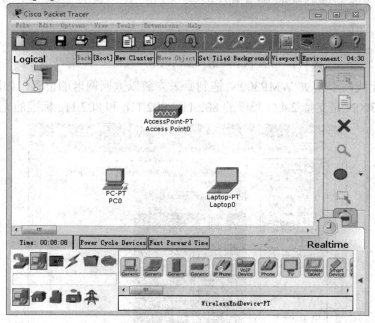

图 9-3 完成设备放置后的逻辑工作区界面

(2) 为终端添加无线网卡。

默认情况下,计算机终端安装以太网网卡,为了接入无线局域网,需要将计算机终端的以太网网卡换成无线网卡。Packet Tracer 终端上都配置有无线网卡模块,但需要手动添加。终端添加了无线网卡后会自动与 AP 相连。以下是为计算机终端添加无线网卡的步骤。

① 点击 PC0,进入 Physical(物理)配置选项卡,点击电源开关,关闭 PC0 电源;

② 将原来 PC0 下部的以太网网卡拖到左侧 MODULES(模块)栏进行删除,如图 9-4 所示。

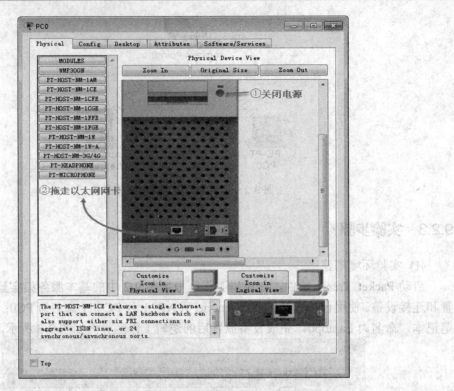

图 9-4 移去 PC0 中的以太网网卡，按箭头方向拖动

③ 再将无线网卡模块 WMP300N 拖到原来安装以太网网卡的位置，如图 9-5 所示。Linksys-WMP300N 是支持 2.4 G 频段的 802.11、802.11b 和 802.11g 标准的无线网卡。

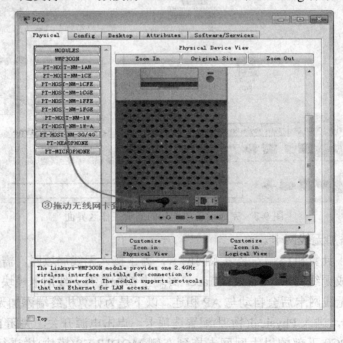

图 9-5 拖动添加无线网卡

④ 再次点击 PC0 电源开关，将 PC0 开机。

至此，完成了 PC0 无线网卡的添加过程。按照相同的步骤完成 Laptop0 无线网卡的添加过程(选择 WPC300N 无线网卡)。此时，PC0 和 Laptop0 与 AP 自动建立了关联，如图 9-6 所示。

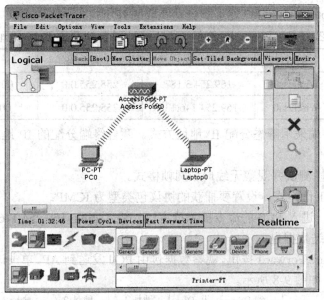

图 9-6　PC0 和 Laptop0 与 AP 自动建立了关联

说明：为了建立安全关联，AP 需要配置 SSID、认证协议、认证密钥和信道；终端需要配置 SSID、认证协议和认证密钥，本实验中，AP 和终端全部采用默认配置。

(3) 查看终端的 MAC 地址和自动获取的 IP 地址。

点击 PC0，进入 Config(配置)选项卡。点击左栏中的 Wireless0，在右边可以看到终端的 MAC 地址，并且安装有无线网卡的终端默认采用 DHCP 方式自动获取 IP 地址，如图 9-7 所示。

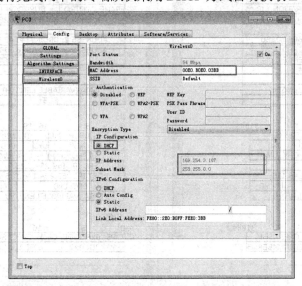

图 9-7　PC0 的 MAC 地址和自动获取的 IP 地址

终端一旦选择 DHCP 方式，启动自动私有 IP 地址分配(APIPA)机制，在没有 DHCP 服务器为其配置网络信息的前提下，由终端自动在私有网络地址 169.254.0.0/255.255.0.0 中随机选择一个有效的 IP 地址作为其 IP 地址。因此，如果服务集中的所有终端均采用 DHCP 方式进行 IP 地址分配，则无需为终端配置 IP 地址就可以实现终端之间的通信过程。表 9-2 给出了 PC0 和 Laptop0 的 MAC 地址和自动获取的 IP 地址信息。

表 9-2　PC0 和 Laptop0 的 MAC 地址和自动获取的 IP 地址信息

设备	接口	IP 地址	子网掩码	MAC 地址
PC0	Wireless0	169.254.3.187	255.255.0.0	00E0.B0E0.03BB
laptop0	Wireless0	169.254.146.135	255.255.0.0	0090.2B0D.9287

说明： 如果终端采用静态分配 IP 地址方式，两台终端分配的 IP 地址必须具有相同的网络地址。

(4) 进行连通性测试并观察无线局域网帧格式。

① 进入模拟工作模式，设置要捕获的协议包类型为 ICMP；

② 单击 PC0，进入 PC0 的命令提示符窗口，输入 ping 169.254.146.135，并回车，由 PC0 向 Laptop0 发送数据包；

③ 单击 Capture/Forward 按钮，观察数据包由 PC0 发送到 AP，单击该数据包观察 IEEE 802.11 的帧格式，如图 9-8 所示。

方向	到 DS	从 DS	地址 1	地址 2	地址 3	地址 4
终端把数据发送给 AP	1	0	AP 地址	源地址	目的地址	——
AP 把数据发送给终端	0	1	目的地址	AP 地址	源地址	——

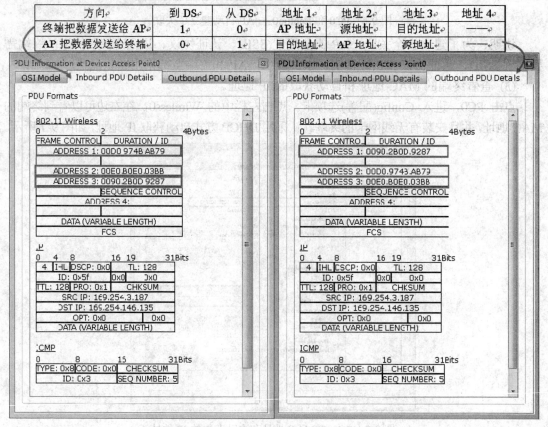

图 9-8　IEEE 802.11 的帧格式

根据图 9-8 所示，并对照表 9-1，可以看到，当数据包从终端 PC0 发送到 AP 时，地址 1 为 AP 的 MAC 地址，地址 2 为发送端 PC0 的 MAC 地址，地址 3 为目的端 Laptop0 的 MAC 地址；当数据包从 AP 发送到 Laptop0 时，地址 1 为目的端 Laptop0 的 MAC 地址，地址 2 为 AP 的 MAC 地址，地址 3 为发送端 PC0 的 MAC 地址。

9.3 扩展服务集实验

9.3.1 实验目的

(1) 学习构建扩展服务集，查看验证位于不同基本服务集的终端之间的通信过程；
(2) 学习 AP 实现无线局域网和以太网互联；
(3) 查看验证 AP 完成无线局域网 MAC 帧格式与以太网帧格式相互转换过程；
(4) 验证基本服务集的通信区域；
(5) 学习 AP 和终端实现 WEP 和 WPA2-PSK 安全机制配置过程。

9.3.2 实验拓扑

本实验所用的网络拓扑如图 9-9 所示。分别由 AP0(Access Point0)和 AP1(Access Point1) 构成两个基本服务集 BSS1 和 BSS2，这两个基本服务集分别通过 AP0 和 AP1 连接到交换式以太网，构成扩展服务集。

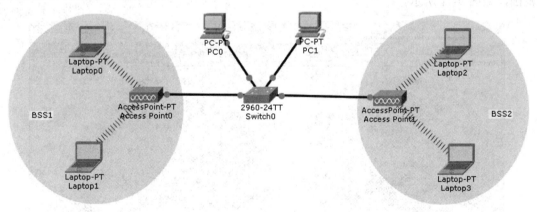

图 9-9　扩展服务集实验拓扑图

9.3.3 实验步骤

(1) 实验环境搭建。
① 无线局域网中终端和 AP 之间没有物理连接，但终端必须位于 AP 的有效通信范围内，因此，无线局域网需要在物理工作区中完成实验过程。如图 9-10 所示，选择物理工作区，单击 NAVIGATION(导航)菜单，选择 Home City(家园城市)，最后单击 Jump to Selected

Location(跳转到选择位置)按钮,物理工作区中将出现家园城市的物理区域。

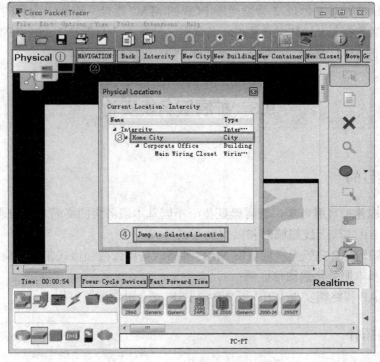

图 9-10 导航到家园城市物理区域

② 选择无线 AP 设备(Access-Point-PT),拖放到物理工作区,可以看到 AP 的有效通信范围,如图 9-11 所示。

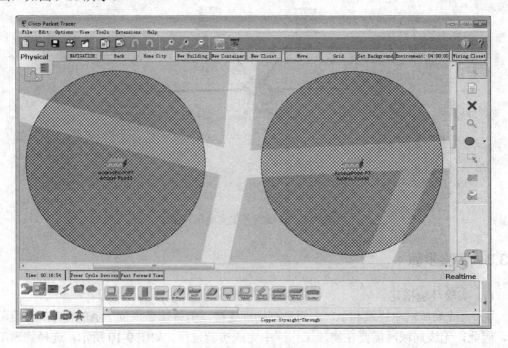

图 9-11 物理工作区中 AP 的有效通信范围

③ 放置笔记本到 AP 的有效通信范围内，并将笔记本的以太网网卡换成无线网卡，如图 9-12 所示。

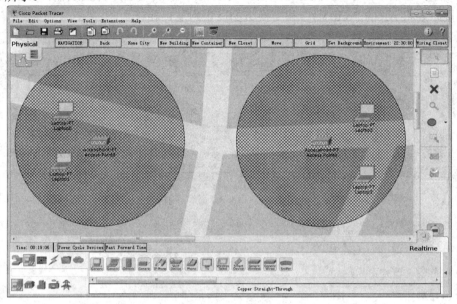

图 9-12　放置笔记本到 AP 的有效通信范围内

④ 切换到逻辑工作区，如图 9-13 所示，可以看到位于 Access Point0 通信范围内的笔记本 Laptop0 和 Laptop1 与 Access Point0 建立了关联；位于 Access Point1 通信范围内的笔记本 Laptop2 和 Laptop3 与 Access Point1 建立了关联。另外，逻辑工作区只体现了设备之间的物理连接和逻辑关系，在逻辑工作区中调整设备位置不影响物理工作区的设备位置。

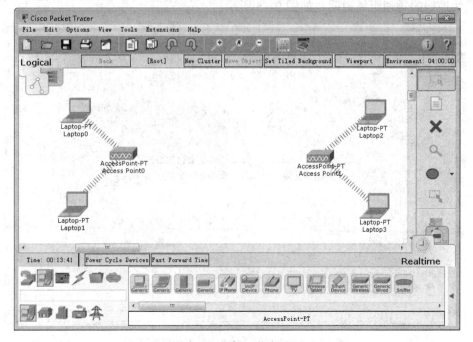

图 9-13　逻辑工作区界面

⑤ 切换到物理工作区，用交换机将两个 AP 互联在一起，同时放置两台台式计算机和交换机相连，如图 9-14 所示。AP 的 Port0 为以太网端口，Port1 为无线端口，因此，用双绞线连接时要将 AP 的 Port0 端口和交换机的以太网端口相连。

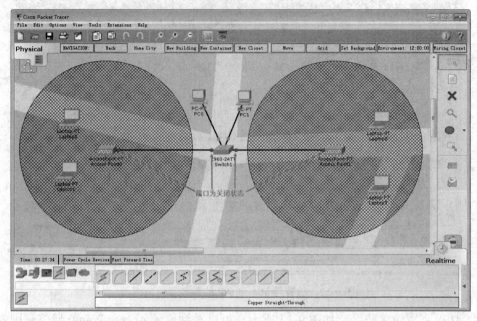

图 9-14　交换机和 AP 连接后，端口为关闭状态

注意此时在图 9-14 中，交换机和两个 AP 之间的端口连线状态为红色，表示它们之间并没有连通。此时把鼠标靠近 Access Point0 和交换机 Switch0 之间的连线，可以看到关于它们之间连线的物理距离说明，如图 9-15 所示。

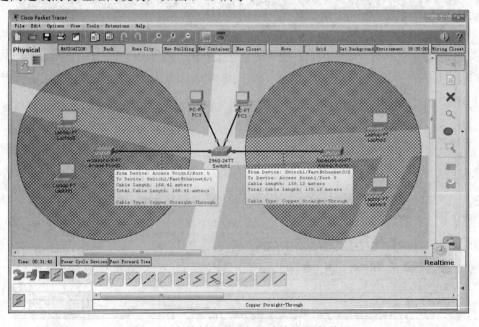

图 9-15　交换机和 AP 之间连线的距离说明

可以看到，Access Point0 和交换机 Switch0 之间的双绞线距离为 168.41 m，Access Point1 和交换机 Switch0 之间的双绞线距离为 159.12 m。而由于双绞线的最大传输距离为 100 m，因此在物理工作区中，当交换机和 AP 之间的距离超过 100 m 时，它们之间是无法连通的，需要调整交换机和 AP 的物理位置，让它们逐渐靠近，直到交换机和两个 AP 之间的距离都小于 100 m，如图 9-16 所示。

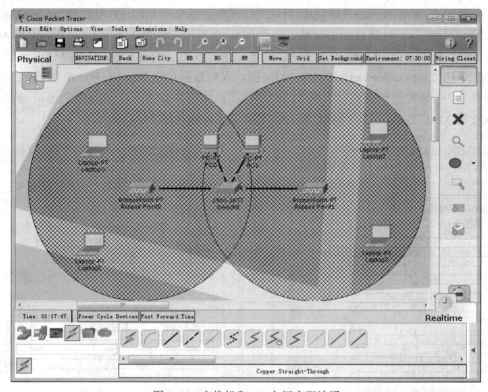

图 9-16　交换机和 AP 之间实现连通

说明：安装无线网卡的笔记本默认获取网络信息的方式是 DHCP 方式，因此，安装以太网卡的台式计算机连接到交换机后，需要将获取网络信息方式也设置为 DHCP 方式，才能实现整个扩展服务集 ESS 中的所有终端之间相互通信。

(2) 查看各终端的 MAC 地址和自动获取的 IP 地址。

查看并记录各终端的 MAC 地址和通过 DHCP 方式自动分配的 IP 地址情况如表 9-3 所示。

表 9-3　各终端的 MAC 地址和自动分配的 IP 地址信息

设备	接　口	IP 地址	子网掩码	MAC 地址
Laptop0	Wireless0	169.254.132.59	255.255.0.0	000B.BE9B.843B
Laptop1	Wireless0	169.254.131.54	255.255.0.0	00D0.5826.8336
Laptop2	Wireless0	169.254.234.201	255.255.0.0	00E0.F747.EAC9
Laptop3	Wireless0	169.254.115.60	255.255.0.0	0001.643E.733C
PC0	FastEthernet0	169.254.81.170	255.255.0.0	00D0.D324.51AA
PC1	FastEthernet0	169.254.183.151	255.255.0.0	00D0.976A.B797

(3) 查看验证位于不同基本服务集的终端之间的通信过程，并观察无线局域网 MAC 帧格式与以太网帧格式相互转换过程。

① 进入模拟工作模式，设置要捕获的协议包类型为 ICMP；

② 单击 Laptop0，在 Laptop0 的命令提示符窗口，输入 ping 169.254.115.60，并回车，启动 Laptop0 至 Laptop3 的数据传输过程；

③ 单击 Capture/Forward(捕获/转发)按钮，观察数据包由 Laptop0 发送到 Access Point0，单击该数据包观察无线局域网的帧格式，如图 9-17 所示，地址 1 为 Access Point0 的 MAC 地址，地址 2 为发送端 Laptop0 的 MAC 地址，地址 3 为目的端 Laptop3 的 MAC 地址；

④ 单击 Capture/Forward(捕获/转发)按钮，观察数据包由 Access Point0 发送到交换机 Switch0，单击该数据包观察以太网 MAC 帧格式，如图 9-18 所示，源 MAC 地址为发送端 Laptop0 的 MAC 地址，目的 MAC 地址为目的端 Laptop3 的 MAC 地址。

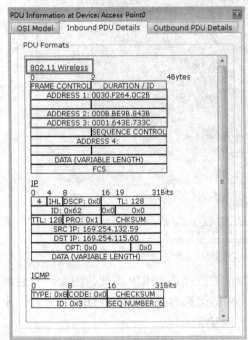

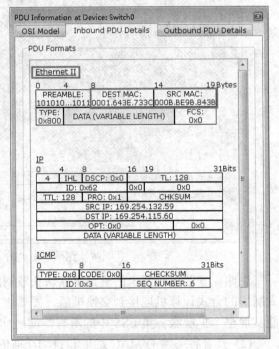

图 9-17　无线局域网 MAC 帧格式　　　　　图 9-18　以太网 MAC 帧格式

说明：在捕获观察数据包从 Laptop0 至 Laptop3 的传输过程中，注意观察 AP 转发数据包的过程及其功能。AP 是实现无线局域网和以太网互联的网桥设备，作为网桥设备它可以同时通过无线端口和属于同一 BSS 的其他无线局域网终端通信，通过以太网端口和其他连接在以太网上的终端通信。无线端口和以太网端口之间采取存储-转发的方式。

(4) 查看验证终端在不同基本服务集之间的漫游过程。

① 切换到物理工作区，将 Laptop1 从 Access Point0 的有效通信范围移动到 Access Point1 的有效通信范围内，如图 9-19 所示。

② 再次切换到逻辑工作区，发现 Laptop1 虽然在逻辑工作区中的位置未变，但已经改为与 Access Point1 建立了关联，如图 9-20 所示。

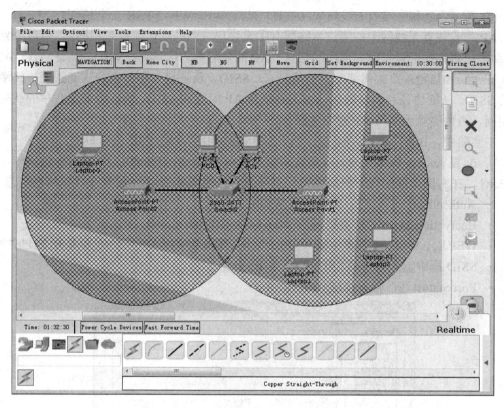

图 9-19　将 Laptop1 移动到 Access Point1 的有效通信范围内

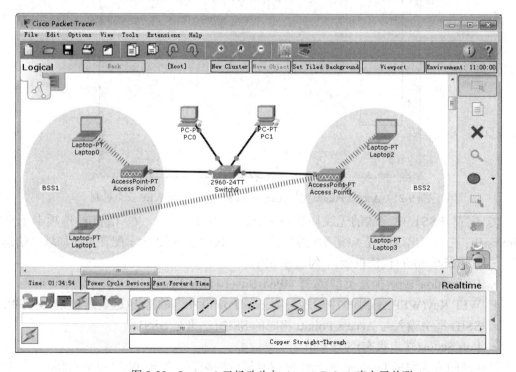

图 9-20　Laptop1 已经改为与 Access Point1 建立了关联

(5) 配置 AP 和终端的无线局域网信息，实现 WEP/WPA2-PSK 安全机制。

AP 和安装有无线网卡的笔记本终端有关无线局域网的默认配置是相同的。可以分别对 AP 和笔记本终端配置无线局域网的信息。AP 需要配置的信息有：SSID、认证协议、共享的认证密钥和信道；终端需要配置的信息有：SSID、认证协议和共享的认证密钥。终端配置的 SSID、认证协议和共享的认证密钥必须与 AP 配置的 SSID、认证协议及共享的认证密钥相同，否则终端无法与 AP 建立关联。

本实验中，BSS1 采用 WEP 安全机制，BSS2 采用 WPA2-PSK 安全机制。

① 配置 Access Point0 的无线局域网信息：单击 Access Point0，在 Config 选项卡下单击 Port1，在右侧出现配置无线局域网信息界面，按照图 9-21 所示配置无线局域网信息。

- Authentication(认证机制)中勾选 WEP；
- Encryption Type(加密类型)选择 40/64-Bits(10 Hex digits)；
- WEP Key(WEP 密钥)框中输入由 10 个十六进制数字组成的密钥(这里是 0123456789)；
- SSID 框中输入指定的 SSID(这里是 BSS1)；
- Port Status(端口状态)勾选 On。

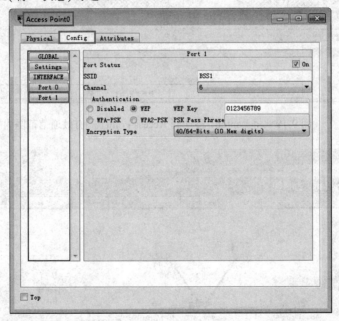

图 9-21　Access Point0 配置无线局域网信息，实现 WEP 安全机制

② 配置 BSS1 中终端的无线局域网信息：单击 Laptop0，在 Config 选项卡下单击 Wireless0，在右侧出现配置无线局域网信息界面，按照图 9-22 所示配置无线局域网信息。

- Authentication(认证机制)中勾选 WEP；
- Encryption Type(加密类型)选择 40/64-Bits(10 Hex digits)；
- WEP Key(WEP 密钥)框中输入与 Access Point0 相同的密钥(这里是 0123456789)；
- SSID 框中输入与 Access Point0 相同的 SSID(这里是 BSS1)；
- Port Status(端口状态)勾选 On。

以同样的方式完成 Laptop1 的无线局域网信息的配置，实现 WEP 安全机制。

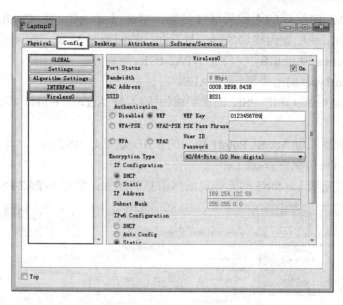

图 9-22　Laptop0 配置无线局域网信息，实现 WEP 安全机制

③ 配置 Access Point1 的无线局域网信息：单击 Access Point1，在 Config 选项卡下单击 Port1，在右侧出现配置无线局域网信息界面，按照图 9-23 所示配置无线局域网信息。

- Authentication(认证机制)中勾选 WPA2-PSK；
- Encryption Type(加密类型)选择 AES；
- PSK Pass Phrase(导出 PSK 的密钥)框中输入由 8～63 个字符组成的密钥(这里是abcdefgh)；
- SSID 框中输入指定的 SSID(这里是 BSS2)；
- Port Status(端口状态)勾选 On。

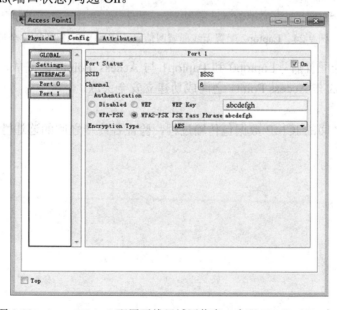

图 9-23　Access Point1 配置无线局域网信息，实现 WPA2-PSK 安全机制

④ 配置 BSS2 中终端的无线局域网信息：单击 Laptop2，在 Config 选项卡下单击 Wireless0，在右侧出现配置无线局域网信息界面，按照图 9-24 所示配置无线局域网信息。

- Authentication(认证机制)中勾选 WPA2-PSK；
- Encryption Type(加密类型)选择 AES；
- PSK Pass Phrase(导出 PSK 的密钥)框中输入与 Access Point1 相同的密钥(这里是 abcdefgh)；
- SSID 框中输入与 Access Point1 相同的 SSID(这里是 BSS2)；
- Port Status(端口状态)勾选 On。

以同样的方式完成 Laptop3 的无线局域网信息的配置，实现 WPA2-PSK 安全机制。

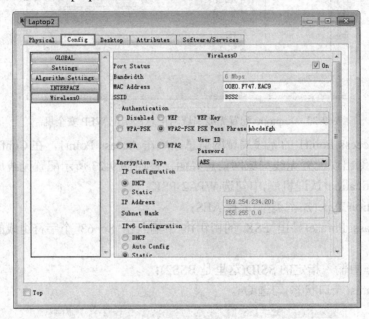

图 9-24　Laptop2 配置无线局域网信息，实现 WPA2-PSK 安全机制

完成上述安全配置后，Laptop0 和 Laptop1 与 Access Point0 之间成功建立安全关联；Laptop2 和 Laptop3 与 Access Point1 之间成功建立安全关联。

(6) 验证连通性。

启动各终端之间的 ICMP 数据包传输过程，验证各终端之间的连通性。

第 10 章

IPv6 实验

10.1　IPv6 相关技术

IPv6 是 IETF(Internet Engineering Task Force，互联网工程任务组)设计的用于替代现行 IPv4 协议的下一代 IP 协议。IPv4 最大的问题在于网络地址资源有限，严重制约了互联网的应用和发展。IPv6 的使用，不仅能解决网络地址资源数量的问题，而且也解决了多种接入设备连入互联网的障碍。

IPv6 作为下一代互联网的关键性技术，将逐步取代 IPv4 成为支撑互联网运转的核心协议。

10.1.1　IPv6 报文格式

IPv6 报文的整体结构分为 IPv6 基本首部、扩展首部和上层协议数据 3 部分，如图 10-1 所示。

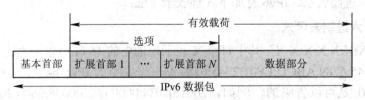

图 10-1　IPv6 的报文格式

IPv6 基本首部是必选报文头部，长度固定为 40 字节，包含该报文的基本信息；扩展首部是可选的，可能存在 0 个、1 个或多个，IPv6 协议通过扩展首部实现各种丰富的功能；上层协议数据是该 IPv6 报文携带的上层数据，可能是 ICMPv6 报文、TCP 报文、UDP 报文或其他报文。值得注意的是，所有扩展首部都不属于 IPv6 报文的首部。所有扩展首部和数据合起来称为 IPv6 报文的有效载荷或净负荷。图 10-2 为 IPv6 报文的基本首部。

各字段的作用解释如下：

(1) 版本号：4 比特，表示协议的版本，对 IPv6 该字段值为 6。

(2) 流量等级：8 比特，主要用于 QoS。

(3) 流标签：20 比特，用来标识同一个流的报文，让路由器或交换机基于流而不是基于数据包来处理数据。

(4) 有效载荷长度：16 比特，表明该 IPv6 包除基本首部外的字节数，包含扩展头部。

(5) 下一个首部：8 比特，该字段用来指明基本首部后接的报文头部的类型，若存在扩展首部，则表示第一个扩展首部的类型，否则表示其上层协议的类型(如 TCP 或 UDP)。

(6) 跳数限制：8 比特，定义了 IPv6 数据包所经过的最大跳数，该字段类似于 IPv4 中的 TTL，每次转发跳数减 1，该字段达到 0 时包将会被丢弃。

(7) 源地址：128 比特，标识发送方的 IPv6 源地址。

(8) 目的地址：128 比特，标识 IPv6 数据包的目的地址。

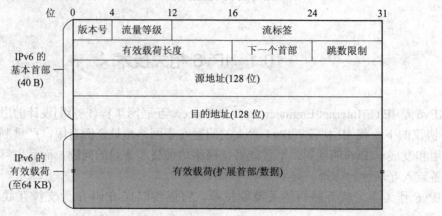

图 10-2　IPv6 的基本首部

10.1.2　IPv6 地址表示方法

IPv6 的地址长度为 128 位，是 IPv4 地址长度的 4 倍，于是 IPv4 点分十进制格式不再适用，采用十六进制表示。IPv6 有如下 3 种表示方法：

1．冒分十六进制表示法

格式为 X:X:X:X:X:X:X:X，其中每个 X 表示地址中的 16 bit，以十六进制表示。例如，ABCD:EF01:2345:6789:ABCD:EF01:2345:6789 是一个完整的 IPv6 地址。这种表示法中，每个 X 的前导 0 是可以省略的。例如，2001:0DB8:0000:0023:0008:0800:200C:417A 记为 2001:DB8:0:23:8:800:200C:417A。

2．0 位压缩表示法

在某些情况下，一个 IPv6 地址中间可能包含很长的一段 0，可以把冒分十六进制格式中相邻的连续 0 压缩为双冒号"::"。但为保证地址解析的唯一性，规定一个 IPv6 地址中"::"只能出现一次。例如：

FF01:**0:0:0:0:0:0:**1101 　　　记为　　　FF01::1101

0:0:0:0:0:0:0:1 　　　　记为　　　::1

0:0:0:0:0:0:0:0 　　　　记为　　　::

3．内嵌 IPv4 地址表示法

为了实现 IPv4 和 IPv6 互通，IPv4 地址会嵌入 IPv6 地址中，此时地址常表示为

X:X:X:X:X:X:d.d.d.d，前 96 bit 采用冒分十六进制表示，最后 32 bit 地址则使用 IPv4 的点分十进制表示。例如，::192.168.0.1 与::FFFF:192.168.0.1 就是两个典型的例子。注意，在前 96 bit 中，压缩 0 位的方法依旧适用。

10.1.3　IPv6 地址配置协议

IPv6 使用两种地址自动配置协议，分别为无状态地址自动配置协议(SLAAC)和 IPv6 动态主机配置协议(DHCPv6)。SLAAC 不需要服务器对地址进行管理，主机直接根据网络中的路由器通告信息与本机 MAC 地址结合计算出本机 IPv6 地址，实现地址自动配置。DHCPv6 由 DHCPv6 服务器管理地址池，用户主机从服务器请求并获取 IPv6 地址及其他信息，达到地址自动配置的目的。

1.　无状态地址自动配置(SLAAC)

无状态地址自动配置的核心是不需要额外的服务器管理地址状态。无状态地址自动配置通过邻居发现协议(NDP，Neighbor Discovery Protocol)来实现。NDP 是 IPv6 的一个关键协议，它组合了 IPv4 中的 ARP、ICMP 路由器发现和 ICMP 重定向等协议，并对它们作了改进。作为 IPv6 的基础性协议，NDP 还提供了前缀发现、邻居不可达检测、重复地址监测、地址自动配置等功能。NDP 定义的消息使用 ICMPv6 来承载，在 RFC2461 中详细说明了 5 个新的 ICMPv6 消息，包括路由器请求(RS，Router Solicitation)、路由器通告(RA，Router Advertisement)、邻居请求(NS，Neighbor Solicitation)、邻居通告(NA，Neighbor Advertisement)和重定向(Redirect)。

在无状态地址自动配置中，主机通过接收链路上的路由器发出的路由器通告 RA 消息，结合接口的标识符而生成一个全球单播地址，包括以下 4 个基本步骤：

1) 路由器发现

路由器发现是指主机定位本地链路上的路由器和确定其配置信息的过程，主要包含以下 3 方面内容：

(1) 路由器发现(Router Discovery)：主机发现邻居路由器及选择某一个路由器作为默认网关的过程。

(2) 前缀发现(Prefix Discovery)：主机发现本地链路上的一组 IPv6 前缀，生成前缀列表。该列表用于主机的地址自动配置和 on-link 判断。

(3) 参数发现(Parameter Discovery)：主机发现相关操作参数的过程，如 MTU、报文的默认跳数限制、地址分配方式等信息。

2) 重复地址检测 DAD

DAD(Duplicate Address Detection，重复地址检测)是节点确定即将使用的地址是否在链路上唯一的过程。所有的 IPv6 单播地址包括自动配置或手动配置的单播地址，在节点使用之前必须通过重复地址检测。

DAD 机制通过路由器请求 NS 和路由器通告 NA 报文实现。节点会发送 NS 报文，其源地址为未指定地址，目的地址为接口配置的 IPv6 地址。在 NS 报文发送到链路上后，如果在规定时间内没有收到应答的 NA 报文，则认为这个单播地址在链路上是唯一的，可以分配给接口；反之，如果收到应答的 NA 报文，则表明这个地址已经被其他节点所使用，不能配置到接口。

3) 前缀重新编址

前缀重新编址(Prefix Renumbering)允许网络从以前的前缀平稳地过渡到新的前缀，用于提供对用户透明的网络重新编址能力。路由器通过 RA 报文中的优先时间和有效时间参数来实现前缀重新编址。

(1) 优先时间(Preferred Lifetime)：无状态自动配置得到的地址保持优先选择状态的时间。

(2) 有效时间(Valid Lifetime)：地址保持有效状态的时间。

对于一个地址或前缀，优先时间小于或等于有效时间。当地址的优先时间到期时，该地址不能被用来建立新连接，但是在有效时间内，该地址还能用来保持以前建立的连接。在重新编址时，站点内的路由器会继续通告当前前缀，但是有效时间和优先时间将被减小到接近于 0；同时，路由器开始通告新的前缀。这样，在每个链路上至少有两个前缀共存，RA 消息中包括一个旧的和一个新的 IPv6 前缀信息。

4) 无状态地址自动配置

无状态自动配置包含两个阶段：链路本地地址的配置和全球单播地址的配置。

(1) 链路本地地址的配置过程如下：

当一个主机或接口启用 IPv6 协议栈时，主机会首先根据本地前缀 FE80::/10 和 EUI-64 接口标识符，为该接口生成一个链路本地地址，如果在后续的 DAD 中发生地址冲突，则必须对该接口手动配置本地链路地址，否则该接口将不可用。需要说明的是，一个链路本地地址的优先时间和有效时间是无限的，永不超时。

64 位 EUI-64 地址是由 IEEE 定义的。EUI-64 地址用于网络适配器的 IPv6 接口标识。EUI-64 的功能是根据接口的 MAC 地址再加上固定的前缀来生成 64 位的 IPv6 地址的接口标识符，其工作过程如下：

① 在 48 比特的 MAC 地址的前 24 比特和后 24 比特之间插入一个固定数值"FFFE"。如主机 A 的 MAC 地址为 0060:4767:546C，那么插入固定数值后的结果为 0060:47FF:FE67:546C。

② 将第 7 比特位反转。因为在 MAC 地址中，第 7 位为 1 表示本地唯一，为 0 表示全球唯一；而在 EUI-64 格式中，第 7 位为 1 表示全球唯一。上面的例子中第 7 位反转后的结果为 **0260:47FF:FE67:546C**。

因此，主机 A 的网络适配器的 IPv6 接口标识符为 **0260:47FF:FE67:546C**。

主机 A 的链路本地地址为在该 64 位 EUI 64 地址前加上地址前缀 FE80::/10，因此主机 A 的链路本地地址为 FE80::0260:47FF:FE67:546C。

(2) 主机上全球单播 IPv6 地址的配置过程如下：

① 主机 A 在配置好链路本地地址后，发送 RS 报文，请求路由器的前缀信息。

② 路由器收到 RS 报文后，发送单播 RA 报文，携带用于无状态地址自动配置的前缀信息，同时路由器也会周期性地发送组播 RA 报文。

③ A 收到 RA 报文后，根据前缀信息和配置信息生成一个临时的全球单播地址。同时

启动 DAD，发送 NS 报文验证临时地址的唯一性，此时该地址处于临时状态。

④ 链路上的其他节点收到 DAD 的 NS 报文后，如果没有用户使用该地址，则丢弃报文，否则产生应答 NS 的 NA 报文。

⑤ A 如果没有收到 DAD 的 NA 报文，说明地址是全局唯一的，则用该临时地址初始化接口，此时地址进入有效状态。

地址自动配置完成后，路由器可以自动进行邻居不可达检测(NUD)，周期性地发送 NS 报文，探测该地址是否可达。

如果主机 A 收到的路由器前缀为 2001:1111::/64，则在 64 位 EUI-64 地址 0260:47FF:FE67:546C 前加上地址前缀 2001:1111::/64 构成一个全球唯一的 IPv6 地址：2001:1111::0260:47FF:FE67:546C。

2．IPv6 动态主机配置协议

IPv6 动态主机配置协议 DHCPv6 是由 IPv4 的 DHCP 发展而来的。客户端通过向 DHCP 服务器发出申请来获取本机 IP 地址并进行自动配置，DHCP 服务器负责管理并维护地址池以及地址与客户端的映射信息。

DHCPv6 在 DHCP 的基础上，进行了一定的改进与扩充。其中包含 3 种角色：DHCPv6 客户端，用于动态获取 IPv6 地址、IPv6 前缀或其他网络配置参数；DHCPv6 服务器，负责为 DHCPv6 客户端分配 IPv6 地址、IPv6 前缀和其他配置参数；DHCPv6 中继，是一个转发设备。通常情况下。DHCPv6 客户端可以通过本地链路范围内组播地址与 DHCPv6 服务器进行通信。若服务器和客户端不在同一链路范围内，则需要 DHCPv6 中继进行转发。DHCPv6 中继的存在使得在每一个链路范围内都部署 DHCPv6 服务器不是必要的，节省成本，并便于集中管理。

10.1.4　IPv6 路由协议

IPv4 初期对 IP 地址规划得不合理，使得网络变得非常复杂，路由表条目繁多。尽管通过划分子网以及路由聚集一定程度上进行了缓解，但这个问题依旧存在。因此 IPv6 设计之初就把地址从用户拥有改成运营商拥有，并在此基础上，路由策略发生了一些变化，加之 IPv6 地址长度发生了变化，因此路由协议发生了相应的改变。

与 IPv4 相同，IPv6 路由协议同样分成内部网关协议(IGP)与外部网关协议(EGP)。其中，IGP 包括由 RIP 变化而来的 RIPng，由 OSPF 变化而来的 OSPFv3，以及由 IS-IS 协议变化而来的 IS-ISv6。EGP 则主要包括由 BGP 变化而来的 BGP4+。

1．RIPng

下一代 RIP 协议(RIPng)是对原来的 RIPv2 的扩展。大多数 RIP 的概念都可用于 RIPng。为了在 IPv6 网络中应用，RIPng 对原有的 RIP 协议进行了修改：

(1) UDP 端口号：使用 UDP 的 521 端口发送和接收路由信息。

(2) 组播地址：使用 FF02::9 作为链路本地范围内的 RIPng 路由器组播地址。

(3) 路由前缀：使用 128 位的 IPv6 地址作为路由前缀。

(4) 下一跳地址：使用 128 位的 IPv6 地址。

2．OSPFv3

RFC 2740 定义了 OSPFv3，用于支持 IPv6。OSPFv3 与 OSPFv2 的主要区别如下：

(1) 修改了 LSA 的种类和格式，使其支持发布 IPv6 路由信息。

(2) 修改了部分协议流程。主要的修改包括用 Router-ID 来标识邻居，使用链路本地地址来发现邻居等，使得网络拓扑本身独立于网络协议，以便于将来扩展。

(3) 进一步理顺了拓扑与路由的关系。OSPFv3 在 LSA 中将拓扑与路由信息相分离，在一、二类 LSA 中不再携带路由信息，而只是单纯的拓扑描述信息，另外增加了八、九类 LSA，结合原有的三、五、七类 LSA 来发布路由前缀信息。

(4) 提高了协议适应性。通过引入 LSA 扩散范围的概念进一步明确了对未知 LSA 的处理流程，使得协议可以在不识别 LSA 的情况下根据需要做出恰当处理，提高了协议的可扩展性。

3．BGP 4+

传统的 BGP 4 只能管理 IPv4 的路由信息，对于使用其他网络层协议(如 IPv6 等)的应用，在跨自治系统传播时会受到一定的限制。为了提供对多种网络层协议的支持，IETF 发布的 RFC2858 文档对 BGP 4 进行了多协议扩展，形成了 BGP 4+。

为了实现对 IPv6 协议的支持，BGP 4+ 必须将 IPv6 网络层协议的信息反映到 NLRI(Network Layer Reachable Information)及下一跳(Next Hop)属性中。为此，在 BGP 4+ 中引入了下面两个 NLRI 属性。

MP_REACH_NLRI：多协议可到达 NLRI，用于发布可到达路由及下一跳信息。

MP_UNREACH_NLRI：多协议不可达 NLRI，用于撤销不可达路由。

BGP 4+ 中的 Next Hop 属性用 IPv6 地址来表示，可以是 IPv6 全球单播地址或者下一跳的链路本地地址。BGP 4 原有的消息机制和路由机制没有改变。

10.1.5 从 IPv4 向 IPv6 过渡技术

IPv6 不可能立刻替代 IPv4，因此在相当一段时间内 IPv4 和 IPv6 会共存在一个环境中。要提供平稳的转换过程，使得对现有的使用者影响最小，就需要有良好的转换机制。这个议题是 IETF ngtrans 工作小组的主要目标，目前已有许多转换机制被提出，部分已被用于 6Bone 上。IETF 推荐了双协议栈、隧道技术以及网络地址转换等过渡机制。

1．IPv6/IPv4 双协议栈技术

双栈机制就是使 IPv6 网络节点具有一个 IPv4 栈和一个 IPv6 栈，同时支持 IPv4 和 IPv6 协议。IPv6 和 IPv4 是功能相近的网络层协议，两者都应用于相同的物理平台，并承载相同的传输层协议 TCP 或 UDP，如果一台主机(或路由器)同时支持 IPv6 和 IPv4 协议，那么该主机(或路由器)既可以和仅支持 IPv4 协议的主机(或路由器)通信，也可以和仅支持 IPv6 协议的主机(或路由器)通信。

2．隧道技术

隧道技术就是必要时将 IPv6 数据包作为数据封装在 IPv4 数据包里，使 IPv6 数据包能在已有的 IPv4 基础设施(主要是指 IPv4 路由器)上传输的机制。随着 IPv6 的发展，出现了一些运行 IPv4 协议的骨干网络隔离开的局部 IPv6 网络。为了实现这些 IPv6 网络之间的通信，必须采用隧道技术。隧道对于源站点和目的站点是透明的。在隧道的入口处，路由器将 IPv6 的数据分组封装到 IPv4 中，该 IPv4 分组的源地址和目的地址分别是隧道入口和出口的 IPv4 地址；在隧道出口处，再将 IPv6 分组取出转发给目的站点。隧道技术的优点在于隧道的透明性，IPv6 主机之间的通信可以忽略隧道的存在，隧道只起到物理通道的作用。隧道技术在 IPv4 向 IPv6 演进的初期应用非常广泛。但是，隧道技术不能实现 IPv4 主机和 IPv6 主机之间的通信。

3. 网络地址转换技术

网络地址转换 NAT 技术是将 IPv4 地址和 IPv6 地址分别看做内部地址和全局地址，或者相反。例如，内部的 IPv4 主机要和外部的 IPv6 主机通信时，在 NAT 服务器中将 IPv4 地址(相当于内部地址)变换成 IPv6 地址(相当于全局地址)，服务器维护一个 IPv4 与 IPv6 地址的映射表。反之，当内部的 IPv6 主机和外部的 IPv4 主机进行通信时，则 IPv6 主机映射成内部地址，IPv4 主机映射成全局地址。NAT 技术可以解决 IPv4 主机和 IPv6 主机之间的互通问题。

10.1.6　ICMPv6 协议

和 IPv4 一样，IPv6 也不保证数据包的可靠交付，因为因特网中的路由器可能会丢弃数据包。因此 IPv6 也需要使用网际控制报文协议 ICMP 来反馈一些差错信息。但旧版本的、适合于 IPv4 的 ICMP 并不能满足 IPv6 的全部要求。因此，ICMP 也制定出与 IPv6 配套使用的 ICMPv6 版本。ICMPv6 协议用于报告 IPv6 节点在数据包处理过程中出现的错误消息，并实现简单的网络诊断功能。ICMPv6 新增加的邻居发现功能代替了 ARP 协议的功能，所以在 IPv6 体系结构中已经没有 ARP 协议了。除了支持 IPv6 地址格式之外，ICMPv6 还为支持 IPv6 中的路由优化、IP 组播以及移动 IP 等增加了一些新的报文类型。

10.2　IPv6 基本配置实验

10.2.1　实验目的

(1) 掌握路由器接口 IPv6 地址和前缀长度的配置方法；
(2) 验证终端上 IPv6 地址无状态自动配置的过程；
(3) 验证链路本地地址生成过程；
(4) 验证邻站发现协议 NDP 工作过程；
(5) 验证 IPv6 网络的连通性。

10.2.2　实验拓扑

本实验所用的网络拓扑如图 10-3 所示。路由器 Router0 的两个接口分别连接两个以太网。手工配置路由器接口的全球 IPv6 地址和前缀长度，并启动路由器接口的 IPv6 功能后，路由器接口会自动生成一个链路本地地址。链路本地地址主要用于自动地址配置、邻居发现、路由器发现以及路由更新等。

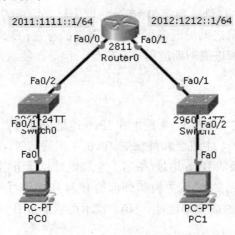

2011:1111::1/64   2012:1212::1/64
Fa0/0   Fa0/1
2811
Router0

Fa0/2   Fa0/1

2960-24TT   2960-24TT
Fa0/1   Fa0/2
Switch0   Switch1

Fa0   Fa0

PC-PT   PC-PT
PC0   PC1

图 10-3　网络拓扑图

路由器接口配置完成后，在终端主机上选择自动配置，则终端能自动生成链路本地地址，并能通过邻站发现协议获取和该终端连接在相同以太网上的路由器接口的 IPv6 地址和链路本地地址，然后根据该路由器接口的 IPv6 地址前缀和自己的 MAC 地址生成 IPv6 地址，并以该路由器接口的链路本地地址作为默认网关地址。完成上述配置后，连接在路由器不同端口上的两个以太网中的终端就可以实现相互通信。

10.2.3　实验步骤

本实验中，路由器上各接口的 IPv6 地址采用静态配置，各终端的 IPv6 地址采用无状态自动配置获得。

(1) 实验环境搭建。

启动 Packet Tracer 软件，在逻辑工作区根据图 10-3 中的网络拓扑图放置和连接设备。

(2) 为路由器接口配置 IPv6 地址和前缀长度，并启动路由器接口的 IPv6 功能。

为路由器接口 FastEthernet0/0 配置 IPv6 地址和前缀长度为 2011:1111::1/64，其中 2011:1111::1 是接口的 IPv6 地址，64 是前缀长度。为路由器接口 FastEthernet0/1 配置 IPv6 地址和前缀长度为 2012:1212::1/64。

路由器默认路由 IPv4 分组，因此需要路由器路由 IPv6 分组时，要通过手动配置启动路由器和路由器接口的 IPv6 功能。一旦启动接口的 IPv6 功能，该接口自动生成链路本地地址。

路由器配置 IPv6 地址和启动路由器接口的 IPv6 功能的命令如下：

Router>enable
Router#configure terminal
Router(config)#interface FastEthernet0/0
Router(config-if)#no shutdown

Router(config-if)#ipv6 address 2011:1111::1/64　//为接口 FastEthernet0/0 配置静态 IPv6 地址和
　　　　　　　　　　　　　　　　　　　　　　　//前缀长度

Router(config-if)#ipv6 enable //启动接口 FastEthernet0/0 的 IPv6 功能，会自动生成链路本地地址

Router(config-if)#exit

Router(config)#interface FastEthernet0/1

Router(config-if)#no shutdown

Router(config-if)#ipv6 address 2012:1212::1/64　//为接口 FastEthernet0/1 配置静态 IPv6 地址和
　　　　　　　　　　　　　　　　　　　　　　　//前缀长度

Router(config-if)#ipv6 enable //启动接口 FastEthernet0/1 的 IPv6 功能，会自动生成链路本地地址

Router(config-if)#exit

(3) 开启路由器转发单播 IPv6 分组的功能。

启动路由器转发单播 IPv6 分组的功能，只有启用该功能，路由器才能路由 IPv6 分组，命令如下：

Router(config)#ipv6 unicast-routing

(4) 查看路由器接口的链路本地地址。

在路由器的 CLI 选项卡下，输入以下命令：

Router#show ipv6 interface

可以查看路由器各接口的状态，包括接口链路本地地址，结果如图 10-4 所示。

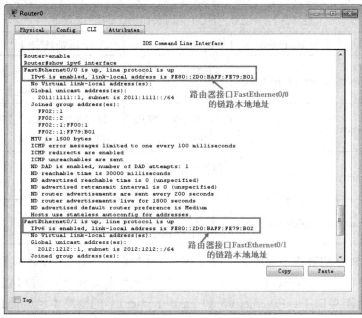

图 10-4　路由器接口的链路本地地址

(5) 启动终端的自动配置模式。

① 点击 PC0，进入 Desktop 选项卡，点击 IP Configuration 图标，进入 IP 配置界面，在 IPv6 Configuration(IPv6 配置)中选择 Auto Config(自动配置)，终端 PC0 将自动生成全球 IPv6 地址、链路本地地址和默认网关地址，如图 10-5 所示。终端 PC0 自动获得的默认网关地址是路由器 Router0 接口 FastEthernet0/0 的链路本地地址。

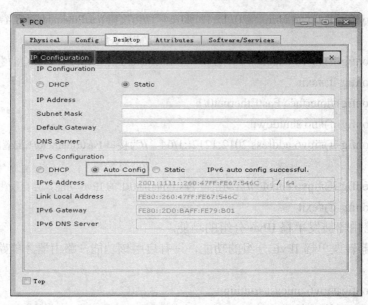

图 10-5　PC0 自动配置方式下获得的 IPv6 地址、链路本地地址和默认网关地址

② 按照相同的步骤完成 PC1 的自动配置过程。

此时，PC0、PC1 与路由器接口 FastEthernet0/0 和 FastEthernet0/1 的 MAC 地址、链路本地地址、IPv6 地址及默认网关地址信息如表 10-1 所示。

表 10-1　PC0、PC1 和 Router0 的地址信息

设备	接口	MAC 地址	链路本地地址	IPv6 地址	默认网关地址
PC0	FastEthernet0	0060.4767.546C	FE80::260:47FF: FE67:546C	2011:1111::260: 47FF:FE67:546C/64	FE80::2D0:BAFF: FE79:B01
PC1	FastEthernet0	000C.85D2.531D	FE80::20C:85FF: FED2:531D	2012:1212::20C: 85FF:FED2:531D/64	FE80::2D0:BAFF: FE79:B02
Router0	FastEthernet0/0	00D0.BA79.0B01	FE80::2D0:BAFF: FE79:B01	2011:1111::1/64	—
	FastEthernet0/1	00D0.BA79.0B02	FE80::2D0:BAFF: FE79:B02	2012:1212::1/64	—

可以看到，PC0 的链路本地地址是通过 PC0 的 MAC 地址导出的，PC0 的全球 IPv6 地址是通过路由器接口 FastEthernet0/0 的 64 位全球 IPv6 地址前缀和 PC0 的 MAC 地址导出的。

同样，路由器接口 FastEthernet0/0 和 FastEthernet0/1 的链路本地地址是通过相应接口的 MAC 地址导出的。

终端 PC0 的默认网关地址是路由器 Router0 接口 FastEthernet0/0 的链路本地地址。终端 PC1 的默认网关地址是 Router0 接口 FastEthernet0/1 的链路本地地址。

(6) 查看路由器路由表。

完成路由器接口配置后，路由器自动生成如图 10-6 所示的路由表。其中，类型 C 表示直连路由项，用于指明通往直接连接的 IPv6 网络的传输路径；类型 L 表示本地接口地址，

用于给出路由器接口配置的全球 IPv6 地址。

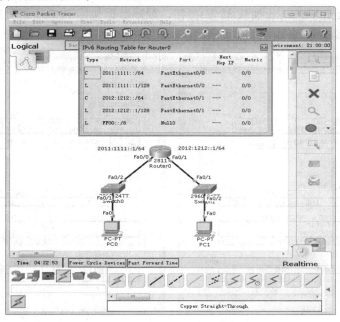

图 10-6　路由器的路由表

(7) 进行连通性测试。

在实时操作模式下，单击 PC0，在 PC0 的命令提示符窗口，输入 ping 2012:1212::20C:85FF:FED2:531D 命令，并回车，测试结果如图 10-7 所示。可以看到，PC0 和 PC1 之间是连通的。

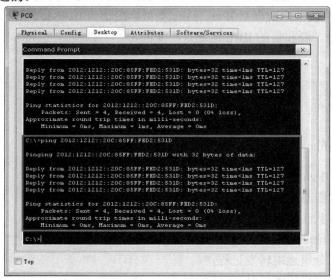

图 10-7　连通性测试结果

(8) 在模拟模式下，观察 IPv6 分组格式。

① 切换到模拟模式，设置要捕获的协议包类型为 ICMPv6。

② 单击 PC0，在 PC0 的命令提示符窗口输入 ping 2012:1212::20C:85FF:FED2:531D 命

令行，由 PC0 向 PC1 发送数据包。

③ 单击 Capture/Forward(捕获/转发)按钮，观察数据包由 PC0 发送到路由器 Router0，单击该数据包观察 IPv6 分组格式，如图 10-8 和图 10-9 所示。

图 10-8　PC0 至 Router0 传输时 IPv6 分组封装格式　图 10-9　Router0 至 PC1 传输时 IPv6 分组封装格式

从图 10-8 中可以看到，在 PC0 至 Router0 传输时，IPv6 分组封装成以 PC0 的 MAC 地址为源地址，以路由器接口 FastEthernet0/0 的 MAC 地址为目的地址的 MAC 帧。

如图 10-9 中可以看到，在 Router0 至 PC1 传输时，IPv6 分组封装成以路由器接口 FastEthernet0/1 的 MAC 地址为源地址，以 PC1 的 MAC 地址为目的地址的 MAC 帧。

MAC 帧数据字段中的数据是 IPv6 分组，类型字段值为 0x86dd。另外，IPv6 分组自 PC0 至 PC1 传输过程中，源和目的 IPv6 地址是不变的。

10.3　IPv6 静态路由配置实验

10.3.1　实验目的

(1) 掌握启用 IPv6 路由的方法；
(2) 掌握 IPv6 静态路由的配置方法；
(3) 掌握 IPv6 默认路由的配置方法；
(4) 配置 IPv6 地址的方法；
(5) 验证 IPv6 分组逐跳转发过程；
(6) 验证 IPv6 网络的连通性。

10.3.2　实验拓扑

本实验所用的网络拓扑如图 10-10 所示。两台路由器 R1 和 R2 各自连接一个局域网，网络 2001:1111::/64 连接在路由器 R1 上，网络 2002:1111::/64 连接在路由器 R2 上，因此每个路由器的路由表中必须包含用于指明通往没有与其直接连接的网络的传输路径的路由项，该路由项可以通过手工配置或路由协议生成。在本实验中，对于路由器 R1，通往网络 2002:1111::/64 的下一跳的地址为路由器 R2 与其连接的接口 Fa0/1 的 IPv6 地址，即 2003:1111::2/64；对于路由器 R2，通往网络 2001:1111::/64 的下一跳的地址为路由器 R1 与其连接的接口 Fa0/1 的 IPv6 地址，即 2003:1111::1/64。

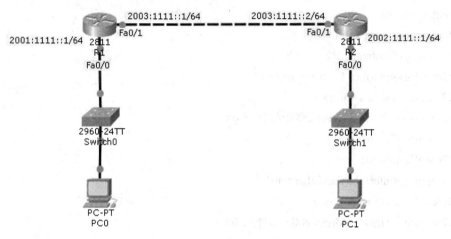

图 10-10　IPv6 静态路由配置实验拓扑图

10.3.3　实验步骤

(1) 实验环境搭建。

启动 Packet Tracer 软件，在逻辑工作区根据图 10-10 中的网络拓扑图放置和连接设备。

(2) 为路由器接口配置 IPv6 地址，启动接口的 IPv6 功能，开启转发单播 IPv6 分组的功能。

为路由器 R1 接口 FastEthernet0/0 配置 IPv6 地址和前缀长度为 2001:1111::1/64，为接口 FastEthernet0/1 配置 IPv6 地址和前缀长度为 2003:1111::1/64；为路由器 R1 接口 FastEthernet0/0 配置 IPv6 地址和前缀长度为 2002:1111::1/64，为接口 FastEthernet0/1 配置 IPv6 地址和前缀长度为 2003:1111::2/64。

路由器 R1 配置命令如下：

```
Router>enable
Router#configure terminal
R1(config)#hostname R1
R1(config)#interface FastEthernet0/0
R1(config-if)#no shutdown
R1(config-if)#ipv6 address 2001:1111::1/64
R1(config-if)#ipv6 enable
R1(config-if)#exit
R1(config)#interface FastEthernet0/1
R1(config-if)#no shutdown
```

R1(config-if)#ipv6 address 2003:1111::1/64

R1(config-if)#ipv6 enable

R1(config-if)#exit

R1(config)#ipv6 unicast-routing

路由器 R2 配置命令如下：

Router>enable

Router#configure terminal

R2(config)#hostname R2

R2(config)#interface FastEthernet0/0

R2(config-if)#no shutdown

R2(config-if)#ipv6 address 2002:1111::1/64

R2(config-if)#ipv6 enable

R2(config-if)#exit

R2(config)#interface FastEthernet0/1

R2(config-if)#no shutdown

R2(config-if)#ipv6 address 2003:1111::2/64

R2(config-if)#ipv6 enable

R2(config-if)#exit

R2(config)#ipv6 unicast-routing

(3) 为路由器配置静态路由和默认路由。

为路由器手工配置用于指明通往没有与其直接连接的网络的传输路径的静态/默认路由项，为路由器 R1 配置静态路由项，为路由器 R2 配置默认路由项。

路由器 R1 的静态路由项配置命令如下：

R1(config)#ipv6 route 2002:1111::/64 2003:1111::2   //配置静态路由

路由器 R2 的默认路由项配置命令如下：

R2(config)#ipv6 route ::/0 2003:1111::1   //配置默认路由

(4) 查看路由器路由表。

完成上述配置后，路由器 R1 和 R2 的路由表如图 10-11 所示，类型 S 表示静态(默认)路由项。

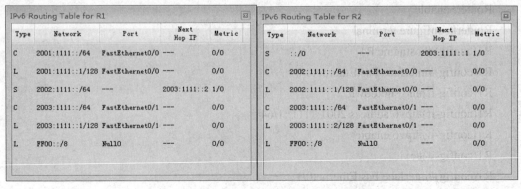

图 10-11   路由器 R1 和路由器 R2 的路由表

（5）启动终端的自动配置模式。

点击终端，进入 Desktop 选项卡，点击 IP Configuration 图标，进入 IP 配置界面，在 IPv6 Configuration(IPv6 配置)中选择 Auto Config(自动配置)，终端将自动生成全球 IPv6 地址、链路本地地址和默认网关地址。配置完成后，PC0、PC1 和路由器接口的 MAC 地址、链路本地地址、IPv6 地址及默认网关地址信息如表 10-2 所示。

表 10-2　终端和路由器的地址信息

设备	接口	MAC 地址	链路本地地址	IPv6 地址	默认网关地址
PC0	FastEthernet0	0030.A323.5E2B	FE80::230:A3FF:FE23:5E2B	2001:1111::230:A3FF:FE23:5E2B/64	FE80::2E0:A3FF:FE53.8C01
PC1	FastEthernet0	0001:6490.BA63	FE80::201:64FF:FE90:BA63	2002:1212::201:64FF:FE90:BA63/64	FE80::250:FFF:FE1E:5E01
R1	FastEthernet0/0	00E0.A353.8C01	FE80::2E0:A3FF:FE53.8C01	2001:1111::1/64	—
	FastEthernet0/1	00E0.A353.8C02	FE80::2E0:A3FF:FE53.8C02	2003:1111::1/64	—
R2	FastEthernet0/0	0050.0F1E.5E01	FE80::250:FFF:FE1E:5E01	2003:1111::2/64	
	FastEthernet0/1	0050.0F1E.5E02	FE80::250:FFF:FE1E:5E02	2002:1111::1/64	

（6）进行连通性测试。

在实时操作模式下，单击 PC0，在 PC0 的命令提示符窗口输入 ping 2002:1111::201:64FF:FE90:BA63(PC1 的 IPv6 地址)命令并回车，测试结果如图 10-12 所示，可以看到 PC0 和 PC1 之间是连通的。

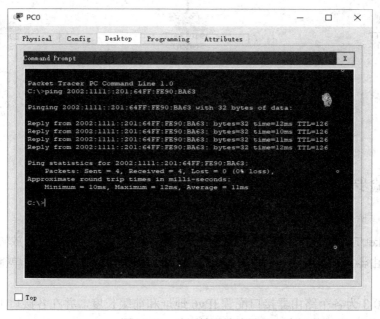

图 10-12　连通性测试结果

(7) 在模拟模式下捕获 PC0 至 PC1 传输的 IPv6 分组并观察其格式。

10.4 IPv6 RIPng 动态路由配置实验

10.4.1 实验目的

(1) 掌握路由器接口 IPv6 地址和前缀长度的配置方法；
(2) 掌握路由器启用 IPv6 路由的方法；
(3) 掌握 RIPng 路由的配置方法；
(4) 验证 RIPng 动态建立路由项的过程；
(5) 验证 IPv6 网络的连通性。

10.4.2 实验拓扑

本实验所用的网络拓扑如图 10-13 所示。三台路由器 R1、R2 和 R3 各自连接一个局域网，网络 2001:1111::/64 连接在路由器 R1 上，网络 2002:1111::/64 连接在路由器 R2 上，网络 2003:1111::/64 连接在路由器 R3 上。每个路由器通过 RIP 协议建立用于指明通往其他两个没有与其直接连接的网络的传输路径的路由项。

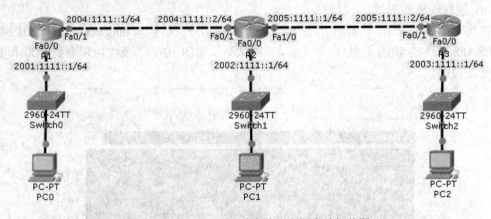

图 10-13　IPv6 RIPng 动态路由配置实验拓扑图

10.4.3 实验步骤

(1) 实验环境搭建。

启动 Packet Tracer 软件，在逻辑工作区根据图 10-13 中的网络拓扑图放置和连接设备。

(2) 为路由器接口配置 IPv6 地址，启动接口的 IPv6 功能，开启转发单播 IPv6 分组的功能。

根据表 10-3 为各个路由器接口配置 IPv6 地址和前缀长度，并在各接口上启用 IPv6 功能，在路由器上开启转发单播 IPv6 分组的功能。

表 10-3　IP 地址分配情况表

设　备	接　口	IPv6 地址
R1	FastEthernet 0/0	2001:1111::1/64
	FastEthernet 0/1	2004:1111::1/64
R2	FastEthernet 0/0	2002:1111::1/64
	FastEthernet 0/1	2004:1111::2/64
	FastEthernet 1/0	2005:1111::1/64
R3	FastEthernet 0/0	2003:1111::1/64
	FastEthernet 0/1	2005:1111::2/64

路由器 R1 配置命令如下：

Router>enable

Router#configure terminal

Router (config)#hostname R1

R1(config)#interface FastEthernet0/0

R1(config-if)#no shutdown

R1(config-if)#ipv6 address 2001:1111::1/64

R1(config-if)#ipv6 enable

R1(config-if)#exit

R1(config)#interface FastEthernet0/1

R1(config-if)#no shutdown

R1(config-if)#ipv6 address 2004:1111::1/64

R1(config-if)#ipv6 enable

R1(config-if)#exit

R1(config)#ipv6 unicast-routing

路由器 R2 配置命令如下：

Router>enable

Router#configure terminal

Router (config)#hostname R2

R2(config)#interface FastEthernet0/0

R2(config-if)#no shutdown

R2(config-if)#ipv6 address 2002:1111::1/64

R2(config-if)#ipv6 enable

R2(config-if)#exit

R2(config)#interface FastEthernet0/1

R2(config-if)#no shutdown

R2(config-if)#ipv6 address 2004:1111::2/64

R2(config-if)#ipv6 enable

```
R2(config-if)#exit
R2(config)#interface FastEthernet1/0
R2(config-if)#no shutdown
R2(config-if)#ipv6 address 2005:1111::1/64
R2(config-if)#ipv6 enable
R2(config-if)#exit
R2(config)#ipv6 unicast-routing
```

路由器 R3 配置命令如下:

```
Router>enable
Router#configure terminal
Router(config)#hostname R3
R3(config)#interface FastEthernet0/0
R3(config-if)#no shutdown
R3(config-if)#ipv6 address 2003:1111::1/64
R3(config-if)#ipv6 enable
R3(config-if)#exit
R3(config)#interface FastEthernet0/1
R3(config-if)#no shutdown
R3(config-if)#ipv6 address 2005:1111::2/64
R3(config-if)#ipv6 enable
R3(config-if)#exit
R3(config)#ipv6 unicast-routing
```

(3) 为路由器配置 RIP 路由。

在各个路由器中启动 RIP 路由进程,指定参与 RIP 路由进程创建动态路由项过程的接口。一旦某个接口参与 RIP 创建动态路由项的过程,其他路由器将创建用于指明通往该接口连接的网络的传输路径的动态路由项,该接口将发送、接收 RIP 路由消息。

路由器 R1 的 RIP 配置命令如下:

```
R1(config)#ipv6 router rip a1      //启动 RIP 路由进程。a1 是 RIP 进程标识,唯一标识
                                   //启动的 RIP 路由进程
R1(config-rtr)#exit
R1(config)#interface FastEthernet0/0
R1(config-if)#ipv6 rip a1 enable  //指定该接口参与进程标识为 a1 的 RIP 路由进程创建
                                   //动态路由项的过程
R1(config-if)#exit
R1(config)#interface FastEthernet0/1
R1(config-if)#ipv6 rip a1 enable
R1(config-if)#exit
```

路由器 R2 的 RIP 配置命令如下:

```
R2(config)#ipv6 router rip a2
```

R2(config-rtr)#exit

R2(config)#interface FastEthernet0/0

R2(config-if)#ipv6 rip a2 enable

R2(config-if)#exit

R2(config)#interface FastEthernet0/1

R2(config-if)#ipv6 rip a2 enable

R2(config-if)#exit

R2(config)#interface FastEthernet1/0

R2(config-if)#ipv6 rip a2 enable

R2(config-if)#exit

路由器 R3 的 RIP 配置命令如下：

R3(config)#ipv6 router rip a3

R3(config-rtr)#exit

R3(config)#interface FastEthernet0/0

R3(config-if)#ipv6 rip a3 enable

R3(config-if)#exit

R3(config)#interface FastEthernet0/1

R3(config-if)#ipv6 rip a3 enable

R3(config-if)#

(4) 查看路由器路由表。

完成上述配置后，路由器 R1、R2 和 R3 的路由表分别如图 10-14～图 10-16 所示，类型 R 表示由 RIP 建立的动态路由项。

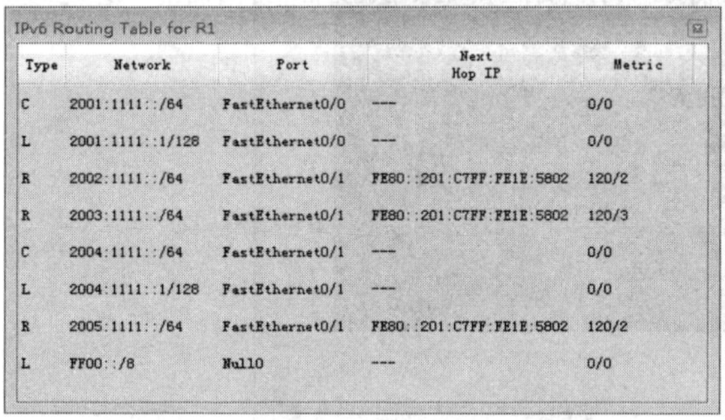

IPv6 Routing Table for R1

Type	Network	Port	Next Hop IP	Metric
C	2001:1111::/64	FastEthernet0/0	---	0/0
L	2001:1111::1/128	FastEthernet0/0	---	0/0
R	2002:1111::/64	FastEthernet0/1	FE80::201:C7FF:FE1E:5802	120/2
R	2003:1111::/64	FastEthernet0/1	FE80::201:C7FF:FE1E:5802	120/3
C	2004:1111::/64	FastEthernet0/1	---	0/0
L	2004:1111::1/128	FastEthernet0/1	---	0/0
R	2005:1111::/64	FastEthernet0/1	FE80::201:C7FF:FE1E:5802	120/2
L	FF00::/8	Null0	---	0/0

图 10-14　路由器 R1 的 IPv6 路由表

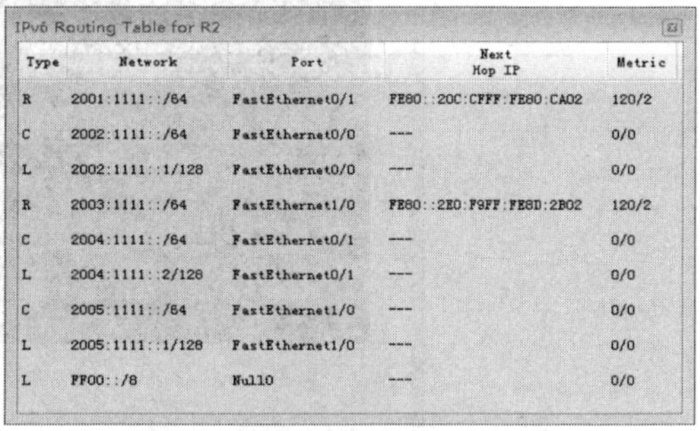

IPv6 Routing Table for R2

Type	Network	Port	Next Hop IP	Metric
R	2001:1111::/64	FastEthernet0/1	FE80::20C:CFFF:FE80:CA02	120/2
C	2002:1111::/64	FastEthernet0/0	---	0/0
L	2002:1111::1/128	FastEthernet0/0	---	0/0
R	2003:1111::/64	FastEthernet1/0	FE80::2E0:F9FF:FE8D:2B02	120/2
C	2004:1111::/64	FastEthernet0/1	---	0/0
L	2004:1111::2/128	FastEthernet0/1	---	0/0
C	2005:1111::/64	FastEthernet1/0	---	0/0
L	2005:1111::1/128	FastEthernet1/0	---	0/0
L	FF00::/8	Null0	---	0/0

图 10-15　路由器 R2 的 IPv6 路由表

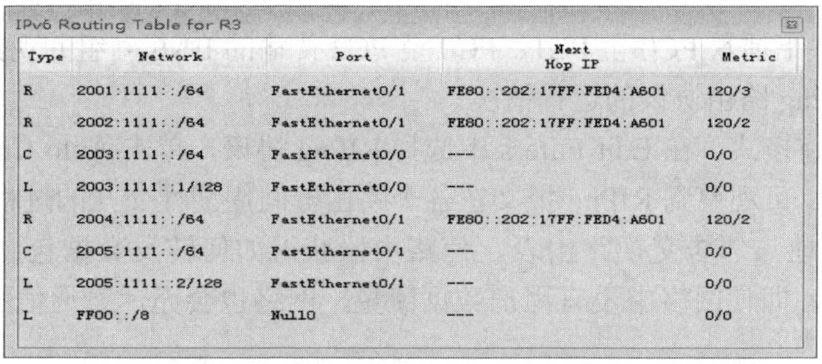

IPv6 Routing Table for R3

Type	Network	Port	Next Hop IP	Metric
R	2001:1111::/64	FastEthernet0/1	FE80::202:17FF:FED4:A601	120/3
R	2002:1111::/64	FastEthernet0/1	FE80::202:17FF:FED4:A601	120/2
C	2003:1111::/64	FastEthernet0/0	---	0/0
L	2003:1111::1/128	FastEthernet0/0	---	0/0
R	2004:1111::/64	FastEthernet0/1	FE80::202:17FF:FED4:A601	120/2
C	2005:1111::/64	FastEthernet0/1	---	0/0
L	2005:1111::2/128	FastEthernet0/1	---	0/0
L	FF00::/8	Null0	---	0/0

图 10-16　路由器 R3 的 IPv6 路由表

(5) 启动终端的自动配置模式。

完成各终端的自动获取配置信息后，各终端自动获得的 IPv6 地址和默认网关地址如表 10-4 所示。

表 10-4 各终端自动获取的 IPv6 地址信息

设备	接口	IPv6 地址	默认网关地址
PC0	FastEthernet0	2001:1111::230:A3FF:FE73:2A1D	FE80::20C:CFFF:FE80:CA01
PC1	FastEthernet0	2002:1111::2E0:F7FF:FE15:26D8	FE80::201:C7FF:FE1E:5801
PC2	FastEthernet0	2003:1111::205:5EFF:FE34:6252	FE80::2E0:F9FF:FE8D:2B01

(6) 进行连通性测试。

在实时操作模式下，单击 PC0，在 PC0 的命令提示符窗口输入 ping 2002:1111::2E0:F7FF:FE15:26D8(PC1 的 IPv6 地址)命令并回车，可以看到 PC0 和 PC1 之间是连通的。

输入 ping 2003:1111::205:5EFF:FE34:6252(PC2 的 IPv6 地址)命令并回车，可以看到 PC0 和 PC2 之间是连通的。测试结果如图 10-17 所示。

图 10-17 连通性测试结果

(7) 模拟模式下捕获 PC0 至 PC1、PC0 至 PC2 传输的 IPv6 分组并观察其格式。

(8) 观察 RIPng 路由协议的运行情况。

进入模拟工作模式，在 Edit Filters 中选择 RIPng 协议，单击 Auto Capture/Play 按钮，自动捕获数据包，可观察到 RIPng 报文在各个路由器间周期性交互的过程。

RIP 周期性地与邻居交换路由表，使路由器获得如何转发数据包到其目的地的最新路由信息，因此，即使网络中没有用户数据流量，网络也会充斥着通信业务，如图 10-18 所示。

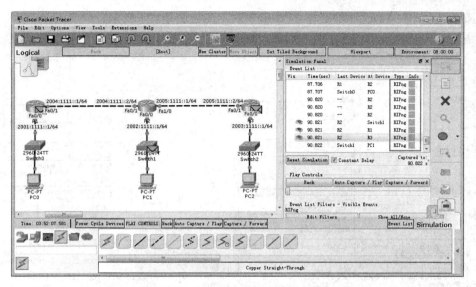

图 10-18　RIPng 路由协议的运行情况

(9) 检查路由更新情况和 RIP 数据报文。

① 单击 Reset Simulation 重新进行模拟实验，并且进入每个路由器清空其路由表。其操作步骤是：在路由器的 CLI 面板中输入：

　　　Router>enable

　　　Router#clear ipv6 route *

② 再次使用 Inspect 工具观察各路由器的路由表项，可以看到各路由器只包含了类型为 C 的直连路由项和类型为 L 的本地接口地址项，并且其直连网络的 metric 值为 0，如图 10-19 所示。

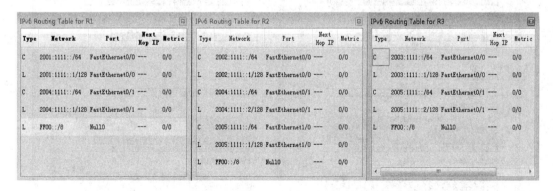

图 10-19　各路由器初始路由表项

③ 单击 Capture/Forward 按钮逐步控制模拟过程，观察各路由器向周围的其他路由器发出完整路由表的 RIPng 包的过程及包格式。当产生第一条 RIPng 数据包时，单击数据包信封，或者在 Event List(事件列表)的 Info(信息)列中单击彩色正方形，以打开 PDU 信息窗口，检查这些 RIPng 路由更新数据包。使用 OSI Model(OSI 模型)选项卡示图和 Outbound PDU Details(出站 PDU 详细数据)选项卡示图可以更详细地了解 RIPng 报文格式。R3 的两个接口产生的 RIPng 数据包在 OSI Model 选项卡下的示图如图 10-20 所示，在 Outbound PDU

Details(入站和出站 PDU 详细数据)选项卡下的示图如图 10-21 所示。

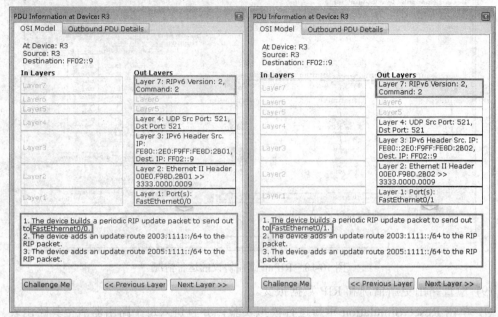

图 10-20 R3 的两个接口产生的 RIPng 数据包在 OSI Model 选项卡下的示图

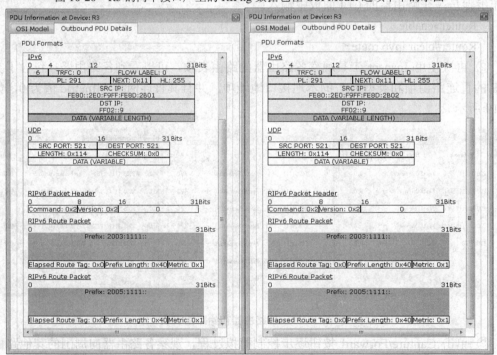

图 10-21 R3 的两个接口产生的 RIPng 数据包在 Outbound PDU Details 选项卡下的示图

④ 单击 Capture/Forward 按钮逐步跟踪路由信息的更新过程，当这些更新数据包到达邻居路由器后，使用 Inspect 工具显示这些路由器的路由表，观察其更新情况。例如，当 R3 的 RIP 数据包到达 R2 后，R2 的路由表中增加一条新的路由表项，结果如图 10-22 所示。

Type	Network	Port	Next Hop IP	Metric
C	2002:1111::/64	FastEthernet0/0	---	0/0
L	2002:1111::1/128	FastEthernet0/0	---	0/0
C	2004:1111::/64	FastEthernet0/1	---	0/0
L	2004:1111::2/128	FastEthernet0/1	---	0/0
C	2005:1111::/64	FastEthernet1/0	---	0/0
L	2005:1111::1/128	FastEthernet1/0	---	0/0
L	FF00::/8	Null0	---	0/0

Type	Network	Port	Next Hop IP	Metric
C	2002:1111::/64	FastEthernet0/0	---	0/0
L	2002:1111::1/128	FastEthernet0/0	---	0/0
R	2003:1111::/64	FastEthernet1/0	FE80::2E0:F9FF:FE8D:2B02	120/2
C	2004:1111::/64	FastEthernet0/1	---	0/0
L	2004:1111::2/128	FastEthernet0/1	---	0/0
C	2005:1111::/64	FastEthernet1/0	---	0/0
L	2005:1111::1/128	FastEthernet1/0	---	0/0
L	FF00::/8	Null0	---	0/0

图 10-22　路由器 R2 的路由表中增加一条新的动态路由表项

10.5　IPv6 OSPF 动态路由配置实验

10.5.1　实验目的

(1) 掌握启用 IPv6 路由的方法；
(2) 掌握 OSPF 路由的配置方法；
(3) 验证 OSPF 协议动态生成路由项过程；
(4) 验证 IPv6 网络的连通性。

10.5.2　实验拓扑

本实验所用的网络拓扑如图 10-23 所示。

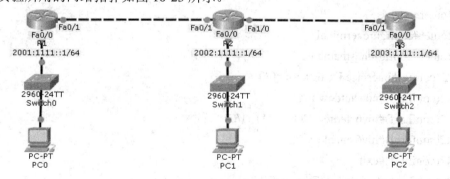

图 10-23　IPv6 OSPF 动态路由配置实验

　　三台路由器 R1、R2 和 R3 各自连接一个局域网，网络 2001:1111::/64 连接在路由器 R1
上，网络 2002:1111::/64 连接在路由器 R2 上，网络 2003:1111::/64 连接在路由器 R3 上。路
由器 R1、R2 和 R3 属于同一个自治区域 Area0。路由器 R1 连接网络 2001:1111::/64 的接口
FastEthernet0/0 配置 IPv6 地址 2001:1111::1/64，路由器 R2 连接网络 2002:1111::/64 的接口
FastEthernet0/0 配置 IPv6 地址 2002:1111::1/64，路由器 R3 连接网络 2001:1111::/64 的接口
FastEthernet0/0 配置 IPv6 地址 2003:1111::1/64。各路由器的其他接口只需要启动 IPv6 功能，

某个接口一旦启用 IPv6 功能，将自动生成链路本地地址。通过链路本地地址，可以实现相邻路由器之间 OSPF 报文传输和解析下一跳链路层地址的功能。

10.5.3　实验步骤

(1) 实验环境搭建。

启动 Packet Tracer 软件，在逻辑工作区根据图 10-23 中的网络拓扑图放置和连接设备。

(2) 为路由器接口配置 IPv6 地址，启动接口的 IPv6 功能，开启转发单播 IPv6 分组的功能。

路由器 R1 配置命令如下：

```
Router>enable
Router#configure terminal
Router (config)#hostname R1
R1(config)#interface FastEthernet0/0
R1(config-if)#no shutdown
R1(config-if)#ipv6 address 2001:1111::1/64
R1(config-if)#ipv6 enable
R1(config-if)#exit
R1(config)#interface FastEthernet0/1
R1(config-if)#no shutdown
R1(config-if)#ipv6 enable          //接口启动 IPv6 功能，自动生成链路本地地址
R1 (config-if) #exit
R1(config)#ipv6 unicast-routing
```

路由器 R2 配置命令如下：

```
Router>enable
Router#configure terminal
Router (config)#hostname R2
R2(config)#interface FastEthernet0/0
R2(config-if)#no shutdown
R2(config-if)#ipv6 address 2002:1111::1/64
R2(config-if)#ipv6 enable
R2(config-if)#exit
R2(config)#interface FastEthernet0/1
R2(config-if)#no shutdown
R2(config-if)#ipv6 enable
R2(config-if)#exit
R2(config)#interface FastEthernet1/0
R2(config-if)#no shutdown
R2(config-if)#ipv6 enable
```

R2(config-if)#exit

R2(config)#ipv6 unicast-routing

路由器 R3 配置命令如下：

Router>enable

Router#configure terminal

Router(config)#hostname R3

R3(config)#interface FastEthernet0/0

R3(config-if)#no shutdown

R3(config-if)#ipv6 address 2003:1111::1/64

R3(config-if)#ipv6 enable

R3(config-if)#exit

R3(config)#interface FastEthernet0/1

R3(config-if)#no shutdown

R3(config-if)#ipv6 enable

R3(config-if)#exit

R3(config)#ipv6 unicast-routing

(3) 为路由器配置 OSPF 路由。

完成路由器的 OSPF 相关配置，一是在路由器中启动 OSPF 路由进程，并在 OSPF 配置模式下为路由器分配唯一的路由器标识符；二是指定参与 OSPF 路由进程创建动态路由项过程的接口。必须在启动路由器转发单播 IPv6 分组功能后进行 OSPF 相关配置。

路由器 R1 的 OSPF 配置命令如下：

R1(config)#ipv6 router ospf 1　　//启动 OSPF 路由进程。1 是 OSPF 进程标识符。

R1(config-rtr)#router-id 192.1.1.1 //为路由器分配标识符，标识符为 IPv4 格式，且必须是唯一的

R1(config-rtr)#exit

R1(config)#interface FastEthernet0/0

R1(config-if)#ipv6 ospf 1 area 0

　//在接口上启用 OSPF，并声明接口所在的区域。一旦某个接口启用 OSPF，则表示该接口参与 OSPF

　//路由进程创建动态路由项的过程。则其他路由器将创建用于指明通往该接口连接的网络的传输路

　//径的动态路由项；并且该接口将发送、接收 OSPF 路由消息

R1(config-if)#exit

R1(config)#interface FastEthernet0/1

R1(config-if)#ipv6 ospf 1 area 0

R1(config-if)#exit

路由器 R2 的 OSPF 配置命令如下：

R2(config)#ipv6 router ospf 2

R2(config-rtr)#router-id 192.1.1.2

R2(config-rtr)#exit

R2(config)#interface FastEthernet0/0

R2(config-if)#ipv6 ospf 2 area 0

R2(config-if)#exit

R2(config)#interface FastEthernet0/0

R2(config-if)#exit

R2(config)#interface FastEthernet0/1

R2(config-if)#ipv6 ospf 2 area 0

R2(config-if)#exit

R2(config)#interface FastEthernet1/0

R2(config-if)#ipv6 ospf 2 area 0

R2(config-if)#exit

路由器 R3 的 RIP 配置命令如下：

R3(config)#ipv6 router ospf 3

R3(config-rtr)#router-id 192.1.1.3

R3(config-rtr)#exit

R3(config)#interface FastEthernet0/0

R3(config-if)#ipv6 ospf 3 area 0

R3(config-if)#exit

R3(config)#interface FastEthernet0/1

R3(config-if)#ipv6 ospf 3 area 0

R3(config-if)#exit

(4) 查看路由器路由表。

完成上述配置后，路由器 R1、R2 和 R3 的 IPv6 路由表分别如图 10-24～10-26 所示，类型 O 表示由 OSPF 建立的动态路由项。

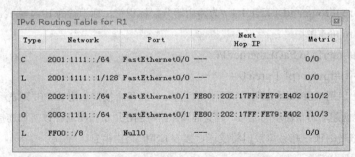

IPv6 Routing Table for R1				
Type	Network	Port	Next Hop IP	Metric
C	2001:1111::/64	FastEthernet0/0 ---		0/0
L	2001:1111::1/128	FastEthernet0/0 ---		0/0
O	2002:1111::/64	FastEthernet0/1	FE80::202:17FF:FE79:E402	110/2
O	2003:1111::/64	FastEthernet0/1	FE80::202:17FF:FE79:E402	110/3
L	FF00::/8	Null0	----	0/0

图 10-24　路由器 R1 的 IPv6 路由表

IPv6 Routing Table for R2				
Type	Network	Port	Next Hop IP	Metric
O	2001:1111::/64	FastEthernet0/1	FE80::201:97FF:FE96:3902	110/2
C	2002:1111::/64	FastEthernet0/0 ---		0/0
L	2002:1111::1/128	FastEthernet0/0 ---		0/0
O	2003:1111::/64	FastEthernet1/0	FE80::290:21FF:FE31:8002	110/2
L	FF00::/8	Null0	----	0/0

图 10-25　路由器 R2 的 IPv6 路由表

图 10-26　路由器 R3 的 IPv6 路由表

(5) 启动终端的自动配置模式。

完成各终端的自动获取配置信息后，各终端自动获得的 IPv6 地址和默认网关地址如表 10-5 所示。

表 10-5　各终端自动获取的 IPv6 地址信息

设 备	接 口	IPv6 地址	默认网关地址
PC0	FastEthernet0	2001:1111::200:CFF:FE1E:BA05	FE80::201:97FF:FE96:3901
PC1	FastEthernet0	2002:1111::230:F2FF:FE67:BD7B	FE80::202:17FF:FE79:E401
PC2	FastEthernet0	2003:1111::20A:F3FF:FE3A:C146	FE80::290:21FF:FE31:8001

(6) 进行连通性测试。

在实时操作模式下，单击 PC0，在 PC0 的命令提示符窗口，输入 ping 2002:1111::230: F2FF:FE67:BD7B(PC1 的 IPv6 地址)命令，并回车，可以看到 PC0 和 PC1 之间是连通的。

输入 ping 2003:1111::20A:F3FF:FE3A:C146(PC2 的 IPv6 地址)命令，并回车，可以看到 PC0 和 PC2 之间是连通的。测试结果如图 10-27 所示。

图 10-27　连通性测试结果

(7) 观察 IPv6 分组格式。

在模拟模式下，捕获 PC0 至 PC1，PC0 至 PC2 传输的 IPv6 分组并观察其格式。

(8) 观察 OSPF 路由协议的运行过程。

进入模拟工作模式，在 Edit Filters 中选择 OSPF 协议，单击 Auto Capture/Play 按钮，自动捕获数据包，可观察到 OSPF 报文在各个路由器间周期性交互过程，如图 10-28 所示。

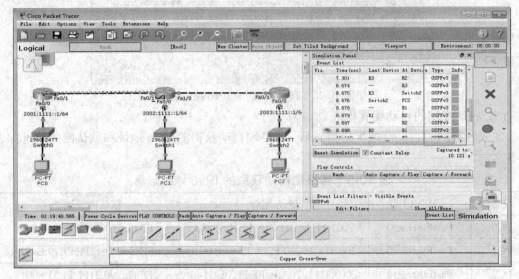

图 10-28　OSPF 路由协议的运行情况

(9) 查看 OSPF 报文格式。

单击数据包信封，或者在 Event List(事件列表)的 Info(信息)列中单击彩色正方形，以打开 PDU 信息窗口，检查 OSPF 报文格式。使用 OSI Model(OSI 模型)选项卡示图和 Inbound/Outbound PDU Details(入站和出站 PDU 详细数据)选项卡示图可以更详细了解 OSPF 报文格式。例如 R2 从 FastEthernet0/1 端口发往 R1 的 FastEthernet0/1 端口的某个 OSPF 报文在 OSI Model 选项卡下的示图和在 Outbound PDU Details 选项卡下的示图如图 10-29 所示。

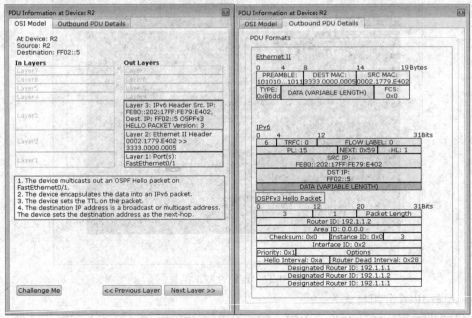

图 10-29　OSPF 报文格式

10.6　双协议栈配置实验

10.6.1　实验目的

(1) 掌握路由器接口同时配置 IPv4 地址和 IPv6 地址的方法；
(2) 掌握路由器同时配置 IPv4 和 IPv6 静态路由的方法；
(3) 验证 IPv4 网络和 IPv6 网络共存于一个物理网络的工作机制；
(4) 验证双协议栈配置下 IPv4 网络终端的连通性；
(5) 验证双协议栈配置下 IPv6 网络终端的连通性。

10.6.2　实验拓扑

本实验所用的网络拓扑如图 10-30 所示。为了让路由器接口同时连接 IPv4 网络和 IPv6 网络，两台路由器 R1 和 R2 的每个接口需要同时配置 IPv4 地址和 IPv6 地址。每个物理路由器相当于被划分成两个逻辑路由器，每个逻辑路由器用于转发 IPv4 分组或 IPv6 分组，因此，每个路由器需要分别启动 IPv4 和 IPv6 路由进程，并分别建立 IPv4 和 IPv6 路由表。同一物理路由器中的两个逻辑路由器之间是相互透明的，因此，图中所示的物理互联网络结构完全等同于两个逻辑互联网络，其中一个逻辑互联网络实现 IPv4 网络互联，另一个逻辑互联网络实现 IPv6 网络互联。

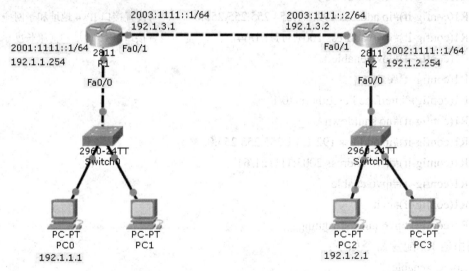

图 10-30　双协议栈配置拓扑图

图 10-30 中的终端 PC0 和 PC2 分别连接在两个不同的 IPv4 网络上，终端 PC1 和 PC3 分别连接在两个不同的 IPv6 网络上。当路由器工作在双协议栈工作机制时，IPv4 网络和 IPv6 网络是相互独立的网络，因此属于 IPv4 网络的终端和属于 IPv6 网络的终端之间不能

通信。但是，如果某个终端也支持双协议栈，同时配置 IPv4 网络和 IPv6 网络相关信息，则该终端既可以与属于 IPv4 网络的终端通信，也可以与属于 IPv6 网络的终端通信。

10.6.3 实验步骤

(1) 实验环境搭建。

启动 Packet Tracer 软件，在逻辑工作区根据图 10-30 中的网络拓扑图放置和连接设备。

(2) 完成路由器接口的 IPv4 地址和 IPv6 地址的配置。

根据表 10-6 为各个路由器接口配置 IPv4 地址和 IPv6 地址。

表 10-6 路由器接口 IP 地址分配情况表

设备	接口	IPv4 地址	IPv4 地址子网掩码	IPv6 地址和前缀长度
R1	FastEthernet0/0	192.1.1.254	255.255.255.0	2001:1111::1/64
	FastEthernet0/1	192.1.3.1	255.255.255.0	2003:1111::1/64
R2	FastEthernet0/0	1921.2.254	255.255.255.0	2002:1111::1/64
	FastEthernet0/1	192.1.3.2	255.255.255.0	2003:1111::2/64

路由器 R1 配置命令如下：

```
Router>enable
Router#configure terminal
R1(config)#hostname R1
R1(config)#interface FastEthernet0/0
R1(config-if)#no shutdown
R1(config-if)#ip address 192.1.1.254 255.255.255.0        //设置接口 IPv4 地址和子网掩码
R1(config-if)#ipv6 address 2001:1111::1/64                //设置接口 IPv6 地址和前缀长度
R1(config-if)#ipv6 enable
R1(config-if)#exit
R1(config)#interface FastEthernet0/1
R1(config-if)#no shutdown
R1(config-if)#ip address 192.1.3.1 255.255.255.0
R1(config-if)#ipv6 address 2003:1111::1/64
R1(config-if)#ipv6 enable
R1(config-if)#exit
R1(config)#ipv6 unicast-routing
```

路由器 R2 配置命令如下：

```
Router>enable
Router#configure terminal
R2(config)#hostname R2
R2(config)#interface FastEthernet0/0
R2(config-if)#no shutdown
```

R2(config-if)#ip address 192.1.2.254 255.255.255.0

R2(config-if)#ipv6 address 2002:1111::1/64

R2(config-if)#ipv6 enable

R2(config-if)#exit

R2(config)#interface FastEthernet0/0

R2(config-if)#exit

R2(config)#interface FastEthernet0/1

R2(config-if)#no shutdown

R2(config-if)#ip address 192.1.3.2 255.255.255.0

R2(config-if)#ipv6 address 2003:1111::2/64

R2(config-if)#ipv6 enable

R2(config-if)#exit

R2(config)#ipv6 unicast-routing

（3）为路由器配置 IPv4 和 IPv6 静态路由。

为路由器 R1 手工配置指明通往 IPv4 网络 192.1.2.0/24 和 IPv6 网络 2002:1111::/64 的传输路径的静态路由项。为路由器 R2 手工配置指明通往 IPv4 网络 192.1.1.0/24 和 IPv6 网络 2001:1111::/64 的传输路径的静态路由项。

路由器 R1 的静态路由项配置命令如下：

R1(config)#ip route 192.1.2.0 255.255.255.0 192.1.3.2

　　　　//配置指明通往 IPv4 网络 192.1.2.0/24 的静态路由

R1(config)#ipv6 route 2002:1111::/64 2003:1111::2

　　　　//配置指明通往 IPv6 网络 2002:1111::/64 的静态路由

路由器 R2 的默认路由项配置命令如下：

R2(config)#ip route 192.1.1.0 255.255.255.0 192.1.3.1

　　　　//配置指明通往 IPv4 网络 192.1.1.0/24 的静态路由

R2(config)#ipv6 route 2001:1111::/64 2003:1111::1

　　　　//配置指明通往 IPv6 网络 2001:1111::/64 的静态路由

（4）查看路由器路由表。

完成上述配置后，路由器 R1 和 R2 的 IPv4 和 IPv6 路由表分别如图 10-31 和 10-32 所示。

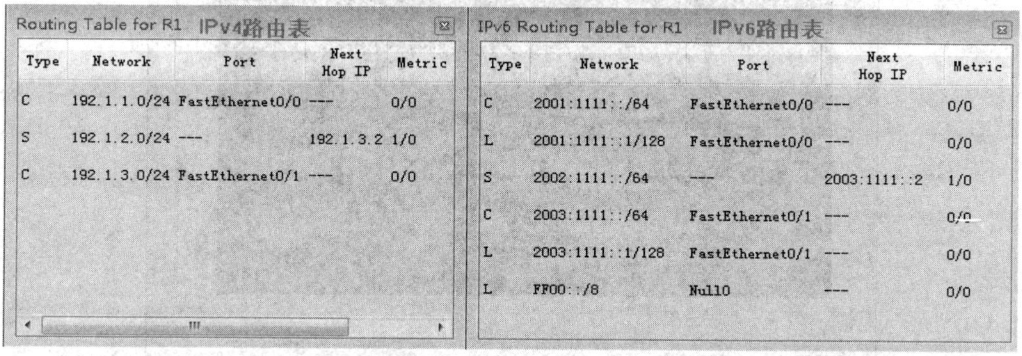

图 10-31　路由器 R1 的 IPv4 路由表和 IPv6 路由表

	Routing Table for R2　IPv4路由表					IPv6 Routing Table for R2　IPv6路由表			
Type	Network	Port	Next Hop IP	Metric	Type	Network	Port	Next Hop IP	Metric
S	192.1.1.0/24	---	192.1.3.1	1/0	S	2001:1111::/64	---	2003:1111::1	1/0
C	192.1.2.0/24	FastEthernet0/0	---	0/0	C	2002:1111::/64	FastEthernet0/0	---	0/0
C	192.1.3.0/24	FastEthernet0/1	---	0/0	L	2002:1111::1/128	FastEthernet0/0	---	0/0
					C	2003:1111::/64	FastEthernet0/1	---	0/0
					L	2003:1111::2/128	FastEthernet0/1	---	0/0
					L	FF00::/8	Null0	---	0/0

图 10-32　路由器 R2 的 IPv4 路由表和 IPv6 路由表

(5) 为终端 PC0 和 PC2 配置 IPv4 地址，终端 PC1 和 PC3 启动自动配置 IPv6 地址模式。

终端 PC0 和 PC2 配置的 IPv4 地址和终端 PC1 和 PC3 自动获得的 IPv6 地址信息如表 10-7 所示。

表 10-7　各终端的 IP 地址信息

设备	接口	IPv4 地址	IPv4 默认网关地址
PC0	FastEthernet0	192.1.1.1	192.1.1.254
PC2	FastEthernet0	192.1.2.1	192.1.2.254
设备	接口	IPv6 地址	IPv6 默认网关地址
PC1	FastEthernet0	2001:1111::2D0:97FF:FE24:A380	FE08::200:CFF:FE67:DD01
PC3	FastEthernet0	2002:1111::2E0:B0FF:FEE7:121E	FE80::2D0:D3FF:FE3A:9901

(6) 进行连通性测试。

① 验证 IPv4 网络内终端之间的连通性。

在实时模式下，单击 PC0，在 PC0 的命令提示符窗口，输入 ping 192.1.2.1(PC2 的 IPv4 地址)命令，并回车，测试结果如图 10-33 所示，可以看到 PC0 和 PC2 之间是连通的。

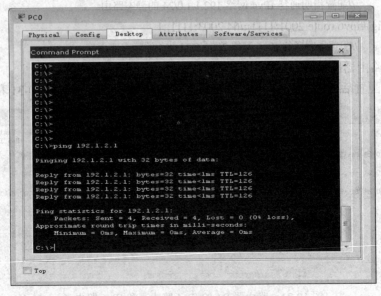

图 10-33　PC0 和 PC2 之间是连通的

② 验证 IPv6 网络内终端之间的连通性。

在实时操作模式下单击 PC1，在 PC1 的命令提示符窗口，输入 ping 2002:1111::2E0:
B0FF:FEE7:121E(PC3 的 IPv6 地址)命令，并回车，测试结果如图 10-34 所示，可以看到 PC1
和 PC3 之间是连通的。

图 10-34　PC1 和 PC3 之间是连通的

(7) 为终端 PC0 同时配置 IPv4 网络和 IPv6 网络的相关信息，并测试 IPv4 网络和 IPv6
网络终端之间的连通性。

① 为终端 PC0 同时配置 IPv4 网络和 IPv6 网络的相关信息，如图 10-35 所示。

② 测试 PC0 可以同时与 IPv4 网络中的终端 PC2 和 IPv6 网络中的终端 PC3 通信，结
果如图 10-36 所示。

图 10-35　终端 PC0 同时配置 IPv4 网络和
　　　　　IPv6 网络的相关信息

图 10-36　PC0 可以同时与 IPv4 网络中的终端
　　　　　PC2 和 IPv6 网络中的终端 PC3 通信

10.7 隧道配置实验

10.7.1 实验目的

(1) 掌握路由器双协议栈配置过程；

(2) 掌握隧道配置过程；

(3) 验证 IPv4 网络和 IPv6 网络共存于一个物理网络的工作机制；

(4) 验证 RIP 和 OSPF 分别创建 IPv6 网络和 IPv4 网络路由项的过程；

(5) 验证两个被 IPv4 网络分割的 IPv6 网络之间的通信过程；

(6) 查看 IPv6 IP 隧道封装格式。

10.7.2 实验拓扑

本实验所用的网络拓扑如图 10-37 所示。路由器 R1 和 R2 分别连接两个 IPv6 网络，网络 2001:1111::/64 连接在路由器 R1 接口 FastEthernet0/0 上，网络 2002:1111::/64 连接在路由器 R2 接口 FastEthernet0/0 上。路由器 R1 和 R2 之间被 IPv4 网络分割。为了实现两个 IPv6 网络之间的通信，需要在路由器 R1 和 R2 连接 IPv4 网络的接口(即路由器 R1 接口 FastEthernet0/1 和路由器 R2 接口 FastEthernet0/1)之间创建隧道。对于 IPv6 网络，隧道等同于点对点链路，需要为点对点链路两端分配 IPv6 地址。因此，对于 IPv6 网络而言，路由器 R1 和 R2 之间由两端分配 IPv6 地址的点对点链路互联，而实际用于互联路由器 R1 和 R2 的 IPv4 网络对 IPv6 网络是透明的。

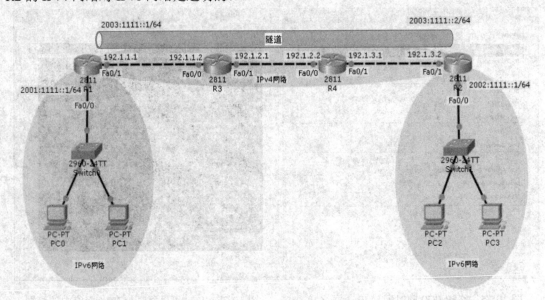

图 10-37 隧道配置实验拓扑图

10.7.3 实验步骤

(1) 实验环境搭建。

启动 Packet Tracer 软件，在逻辑工作区根据图 10-37 中的网络拓扑图放置和连接设备。

(2) 完成路由器接口的 IPv4 地址和 IPv6 地址的配置。

根据表 10-8 为各个路由器接口配置 IPv6 地址，并在路由器 R1 的 FastEthernet0/0 接口和路由器 R2 的 FastEthernet0/0 接口启用 IPv6 功能，在路由器 R1 和 R2 上启动 IPv6 分组转发功能。

表 10-8 各路由器接口 IP 地址分配情况

设备	接口	IPv4 地址	IPv4 地址子网掩码	IPv6 地址
R1	FastEthernet0/0	—	—	2001:1111::1/64
	FastEthernet0/1	192.1.1.1	255.255.255.0	—
R3	FastEthernet0/0	192.1.1.2	255.255.255.0	—
	FastEthernet0/1	192.1.2.1	255.255.255.0	—
R4	FastEthernet0/0	192.1.2.2	255.255.255.0	—
	FastEthernet0/1	192.1.3.1	255.255.255.0	—
R2	FastEthernet0/0	192.1.3.2	255.255.255.0	—
	FastEthernet0/1	—	—	2002:1111::1/64

路由器 R1 配置命令如下：

```
Router>enable
Router#configure terminal
R1(config)#hostname R1
R1(config)#interface FastEthernet0/0
R1(config-if)#no shutdown
R1(config-if)#ipv6 address 2001:1111::1/64
R1(config-if)#ipv6 enable
R1(config-if)#exit
R1(config)#interface FastEthernet0/1
R1(config-if)#no shutdown
R1(config-if)#ip address 192.1.1.1 255.255.255.0
R1(config-if)#exit
R1(config)#ipv6 unicast-routing
```

路由器 R2 配置命令如下：

```
Router>enable
Router#configure terminal
R2(config)#hostname R2
R2(config)#interface FastEthernet0/0
```

R2(config-if)#no shutdown

R2(config-if)#ipv6 address 2002:1111::1/64

R2(config-if)#ipv6 enable

R2(config-if)#exit

R2(config)#interface FastEthernet0/1

R2(config-if)#no shutdown

R2(config-if)#ip address 192.1.3.2 255.255.255.0

R2(config-if)#exit

R2(config)#ipv6 unicast-routing

路由器 R3 配置命令如下：

Router>enable

Router#configure terminal

R3(config)#hostname R3

R3(config)#interface FastEthernet0/0

R3(config-if)#no shutdown

R3(config-if)#ip address 192.1.1.2 255.255.255.0

R3(config-if)#exit

R3(config)#interface FastEthernet0/1

R3(config-if)#no shutdown

R3(config-if)#ip address 192.1.2.1 255.255.255.0

R3(config-if)#exit

路由器 R4 配置命令如下：

Router>enable

Router#configure terminal

R4(config)#hostname R4

R4(config)#interface FastEthernet0/0

R4(config-if)#no shutdown

R4(config-if)#ip address 192.1.2.2 255.255.255.0

R4(config-if)#exit

R4(config)#interface FastEthernet0/1

R4(config-if)#no shutdown

R4(config-if)#ip address 192.1.3.1 255.255.255.0

R4(config-if)#exit

(3) 建立路由器 R1 和 R2 之间的传输路径。

创建隧道前，首先需要建立路由器 R1 和 R2 之间的传输路径。在路由器 R1、R2、R3 和 R4 上启动 OSPF 路由进程，指定路由器 R3 和 R4 的所有接口，路由器 R1 和 R2 连接 IPv4 网络的接口(即路由器 R1 的接口 FastEthernet0/1 和路由器 R2 的接口 FastEthernet0/1)参与 OSPF 创建动态路由项的过程。

路由器 R1 的 OSPF 路由项配置命令如下：

R1(config)#router ospf 1
R1(config-router)#network 192.1.1.0 0.0.0.255 area 1
R1(config-router)#exit

路由器 R2 的 OSPF 路由项配置命令如下：

R2(config)#router ospf 2
R2(config-router)#network 192.1.3.0 0.0.0.255 area 1
R2(config-router)#exit

路由器 R3 的 OSPF 路由项配置命令如下：

R3(config)#router ospf 3
R3(config-router)#network 192.1.1.0 0.0.0.255 area 1
R3(config-router)#network 192.1.2.0 0.0.0.255 area 1
R3(config-router)#exit

路由器 R4 的 OSPF 路由项配置命令如下：

R4(config)#router ospf 4
R4(config-router)#network 192.1.2.0 0.0.0.255 area 1
R4(config-router)#network 192.1.3.0 0.0.0.255 area 1
R4(config-router)#exit

(4) 查看路由器路由表。

完成上述配置后，各路由器路由表如图 10-38 所示。

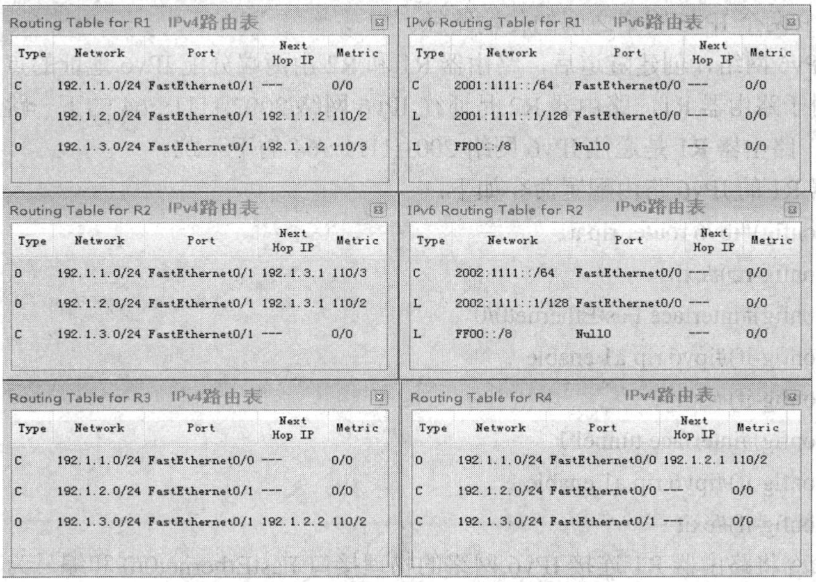

Routing Table for R1　IPv4路由表

Type	Network	Port	Next Hop IP	Metric
C	192.1.1.0/24	FastEthernet0/1	---	0/0
O	192.1.2.0/24	FastEthernet0/1	192.1.1.2	110/2
O	192.1.3.0/24	FastEthernet0/1	192.1.1.2	110/3

IPv6 Routing Table for R1　IPv6路由表

Type	Network	Port	Next Hop IP	Metric
C	2001:1111::/64	FastEthernet0/0	---	0/0
L	2001:1111::1/128	FastEthernet0/0	---	0/0
L	FF00::/8	Null0	---	0/0

Routing Table for R2　IPv4路由表

Type	Network	Port	Next Hop IP	Metric
O	192.1.1.0/24	FastEthernet0/1	192.1.3.1	110/3
O	192.1.2.0/24	FastEthernet0/1	192.1.3.1	110/2
C	192.1.3.0/24	FastEthernet0/1	---	0/0

IPv6 Routing Table for R2　IPv6路由表

Type	Network	Port	Next Hop IP	Metric
C	2002:1111::/64	FastEthernet0/0	---	0/0
L	2002:1111::1/128	FastEthernet0/0	---	0/0
L	FF00::/8	Null0	---	0/0

Routing Table for R3　IPv4路由表

Type	Network	Port	Next Hop IP	Metric
C	192.1.1.0/24	FastEthernet0/0	---	0/0
C	192.1.2.0/24	FastEthernet0/1	---	0/0
O	192.1.3.0/24	FastEthernet0/1	192.1.2.2	110/2

Routing Table for R4　IPv4路由表

Type	Network	Port	Next Hop IP	Metric
O	192.1.1.0/24	FastEthernet0/0	192.1.2.1	110/2
C	192.1.2.0/24	FastEthernet0/0	---	0/0
C	192.1.3.0/24	FastEthernet0/1	---	0/0

图 10-38　路由器 R1、R2、R3 和 R4 的路由表

(5) 创建隧道。

隧道两端是路由器 R1 和 R2 连接 IPv4 网络的接口(即隧道一端是路由器 R1 的接口 FastEthernet0/1，隧道另一端是路由器 R2 的接口 FastEthernet0/1)。为隧道两端分配 IPv6 地址，对于 IPv6 网络而言，路由器 R1 和 R2 由两端分配 IPv6 地址的点对点链路互连。本实

验中，隧道两端的路由器 R1 的接口 FastEthernet0/1 分配的 IPv6 地址为 2003:1111::1/64，路由器 R2 的接口 FastEthernet0/1 分配的 IPv6 地址为 2003:1111::2/64。

路由器 R1 的配置隧道的命令如下：

R1(config)#interface tunnel 1   //创建编号为 1 的 IP 隧道接口

R1(config-if)#ipv6 address 2003:1111::1/64   //为创建的隧道接口配置 IPv6 地址

R1(config-if)#tunnel source FastEthernet0/1   //指定本路由器接口 FastEthernet0/1 为隧道的源端

R1(config-if)#tunnel destination 192.1.3.2 //指定隧道的目的端(路由器 R2 接口 FastEthernet0/1 的
                                           //IPv4 地址)

R1(config-if)#tunnel mode ipv6ip   //指定隧道封装格式。ipv6ip 隧道封装格式是把内层 IPv6
                                    //分组作为外层 IPv4 分组的净荷，外层 IPv4 分组的源和目的
                                    //IPv4 地址是隧道两端的 IPv4 地址，外层 IPv4 分组经过 IPv4
                                    //网络实现从隧道一端到隧道另一端的传输

R1(config-if)#exit

路由器 R2 的配置隧道的命令如下：

R2(config)#interface tunnel 1

R2(config-if)#ipv6 address 2003:1111::2/64

R2(config-if)#tunnel source FastEthernet0/1

R2(config-if)#tunnel destination 192.1.1.1

R2(config-if)#tunnel mode ipv6ip

R2(config-if)#exit

(6) 建立两个 IPv6 网络之间的传输路径。

对于 IPv6 网络，创建隧道后，路由器 R1 和 R2 由两端分配 IPv6 地址的点对点链路互连，因此对于路由器 R1，路由器 R2 是通往 IPv6 网络 2002:1111::/64 的下一跳。同样对于路由器 R2，路由器 R1 是通往 IPv6 网络 2001:1111::/64 的下一跳。

路由器 R1 的 IPv6 路由配置命令如下：

R1(config)#ipv6 router rip a1

R1(config-rtr)#exit

R1(config)#interface FastEthernet0/0

R1(config-if)#ipv6 rip a1 enable

R1(config-if)#exit

R1(config)#interface tunnel 1

R1(config-if)#ipv6 rip a1 enable

R1(config-if)#exit

上述命令将路由器 R1 连接 IPv6 网络的物理接口 FastEthernet0/0 和编号为 1 的隧道的接口指定为参与 RIP 创建动态路由项过程的接口。

路由器 R2 的 IPv6 路由配置命令如下：

R1(config)#ipv6 router rip a1

R1(config-rtr)#exit

R1(config)#interface FastEthernet0/0

R1(config-if)#ipv6 rip a1 enable

R1(config-if)#exit

R1(config)#interface tunnel 1

R1(config-if)#ipv6 rip a1 enable

R1(config-if)#exit

完成上述配置后，路由器 R1 和 R2 的 IPv4 和 IPv6 路由表如图 10-39 所示。

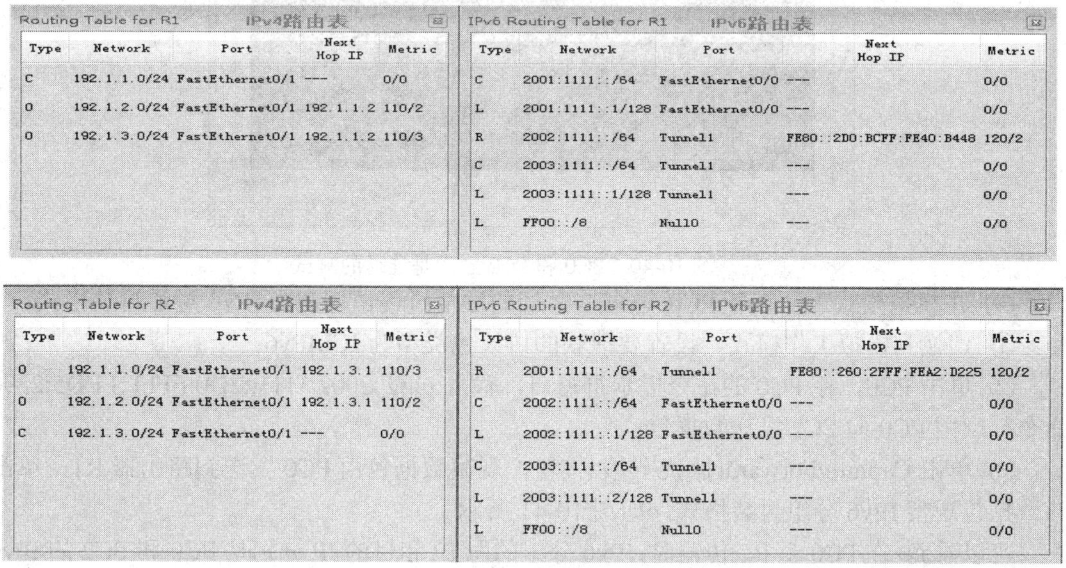
Routing Table for R1　IPv4路由表

Type	Network	Port	Next Hop IP	Metric
C	192.1.1.0/24	FastEthernet0/1	---	0/0
O	192.1.2.0/24	FastEthernet0/1	192.1.1.2	110/2
O	192.1.3.0/24	FastEthernet0/1	192.1.1.2	110/3

IPv6 Routing Table for R1　IPv6路由表

Type	Network	Port	Next Hop IP	Metric
C	2001:1111::/64	FastEthernet0/0	---	0/0
L	2001:1111::1/128	FastEthernet0/0	---	0/0
R	2002:1111::/64	Tunnel1	FE80::2D0:BCFF:FE40:B448	120/2
C	2003:1111::/64	Tunnel1	---	0/0
L	2003:1111::1/128	Tunnel1	---	0/0
L	FF00::/8	Null0	---	0/0

Routing Table for R2　IPv4路由表

Type	Network	Port	Next Hop IP	Metric
O	192.1.1.0/24	FastEthernet0/1	192.1.3.1	110/3
O	192.1.2.0/24	FastEthernet0/1	192.1.3.1	110/2
C	192.1.3.0/24	FastEthernet0/1	---	0/0

IPv6 Routing Table for R2　IPv6路由表

Type	Network	Port	Next Hop IP	Metric
R	2001:1111::/64	Tunnel1	FE80::260:2FFF:FEA2:D225	120/2
C	2002:1111::/64	FastEthernet0/0	---	0/0
L	2002:1111::1/128	FastEthernet0/0	---	0/0
C	2003:1111::/64	Tunnel1	---	0/0
L	2003:1111::2/128	Tunnel1	---	0/0
L	FF00::/8	Null0	---	0/0

图 10-39　路由器 R1 和 R2 的 IPv4 和 IPv6 路由表

IPv6 路由项只存在于路由器 R1 和 R2 中，对于 IPv6 网络，IPv4 网络隐身为点对点 IP 隧道。

需要说明的是，因为路由器 R1 和 R2 中采用 RIPng 协议来创建动态路由项，所以下一跳地址是隧道接口的链路本地地址，而不是手工配置的 IPv6 地址。

(7) 启动终端的自动配置模式。

完成各终端的自动获取配置信息后，各终端自动获得的 IPv6 地址和默认网关地址如表 10-9 所示。

表 10-9　各终端自动获取的 IPv6 地址信息

设备	接　口	IPv6 地址	默认网关地址
PC0	FastEthernet0	2001:1111::20C:85FF:FE68:7A74	FE80::201:C7FF:FE7B:2901
PC1	FastEthernet0	2001:1111::20C:CFFF:FE33:3864	FE80::201:C7FF:FE7B:2901
PC2	FastEthernet0	2002:1111::2D0:FFFF:FED5:2390	FE80::201:C7FF:FE82:1401
PC3	FastEthernet0	2002:1111::210:11FF:FE61:8000	FE80::201:C7FF:FE82:1401

(8) 进行连通性测试。

在实时模式下，单击 PC0，在 PC0 的命令提示符窗口，输入 ping 2002:1111::2D0:FFFF:FED5:2390(PC2 的 IPv6 地址)命令，并回车，测试结果如图 10-40 所示，可以看到 PC0 和 PC2 之间是连通的。

图 10-40　PC0 和 PC2 之间是连通的测试

(9) 在模拟模式下，查看 PC0 与 PC2 之间的通信过程，并观察 IPv6 隧道封装格式。

① 切换到模拟工作模式，设置要捕获的协议包类型为 ICMPv6；

② 单击 PC0，在 PC0 的命令提示符窗口，输入 ping 2002:1111::2D0:FFFF:FED5:2390 命令行，由 PC0 向 PC2 发送数据包；

③ 单击 Capture/Forward(捕获/转发)按钮，观察数据包由 PC0 发送到路由器 R1，单击该数据包观察 IPv6 分组封装格式，如图 10-41 所示。

可以看到：在 PC0 至 R1 传输时，IPv6 分组的源 IP 和目的 IP 分别是 PC0 和 PC2 的 IPv6 地址。

从路由器 R1 接口出去的 IPv6 分组被作为 IPv4 的净荷封装到 IPv4 的分组中，如图 10-42 所示。该 IPv4 分组的源 IP 地址和目的 IP 地址分别是路由器 R1 的接口 FastEthernet0/1 和路由器 R2 的接口 FastEthernet0/1 的 IPv4 地址。

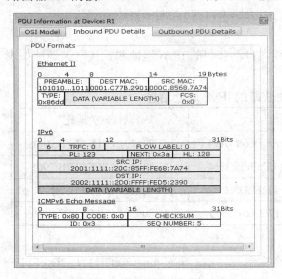

图 10-41　数据包由 PC0 发送到路由器 R1 时 IPv6 分组封装格式

图 10-42　数据包由 R1 到 PC2 时 IPv6 分组被作为 IPv4 的净荷封装到 IPv4 的分组

该 IPv4 分组一直传输到路由器 R2，由路由器 R2 对该 IPv4 分组解封装，恢复原来的 IPv6 分组，IPv6 分组格式与图 10-41 所示相同。

10.8 IPv6 网络访问 IPv4 网络实验

10.8.1 实验目的

(1) 掌握路由器的双协议栈配置；

(2) 掌握路由器网络地址和协议转换(NAT-PT，Network Address Translation-Protocol Translation)的配置；

(3) 验证 IPv4 分组和 IPv6 分组之间的转换过程；

(4) 验证 IPv6 网络访问 IPv4 网络的通信过程。

10.8.2 实验拓扑

本实验所用的网络拓扑如图 10-43 所示。路由器 R1 接口 FastEthernet0/0 连接一个 IPv6 网络 2001:1111::/64，路由器 R2 接口 FastEthernet0/0 连接一个 IPv4 网络 192.1.1.0/24。路由器 R1 和 R2 通过路由器 R3 相连。本实验要求实现只允许 IPv6 网络中的终端发起访问 IPv4 网络中的终端的访问过程。

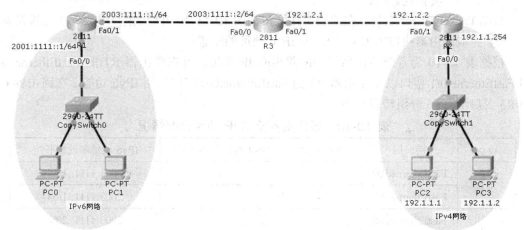

图 10-43 IPv6 网络访问 IPv4 网络实验拓扑图

为了实现 IPv6 网络中的终端访问 IPv4 网络中的终端，需要做到以下三点：

(1) 当 IPv6 网络中的终端访问 IPv4 中的网络终端时，需要用 IPv6 地址标识 IPv4 网络中需要访问的终端的 IPv4 地址。实现该要求的具体做法是：用 64 位前缀 2002:1111:: ‖ IPv4 网络中终端的 IPv4 地址构成 IPv6 地址。例如，如果 IPv6 网络中的终端 PC0 要访问 IPv4 中的网络终端 PC2，PC2 的 IPv4 地址是 192.1.1.1，则 PC0 访问 PC2 时，用 IPv6 地址 2002:1111::192.1.1.1(以 16 进制表示的形式为 2002:1111::C001:101)标识 PC2，即 IPv6 分组中的目的 IPv6 地址是 2002:1111::C001:101。

(2) 当 IPv6 网络中的终端用 IPv6 地址形式访问 IPv4 中的网络终端时，IPv6 网络能够把这样的 IPv6 分组发送给地址和协议转换器——路由器 R3。实现该要求的具体做法是：设置 IPv6 网络中的路由器(此处为 R1)，使其把目的 IPv6 地址的 64 位前缀为 2002:1111::/64 的 IPv6 分组传输给路由器 R3。

(3) 当 IPv6 网络中的终端用 IPv6 地址形式访问 IPv4 中的网络终端时，IPv6 分组中的源 IPv6 地址是 IPv6 网络终端的 IPv6 地址，目的 IPv6 地址是 64 位前缀 2002:1111::‖IPv4 网络中终端的 IPv4 地址。IPv6 分组被传输给路由器 R3，路由器 R3 需要把 IPv6 分组转换成 IPv4 分组的形式，也就是要求路由器 R3 把 IPv6 分组中的源 IPv6 地址和目的 IPv6 地址转换成 IPv4 分组中的源 IPv4 地址和目的 IPv4 地址，实现该要求的具体做法是：

① 把 IPv6 分组中的源 IPv6 地址转换成 IPv4 分组中的源 IPv4 地址：在路由器 R3 中定义一个 IPv4 地址池，一旦接收到源 IPv6 地址属于需要进行转换的 IPv6 地址范围内的 IPv6 分组(此处为 2002:1111::/64 范围内的地址)，就在 IPv4 地址池中选择一个未分配的 IPv4 地址，并在地址转换表中建立 IPv6 分组的源 IPv6 地址与该 IPv4 地址之间的映射。

② 把 IPv6 分组中的目的 IPv6 地址转换成 IPv4 分组中的目的 IPv4 地址：用 IPv6 分组中的目的 IPv6 地址的低 32 位作为 IPv4 分组的目的 IP 地址。

这样，路由器 R3 把 IPv6 分组转换成 IPv4 分组时，就以映射的 IPv4 地址作为 IPv4 分组的源 IP 地址，以 IPv6 分组中的目的 IPv6 地址的低 32 位作为 IPv4 分组的目的 IP 地址。

10.8.3 实验步骤

(1) 实验环境搭建。

启动 Packet Tracer 软件，在逻辑工作区根据图 10-43 中的网络拓扑图放置和连接设备。

(2) 完成路由器接口的 IPv4 地址和 IPv6 地址的配置。

根据表 10-10 为各个路由器接口配置相应 IP 地址，并在路由器 R1 的 FastEthernet0/0 和 FastEthernet0/1 接口以及路由器 R3 的 FastEthernet0/0 接口启用 IPv6 功能，在路由器 R1 和 R3 上启动 IPv6 分组转发功能。

表 10-10 各路由器接口 IP 地址分配情况

设备	接　口	IPv4 地址	IPv4 地址子网掩码	IPv6 地址和前缀长度
R1	FastEthernet0/0	—	—	2001:1111::1/64
	FastEthernet0/1	—	—	2003:1111::1/64
R3	FastEthernet0/0	—	—	2003:1111::2/64
	FastEthernet0/1	192.1.2.1	255.255.255.0	—
R2	FastEthernet0/0	1921.1.254	255.255.255.0	—
	FastEthernet0/1	192.1.2.2	255.255.255.0	—

路由器 R1 配置命令如下：

Router>enable

Router#configure terminal

R1(config)#hostname R1

R1(config)#interface FastEthernet0/0

R1(config-if)#no shutdown

R1(config-if)#ipv6 address 2001:1111::1/64　　　　//设置接口 IPv6 地址和前缀长度

R1(config-if)#ipv6 enable

R1(config-if)#exit

R1(config)#interface FastEthernet0/1

R1(config-if)#no shutdown

R1(config-if)#ipv6 address 2003:1111::1/64　　　　//设置接口 IPv6 地址和前缀长度

R1(config-if)#ipv6 enable

R1(config-if)#exit

R1(config)#ipv6 unicast-routing

路由器 R2 配置命令如下：

Router>enable

Router#configure terminal

R2(config)#hostname R2

R2(config)#interface FastEthernet0/0

R2(config-if)#no shutdown

R2(config-if)#ip address 192.1.1.254 255.255.255.0　　//设置接口 IPv4 地址和子网掩码

R2(config-if)#exit

R2(config)#interface FastEthernet0/1

R2(config-if)#no shutdown

R2(config-if)#ip address 192.1.2.2 255.255.255.0　　　//设置接口 IPv4 地址和子网掩码

R2(config-if)#exit

路由器 R3 配置命令如下：

Router>enable

Router#configure terminal

R3(config)#hostname R3

R3(config)#interface FastEthernet0/0

R3(config-if)#no shutdown

R3(config-if)#ipv6 address 2003:1111::2/64　　　　//设置接口 IPv6 地址和前缀长度

R3(config-if)#ipv6 enable

R3(config-if)#exit

R3(config)#interface FastEthernet0/1

R3(config-if)#no shutdown

R3(config-if)#ip address 192.1.2.1 255.255.255.0　　//设置接口 IPv4 地址和子网掩码

R3(config-if)#exit

R3(config)#ipv6 unicast-routing

(3) 为终端 PC2 和 PC3 配置 IPv4 地址，终端 PC0 和 PC1 启动自动配置 IPv6 地址模式。
终端 PC2 和 PC3 配置的 IPv4 地址，终端 PC0 和 PC1 自动获得的 IPv6 地址信息如表
10-11 所示。

表 10-11　各终端自动获取的 IP 地址信息

设备	接　口	IPv4 地址	IPv4 默认网关地址
PC2	FastEthernet0	192.1.1.1	192.1.1.254
PC3	FastEthernet0	192.1.1.2	192.1.1.254

设备	接口	IPv6 地址	IPv6 默认网关地址
PC0	FastEthernet0	2001:1111::2E0:A3FF:FE82:5EC9	FE80::20A:41FF:FE12:4A01
PC1	FastEthernet0	2001:1111::2D0:BCFF:FEEC:8937	FE80::20A:41FF:FE12:4A01

(4) 在路由器 R3 上完成 NAT-PT 相关配置。

实现 IPv6 网络中的终端访问 IPv4 网络中的终端时，路由器 R3 的 NAT-PT 相关配置过程如下：

① 建立 IPv4 地址池,定义 IPv6 分组中允许进行源 IPv6 地址至 IPv4 地址转换的源 IPv6 地址范围,并建立允许进行 IPv6 分组至 IPv4 分组转换的 IPv6 分组范围与 IPv4 地址池之间的关联。配置命令如下：

```
Router(config)#ipv6 nat v6v4 pool a1 192.1.3.1 192.1.3.100 prefix-length 24
        //定义 IPv4 地址池 a1，地址范围是 192.1.3.1～192.1.3.100，前缀长度是 24
Router(config)#ipv6 access-list a2        //定义访问控制列表 a2
Router(config-ipv6-acl)#permit ipv6 2001:1111::/64 any
        //定义 IPv6 分组中允许进行源 IPv6 地址至 IPv4 地址转换的源 IPv6 地址范围为
        //2001:1111::/64，目的 IPv6 地址为任意的 IPv6 地址
Router(config-ipv6-acl)#exit
Router(config)#ipv6 nat v6v4 source list a2 pool a1
        //建立允许进行源 IPv6 地址至 IPv4 地址转换的源 IPv6 地址与 IPv4 地址池之间的关联
```

执行上述命令后，路由器 R3 一旦收到源 IPv6 地址属于 2001:1111::/64，目的 IPv6 地址任意的 IPv6 分组，则在 IPv4 地址池中选择一个未分配的 IPv4 地址，建立该 IPv4 地址与该 IPv6 分组中源 IPv6 地址之间的映射，并在进行 IPv6 分组至 IPv4 分组转换时，用该 IPv4 地址作为 IPv4 分组中的源 IP 地址。

② 确定 IPv6 分组中目的 IPv6 地址至 IPv4 地址的转换方式。配置命令如下：

```
R3(config)#ipv6 nat prefix 2002:1111::/64
        //指定允许进行 IPv6 分组至 IPv4 分组转换的 IPv6 分组是目的 IPv6 地址前缀为
        //2002:1111::/64 的 IPv6 分组
R3(config)#interface FastEthernet0/0        //指定进行 IPv6 分组至 IPv4 分组转换的接口
R3(config-if)#ipv6 nat prefix 2002:1111::/64 v4-mapped a2
        //指定 IPv6 分组中目的 IPv6 地址至 IPv4 地址的转换方式是直接将目的 IPv6 地址的低 32
        //位作为 IPv4 地址
```

③ 指定触发分组格式转换过程的路由器接口。

实现分组格式转换过程的路由器接口是路由器 R3 的两个接口。配置命令如下：

```
R3(config)#interface FastEthernet0/0        //指定触发分组格式转换过程的路由器接口
R3(config-if)#ipv6 nat
```

R3(config)#interface FastEthernet0/1　//此端口也要启动分组格式转换过程，以便把从 IPv4
　　　　　　　　　　　　　　　　　　//网络中返回的 IPv4 分组转换成 IPv6 分组

R3(config-if)#ipv6 nat

路由器只对通过这样的接口接收到的 IPv6 分组或 IPv4 分组进行格式转换条件匹配操作，并在满足分组格式转换条件前提下进行分组格式转换操作。

（5）配置路由器 R1、R2 和 R3 的静态路由项。

虽然没有前缀为 2002:1111::/64 的 IPv6 网络，但需要在路由器 R1 上配置实现将目的网络为 2002:1111::/64 的 IPv6 分组传输给 R3 的静态路由项。同样，对于路由器 R2，需要配置将目的网络为 192.1.3.0/24 的 IPv4 分组传输给 R3 的静态路由项。

对于路由器 R3，需要配置将目的网络为 192.1.1.0/24 的 IPv4 分组传输给 R2 的静态路由项和将目的网络为 2001:1111::/64 的 IPv6 分组传输给 R1 的静态路由项。

路由器 R1 的静态路由项配置命令如下：

R1(config)#ipv6 route 2002:1111::/64 2003:1111::2

R1(config-router)#exit

路由器 R2 的静态路由项配置命令如下：

R2(config)#ip route 192.1.3.0 255.255.255.0 192.1.2.1

R2(config-router)#exit

路由器 R3 的静态路由项配置命令如下：

R3(config)#ip route 192.1.1.0 255.255.255.0 192.1.2.2

R3(config)#ipv6 route 2001:1111::/64 2003:1111::1

R3(config-router)#exit

完成上述配置后，各路由器路由表如图 10-44～10-46 所示。

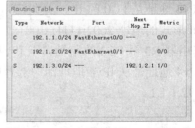

图 10-44　路由器 R1 的 IPv6 路由表　　　　　图 10-45　路由器 R2 的 IPv4 路由表

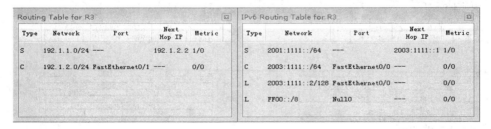

图 10-46　路由器 R3 的 IPv4 和 IPv6 路由表

（6）进行连通性测试。

在实时模式下，单击 PC0，在 PC0 的命令提示符窗口，输入 ping 2002:1111::192.1.1.1 或输入 ping 2002:1111::C001::101(PC2 的 IPv6 形式的地址)命令，并回车，测试结果如图

10-47 所示，可以看到 PC0 和 PC2 之间是连通的。

图 10-47　PC0 和 PC2 之间是连通的

(7) 在模拟模式下，查看 PC0 与 PC2 之间的通信过程，并观察 IPv6 和 IPv4 分组封装格式的变化。

① 切换到模拟工作模式，设置要捕获的协议包类型为 ICMP 和 ICMPv6；

② 单击 PC0，在 PC0 的命令提示符窗口，输入 ping 2002:1111::C001::101 命令行，由 PC0 向 PC2 发送数据包；

③ 单击 Capture/Forward(捕获/转发)按钮，观察数据包由 PC0 发送到路由器 R1，再由 R1 发送到 R3，单击该数据包观察分组封装格式的变化。

PC0 至路由器 R3 的路径属于 IPv6 网络路径，IPv6 分组格式如图 10-48 所示。分组中的源 IPv6 地址是 PC0 的 IPv6 地址 2001:1111::2E0:A3FF:FE82:5EC9，目的 IPv6 地址是 PC2 的 IPv6 形式的地址 2002:1111::C001::101。

路由器 R3 至 PC2 的路径属于 IPv4 网络路径，IPv4 分组格式如图 10-49 所示。分组中的源 IPv4 地址是从 IPv4 地址池中选择的 IPv4 地址 192.1.3.1，目的 IPv4 地址是 PC2 的 IPv4 地址 192.1.1.1。

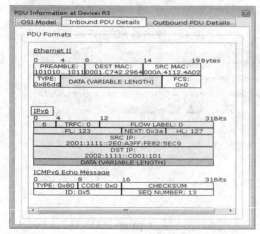

图 10-48　PC0 至 R3 的 IPv6 分组格式

图 10-49　R3 至 PC2 的 IPv4 分组格式

④ 继续单击 Capture/Forward(捕获/转发)按钮，观察从 PC2 返回的数据包先发送到路由器 R2，再由 R2 发送到 R3，单击该数据包观察分组封装格式的变化，如图 10-50 和 10-51 所示。

 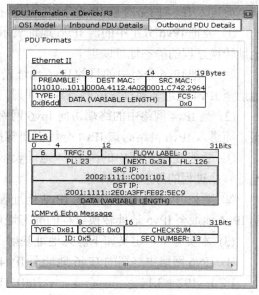

图 10-50　返回时，PC2 至 R3 的 IPv4 分组格式　　图 10-51　返回时，R3 至 PC0 的 IPv6 分组格式

可以看到，在 PC2 返回给 PC0 的分组传输过程中，PC2 至路由器 R3 的路径属于 IPv4 网络路径，IPv4 分组格式如图 10-50 所示。分组中的源 IPv4 地址是 PC2 的 IPv4 地址 192.1.1.1，目的 IPv4 地址是与 PC0 的 IPv6 地址建立映射的 IPv4 地址 192.1.3.1。

路由器 R3 至 PC0 的路径属于 IPv6 网络路径，IPv6 分组格式如图 10-51 所示。分组中的源 IPv6 地址是 PC2 的 IPv6 形式的地址 2002:1111::C001::101，目的 IPv6 地址是 PC0 的 IPv6 地址 2001:1111::2E0:A3FF:FE82:5EC9。

10.9　IPv6 网络和 IPv4 网络互联实验

10.9.1　实验目的

(1) 掌握路由器的双协议栈配置；
(2) 学习掌握路由器网络地址和协议转换 NAT-PT 的配置；
(3) 验证 IPv4 分组和 IPv6 分组之间的转换过程；
(4) 验证 IPv4 网络和 IPv6 网络之间的相互通信过程。

10.9.2　实验拓扑

本实验所用的网络拓扑如图 10-52 所示。路由器 R1 连接一个 IPv6 网络 2001:1111::/64,

路由器 R2 连接一个 IPv4 网络 192.1.1.0/24。路由器 R1 和 R2 通过路由器 R3 相连。本实验要求实现两个 IPv6 网络中的终端和 IPv4 网络中的终端之间相互访问。

(1) 当 IPv6 网络中的终端访问 IPv4 网络中的终端时，在 IPv6 网络中传输的是 IPv6 分组，而进入 IPv4 网络时该 IPv6 分组需要转换成 IPv4 分组，也就是：

① 要把 IPv6 分组中的源 IPv6 地址表示成 IPv4 地址，因此定义源 IPv6 地址至源 IPv4 地址转换过程的静态地址映射。

② 要把 IPv6 分组中的目的 IPv6 地址表示成 IPv4 地址，因此定义 IPv6 分组中目的 IPv6 地址至 IPv4 地址转换过程的静态地址映射。

(2) 当 IPv4 网络中的终端访问 Ipv6 网络中的终端时，在 IPv4 网络中传输的是 IPv4 分组，而进入 IPv6 网络时该 IPv4 分组需要转换成 IPv6 分组，也就是：

① 要把 IPv4 分组中的源 IPv4 地址表示成 IPv6 地址，因此需要定义 IPv4 地址至 IPv6 地址转换过程的静态地址映射。

② 要把 IPv4 分组中的目的 IPv4 地址表示成 IPv6 地址，因此需要定义 IPv4 分组中目的 IPv4 地址至 IPv6 地址转换过程的静态地址映射。

(3) 本实验中，定义如下静态地址映射：

① IPv6 网络中终端的 IPv6 地址至 IPv4 地址的静态地址映射。

PC0：192.1.3.1 ←→ 2001:1111::2E0:A3FF:FE82:5EC9

PC1：192.1.3.2 ←→ 2001:1111::2D0:BCFF:FEEC:8937

② IPv4 网络中终端的 IPv4 地址至 IPv6 地址的静态地址映射。

PC2：2004:1111::1 ←→ 192.1.1.1

PC3：2004:1111::1 ←→ 192.1.1.3

(4) 另外还要对各路由器进行设置：

① 设置 IPv6 网络中的路由器(此处为 R1)，使其把目的网络地址为 2002:1111::/64 的 IPv6 分组传输给路由器 R3。

② 设置 IPv4 网络中的路由器(此处为 R2)，使其把目的网络地址为 192.1.3.0/24 的 IPv4 分组传输给路由器 R3。

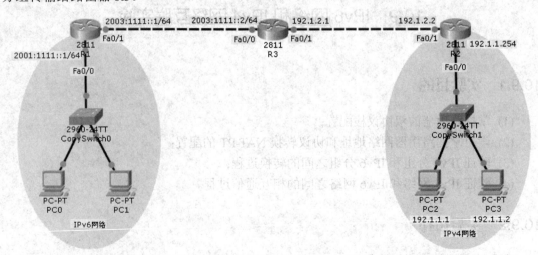

图 10-52　IPv6 网络和 IPv4 网络互联实验拓扑图

10.9.3　实验步骤

(1) 实验环境搭建。

启动 Packet Tracer 软件，在逻辑工作区根据图 10-52 中的网络拓扑图放置和连接设备。

(2) 完成路由器接口的 IPv4 地址和 IPv6 地址的配置。

根据表 10-12 为各个路由器接口配置 IP 地址，并在路由器 R1 的 FastEthernet0/0 和 FastEthernet0/1 接口以及路由器 R3 的 FastEthernet0/0 接口启用 IPv6 功能，在路由器 R1 和 R3 上启动 IPv6 分组转发功能。

表 10-12　各路由器接口 IP 地址分配情况

设备	接　口	IPv4 地址	IPv4 地址子网掩码	IPv6 地址和前缀长度
R1	FastEthernet0/0	—	—	2001:1111::1/64
	FastEthernet0/1	—	—	2003:1111::1/64
R3	FastEthernet0/0	—	—	2003:1111::2/64
	FastEthernet0/1	192.1.2.1	255.255.255.0	—
R2	FastEthernet0/0	1921.1.254	255.255.255.0	—
	FastEthernet0/1	192.1.2.2	255.255.255.0	—

路由器 R1 配置命令如下：

Router>enable

Router#configure terminal

R1(config)#hostname R1

R1(config)#interface FastEthernet0/0

R1(config-if)#no shutdown

R1(config-if)#ipv6 address 2001:1111::1/64　　//设置接口 IPv6 地址和前缀长度

R1(config-if)#ipv6 enable

R1(config-if)#exit

R1(config)#interface FastEthernet0/1

R1(config-if)#no shutdown

R1(config-if)#ipv6 address 2003:1111::1/64　　//设置接口 IPv6 地址和前缀长度

R1(config-if)#ipv6 enable

R1(config-if)#exit

R1(config)#ipv6 unicast-routing

路由器 R2 配置命令如下：

Router>enable

Router#configure terminal

R2(config)#hostname R2

R2(config)#interface FastEthernet0/0

R2(config-if)#no shutdown

R2(config-if)#ip address 192.1.1.254 255.255.255.0　//设置接口 IPv4 地址和子网掩码

R2(config-if)#exit

R2(config)#interface FastEthernet0/1

R2(config-if)#no shutdown

R2(config-if)#ip address 192.1.2.2 255.255.255.0　//设置接口 IPv4 地址和子网掩码

R2(config-if)#exit

路由器 R3 配置命令如下：

Router>enable

Router#configure terminal

R3(config)#hostname R3

R3(config)#interface FastEthernet0/0

R3(config-if)#no shutdown

R3(config-if)#ipv6 address 2003:1111::2/64　//设置接口 IPv6 地址和前缀长度

R3(config-if)#ipv6 enable

R3(config-if)#exit

R3(config)#interface FastEthernet0/1

R3(config-if)#no shutdown

R3(config-if)#ip address 192.1.2.1 255.255.255.0　//设置接口 IPv4 地址和子网掩码

R3(config-if)#exit

R3(config)#ipv6 unicast-routing

(3) 启动 IPv6 网络中终端的自动配置模式，手工配置 IPv4 网络中终端的地址。

完成各终端的自动获取配置信息后，各终端自动获得的 IP 地址信息如表 10-13 所示。

表 10-13　各终端自动获取的 IPv6 地址信息

设　备	接　口	IPv6 地址	IPv6 默认网关地址
PC0	FastEthernet0	2001:1111::2E0:A3FF:FE82:5EC9	FE80::20A:41FF:FE12:4A01
PC1	FastEthernet0	2001:1111::2D0:BCFF:FEEC:8937	FE80::20A:41FF:FE12:4A01
设　备	接　口	IPv4 地址	IPv4 默认网关地址
PC2	FastEthernet0	192.1.1.1	192.1.1.254
PC3	FastEthernet0	192.1.1.2	192.1.1.254

(4) 在路由器 R3 上完成静态地址映射的相关配置。

① 建立 IPv6 网络中终端的 IPv6 地址至 IPv4 地址的静态地址映射。配置命令如下：

R3(config)#ipv6 nat v6v4 source 2001:1111::2E0:A3FF:FE82:5EC9 192.1.3.1

//建立 PC0 的 IPv6 地址与 IPv4 地址之间的映射。关键词 v6v4 表明该映射或是用于实现 IPv6 网
//络中的终端访问 IPv4 网络中的终端时的源 IPv6 地址至 IPv4 地址的转换，或是用于实现 IPv4
//网络中的终端访问 IPv6 网络中的终端时的目的 IPv4 地址至 IPv6 地址的转换

R3(config)#ipv6 nat v6v4 source 2001:1111::2D0:BCFF:FEEC:8937 192.1.3.2

//建立 PC1 的 IPv6 地址与 IPv4 地址之间的映射

② 建立 IPv4 网络中的终端的 IPv4 地址至 IPv6 地址的静态地址映射。配置命令如下：

R3(config)#ipv6 nat v4v6 source 192.1.1.1 2002:1111::1

//建立 PC2 的 IPv4 地址与 IPv6 地址之间的映射。关键词 v4v6 表明该映射或是用于实现 IPv4

//网络中的终端访问 IPv6 网络中的终端时的源 IPv4 地址至 IPv6 地址的转换，或是用于实现

//IPv6 网络中的终端访问 IPv4 网络中的终端时的目的 IPv6 地址至 IPv4 地址的转换

R3(config)#ipv6 nat v4v6 source 192.1.1.2 2002:1111::2

//建立 PC3 的 IPv4 地址与 IPv6 地址之间的映射

(5) 配置路由器 R1、R2 和 R3 的静态路由项。

对于路由器 R1，虽然没有前缀为 2002:1111::/64 的 IPv6 网络，但需要在路由器 R1 上配置实现将目的网络为 2002:1111::/64 的 IPv6 分组传输给 R3 的静态路由项。

对于路由器 R2，需要配置将目的网络为 192.1.3.0/24 的 IPv4 分组传输给 R3 的静态路由项。

对于路由器 R3，需要配置将目的网络为 192.1.1.0/24 的 IPv4 分组传输给 R2 的静态路由项和将目的网络为 2001:1111::/64 的 IPv6 分组传输给 R1 的静态路由项。

路由器 R1 的静态路由项配置命令如下：

R1(config)#ipv6 route 2002:1111::/64 2003:1111::2

R1(config-router)#exit

路由器 R2 的静态路由路由项配置命令如下：

R2(config)#ip route 192.1.3.0 255.255.255.0 192.1.2.1

R2(config-router)#exit

路由器 R3 的静态路由路由项配置命令如下：

R3(config)#ip route 192.1.1.0 255.255.255.0 192.1.2.2

R3(config)#ipv6 route 2001:1111::/64 2003:1111::1

R3(config-router)#exit

完成上述配置后，各路由器路由表如图 10-53～10-55 所示。

IPv6 Routing Table for R1

Type	Network	Port	Next Hop IP	Metric
C	2001:1111::/64	FastEthernet0/0	---	0/0
L	2001:1111::1/128	FastEthernet0/0	---	0/0
S	2002:1111::/64	---	2003:1111::2	1/0
C	2003:1111::/64	FastEthernet0/1	---	0/0
L	2003:1111::1/128	FastEthernet0/1	---	0/0
L	FF00::/8	Null0	---	0/0

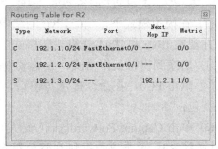

图 10-53　路由器 R1 的 IPv6 路由表

Routing Table for R2

Type	Network	Port	Next Hop IP	Metric
C	192.1.1.0/24	FastEthernet0/0	---	0/0
C	192.1.2.0/24	FastEthernet0/1	---	0/0
S	192.1.3.0/24	---	192.1.2.1	1/0

图 10-54　路由器 R2 的 IPv4 路由表

Routing Table for R3

Type	Network	Port	Next Hop IP	Metric
S	192.1.1.0/24	---	192.1.2.2	1/0
C	192.1.2.0/24	FastEthernet0/1	---	0/0

IPv6 Routing Table for R3

Type	Network	Port	Next Hop IP	Metric
S	2001:1111::/64	---	2003:1111::1	1/0
C	2003:1111::/64	FastEthernet0/0	---	0/0
L	2003:1111::2/128	FastEthernet0/0	---	0/0
L	FF00::/8	Null0	---	0/0

图 10-55　路由器 R3 的 IPv4 和 IPv6 路由表

(6) 进行连通性测试。

① 在实时模式下，单击 PC0，在 PC0 的命令提示符窗口，输入 ping 2002:1111::1(PC2 的 IPv6 形式的地址)，并回车，测试结果如图 10-56 所示，可以看到 PC0 和 PC2 之间是连通的，即 IPv6 网络中的终端可以访问 IPv4 网络中的终端。

② 在实时模式下，单击 PC3，在 PC3 的命令提示符窗口，输入 ping 192.1.3.2(PC1 的 IPv4 形式的地址)，并回车，测试结果如图 10-57 所示，可以看到 PC3 和 PC1 之间是连通的，即 IPv4 网络中的终端可以访问 IPv6 网络中的终端。

图 10-56　PC0 和 PC2 之间是连通的　　　　图 10-57　PC3 和 PC1 之间是连通的

(7) 在模拟模式下，查看 IPv6 网络中的终端发起访问 IPv4 网络中的终端之间的通信过程，并观察 IPv6 和 IPv4 分组封装格式的变化。

① 切换到模拟工作模式，设置要捕获的协议包类型为 ICMP 和 ICMPv6；

② 单击 PC0，在命令提示符窗口，输入 ping 2002:1111::1 命令行，由 PC0 向 PC2 发送数据包；

③ 单击 Capture/Forward(捕获/转发)按钮，观察数据包由 PC0 发送到路由器 R1，再由 R1 发送到 R3，单击该数据包观察分组封装格式的变化。

PC0 至路由器 R3 的路径属于 IPv6 网络路径，IPv6 分组格式如图 10-58 所示。分组中的源 IPv6 地址是 PC0 的 IPv6 地址 2001:1111::2E0:A3FF:FE82:5EC9，目的 IPv6 地址是 PC2 的 IPv6 形式的地址 2002:1111:1。

路由器 R3 至 PC2 的路径属于 IPv4 网络路径，IPv4 分组格式如图 10-59 所示。分组中的源 IPv4 地址是与 PC0 的 IPv6 地址 2001:1111::2E0:A3FF:FE82:5EC9 建立静态映射的 IPv4 地址 192.1.3.1，目的 IPv4 地址是 PC2 的 IPv4 地址。

④ 继续单击 Capture/Forward(捕获/转发)按钮，观察从 PC2 返回的数据包先发送到路由器 R2，再由 R2 发送到 R3，单击该数据包观察分组封装格式的变化。

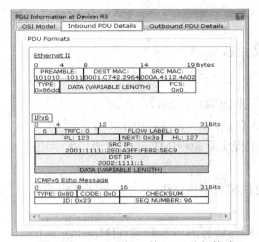

图 10-58　PC0 至 R3 的 IPv6 分组格式

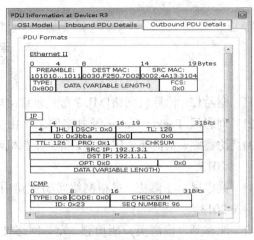

图 10-59　R3 至 PC2 的 IPv4 分组格式

（8）在模拟模式下，查看 IPv4 网络中的终端发起访问 IPv6 网络中的终端之间的通信过程，并观察 IPv4 和 IPv6 分组封装格式的变化。

① 切换到模拟工作模式，设置要捕获的协议包类型为 ICMP 和 ICMPv6；

② 单击 PC3，在 PC3 的命令提示符窗口，输入 ping 192.1.3.2，并回车，由 PC3 向 PC1 发送数据包；

③ 单击 Capture/Forward(捕获/转发)按钮，观察数据包由 PC3 发送到路由器 R2，再由 R2 发送到 R3，单击该数据包观察分组封装格式的变化。

PC3 至路由器 R3 的路径属于 IPv4 网络路径，IPv4 分组格式如图 10-60 所示。分组中的源 IPv4 地址是 PC3 的 IPv4 地址 192.1.1.2，目的 IPv4 地址是与 PC1 的 IPv6 地址建立静态映射的 IPv4 地址 192.1.3.2。

路由器 R3 至 PC1 的路径属于 IPv6 网络路径，IPv6 分组格式如图 10-61 所示。分组中的源 IPv6 地址是与 PC3 的 IPv4 地址 192.1.1.2 建立静态映射的 IPv6 地址 2002:1111::2，目的 IPv6 地址是 PC1 的 IPv6 地址 2001:1111::2D0:BCFF:FEEC:8937。

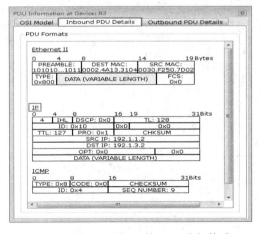

图 10-60　PC3 至 R3 的 IPv4 分组格式

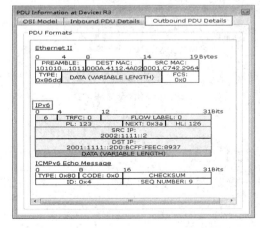

图 10-61　R3 至 PC1 的 IPv6 分组格式

④ 继续单击 Capture/Forward(捕获/转发)按钮，观察从 PC1 返回数据包先发送到路由器 R1，再由 R1 发送到 R3，单击该数据包观察分组封装格式的变化。

参 考 文 献

[1] 谢希仁. 计算机网络[M]. 7 版. 北京：电子工业出版社，2017.

[2] 刘彩凤. Packet Tracer 经典案例之路由交换入门篇[M]. 北京：电子工业出版社，2017.

[3] 沈鑫剡，俞海英，伍红兵，等. 计算机网络工程实验教程[M]. 北京：清华大学出版社，2013.

[4] 梁广民，王隆杰. 思科网络实验室路由、交换实验指南[M]. 北京：电子工业出版社，2013.

[5] 沈鑫剡，俞海英，胡勇强，等. 网络技术基础与计算思维实验教程[M]. 北京：清华大学出版社，2016.

[6] 杨功元. Packet Tracer 使用指南及实验实训教程[M]. 北京：电子工业出版社，2017.

[7] [美]戴伊 (Dye.M.A.)，[美]麦克唐纳(McDonald.R.), [美]鲁菲(Rufi.A.W.). CCNA Exploration:网络基础知识[M]. 思科系统公司，译. 北京：人民邮电出版社，2009.

[8] [美]戴伊(Dye.M.A.), [美]里德(Reid A. D.). 网络简介[M]. 思科系统公司，译. 北京：人民邮电出版社，2014.

[9] [加]Régis Desmeules. Cisco IPv6 网络实现技术[M]. 修订版. 北京：人民邮电出版社，2013.